工程施工图识读入门系列丛书

水利水电施工图识读入门

本书编写组 编

中国建材工业出版社

图书在版编目(CIP)数据

水利水电施工图识读入门/《水利水电施工图识读入门》编写组编. —北京：中国建材工业出版社，2013.1

（工程施工图识读入门系列丛书）

ISBN 978-7-5160-0364-0

Ⅰ.①水… Ⅱ.①水… Ⅲ.①水利水电工程-工程施工-工程图纸-识别 Ⅳ.①TV5

中国版本图书馆 CIP 数据核字(2013)第 000355 号

水利水电施工图识读入门
本书编写组　编

出版发行：	中国建材工业出版社
地　　址：	北京市西城区车公庄大街 6 号
邮　　编：	100044
经　　销：	全国各地新华书店
印　　刷：	北京紫瑞利印刷有限公司
开　　本：	850mm×1168mm　1/32
印　　张：	12.5
字　　数：	385 千字
版　　次：	2013 年 1 月第 1 版
印　　次：	2013 年 1 月第 1 次
定　　价：	**33.00 元**

本社网址：www.jccbs.com.cn
本书如出现印装质量问题，由我社发行部负责调换。电话：(010)88386906
对本书内容有任何疑问及建议，请与本书责编联系。邮箱：dayi51@sina.com

内 容 提 要

本书根据最新水利水电工程制图标准规范进行编写,详细介绍了水利水电工程施工图识读的基础理论和方法。全书主要内容包括投影基础、水利水电工程制图基础、水利水电工程水工建筑图识读、水利水电工程地质图识读、水利水电工程水力机械图识读、水利水电工程电气图识读等。

本书在编写内容上选取了入门基础知识,在叙述上尽量做到浅显易懂,可供水利水电工程施工技术与管理人员使用,也可供高等院校相关专业师生学习时参考。

水利水电施工图识读入门
编 写 组

主　编：张晓莲
副主编：葛彩霞　刘海珍
编　委：高会芳　李良因　马　静　张才华
　　　　梁金钊　张婷婷　孙邦丽　许斌成
　　　　蒋林君　何晓卫　汪永涛　甘信忠
　　　　秦大为　孙世兵　徐晓珍

前 言

众所周知,无论是建造一幢住宅、一座公园或一架大桥,都需要首先画出工程图样,其后才能按图施工。所谓工程图样,就是在工程建设中,为了正确地表达建筑物或构筑物的形状、大小、材料和做法等内容,将建筑物或构筑物按照投影的方法和国家制图统一标准表达在图纸上。工程图样是"工程界的技术语言",是工程规划设计、施工不可或缺的工具,是从事生产、交流技术不可缺少的重要资料。工程技术人员在进行相关施工技术与管理工作时,首先就必须读懂施工图样,工程施工图的识读能力,是工程技术人员必须掌握的最基本的技能。

近年来,为了适应科学技术水平的发展,统一工程建设制图规则,保证制图质量,提高制图效率,做到图面清晰、简明,符合设计、施工、审查、存档的要求,满足工程建设的需要,国家对工程建设制图标准规范体系进行了修订与完善,新修订的标准规范包括《房屋建筑制图统一标准》(GB/T 50001—2010)、《总图制图标准》(GB/T 50103—2010)、《建筑制图标准》(GB/T 50104—2010)、《建筑结构制图标准》(GB/T 50105—2010)、《建筑给水排水制图标准》(GB/T 50106—2010)、《暖通空调制图标准》(GB/T 50114—2010)等。《工程施工图识读入门系列丛书》即是以工程建设领域最新标准规范为编写依据,根据各专业的制图特点,有针对性地对工程建设各专业施工图的内容与识读方法进行了细致地讲解。丛书在编写内容上,选取了入门基础知识,在叙述上尽量做到浅显易懂,以方便读者轻松掌握工程图识读的基本要领,能够初步进行相关图纸的阅读,从而为能更好的工作和今后进一步深入学习打好基础。

丛书在编写时包含了各种投影法的基本理论与作图方法,各专业工程的相关图例,各专业施工相关基础,以及各专业施工图识读的方法与示例,在内容上做到全面、基础、易学、易掌握,以满足初学者对施工图识读入门的需求。

本套丛书包括以下分册:

1. 建筑工程施工图识读入门
2. 建筑电气施工图识读入门

3. 水暖工程施工图识读入门
4. 通风空调施工图识读入门
5. 市政工程施工图识读入门
6. 装饰装修施工图识读入门
7. 园林绿化施工图识读入门
8. 水利水电施工图识读入门

丛书内容丰富实用，编写人员大多是具有丰富工程设计与施工管理工作经验的专家学者。丛书编写过程中参考或引用了部分单位和个人的相关资料，在此表示衷心感谢。尽管丛书编写人员已尽最大努力，但丛书中错误及不当之处在所难免，敬请广大读者批评指正，以便及时修订与完善。

编写组

目 录

第一章 投影基础 ……………………………………………… (1)
第一节 投影的概念及分类 ………………………………… (1)
一、投影的概念 ……………………………………………… (1)
二、投影的分类 ……………………………………………… (1)
三、正投影的基本特征 ……………………………………… (2)
第二节 三视图的形成及投影规律 ………………………… (4)
一、三视图的形成 …………………………………………… (4)
二、三视图的投影规律 ……………………………………… (5)
第三节 点、直线、平面的投影 …………………………… (6)
一、点的投影 ………………………………………………… (6)
二、直线的投影 ……………………………………………… (11)
三、平面的投影 ……………………………………………… (20)
四、直线与平面、平面与平面的相对位置 ………………… (25)

第二章 水利水电工程制图基础 …………………………… (32)
第一节 水利水电工程制图一般规定 ……………………… (32)
一、图纸幅面及格式 ………………………………………… (32)
二、标题栏与会签栏 ………………………………………… (34)
三、比例 ……………………………………………………… (35)
四、字体 ……………………………………………………… (36)
五、图线 ……………………………………………………… (37)
第二节 水利水电工程图样画法 …………………………… (41)
一、一般规定 ………………………………………………… (41)
二、视图画法 ………………………………………………… (44)
三、剖视图画法 ……………………………………………… (47)
四、剖面图画法 ……………………………………………… (52)
五、详图画法 ………………………………………………… (54)
六、习惯画法 ………………………………………………… (55)
七、轴测图画法 ……………………………………………… (60)
八、曲面画法 ………………………………………………… (62)

九、标高图画法 ……………………………………………… (66)
　第三节　水利水电工程图样注法 ……………………………… (68)
　　一、尺寸注法 ……………………………………………… (68)
　　二、标高注法 ……………………………………………… (71)
　　三、桩号注法 ……………………………………………… (72)
　　四、坡度注法 ……………………………………………… (73)
　　五、其他注法 ……………………………………………… (74)
　　六、简化注法 ……………………………………………… (80)

第三章　水利水电工程水工建筑图识读 ……………………… (84)
　第一节　概述 …………………………………………………… (84)
　　一、水工建筑图的分类及特点 …………………………… (84)
　　二、水工建筑制图基本规定 ……………………………… (86)
　　三、水工建筑图的表达方法 ……………………………… (87)
　　四、水工建筑图中常见曲面表示方法 …………………… (89)
　第二节　水工建筑施工图 ……………………………………… (92)
　　一、枢纽总布置图和施工总平面图 ……………………… (92)
　　二、建筑物体形图 ………………………………………… (93)
　　三、水工结构图 …………………………………………… (97)
　　四、水工建筑施工图例 …………………………………… (105)
　　五、水工建筑施工图识读 ………………………………… (118)
　第三节　钢筋混凝土结构图 …………………………………… (121)
　　一、钢筋与混凝土基本知识 ……………………………… (121)
　　二、钢筋混凝土结构图的内容 …………………………… (123)
　　三、钢筋图的画法 ………………………………………… (126)
　　四、钢筋图例 ……………………………………………… (131)
　　五、钢筋混凝土结构识读 ………………………………… (133)
　第四节　木结构图 ……………………………………………… (134)
　　一、木结构基本知识 ……………………………………… (134)
　　二、木结构图的画法 ……………………………………… (138)
　　三、常见木结构构件构造 ………………………………… (142)
　第五节　钢结构图 ……………………………………………… (153)
　　一、钢结构基本知识 ……………………………………… (153)
　　二、钢结构连接 …………………………………………… (155)

三、压力钢管图 …………………………………………… (174)
　　四、钢结构图识读 ………………………………………… (179)
第四章　水利水电工程地质图识读 ……………………………… (181)
　第一节　概述 ……………………………………………………… (181)
　　一、地质图的概念 ………………………………………… (181)
　　二、地质图的内容及编制要求 …………………………… (181)
　　三、地质图的阅读方法和步骤 …………………………… (182)
　第二节　地质图符号 ……………………………………………… (183)
　　一、岩石和年代的符号 …………………………………… (183)
　　二、地质构造符号 ………………………………………… (208)
　　三、地貌符号 ……………………………………………… (215)
　　四、喀斯特和物理地质现象符号 ………………………… (221)
　　五、水文地质符号 ………………………………………… (224)
　　六、工程地质现象符号 …………………………………… (229)
　　七、其他勘察符号与代号 ………………………………… (234)
　第三节　水利水电工程地质图识读 ……………………………… (238)
　　一、综合地层柱状图识读 ………………………………… (238)
　　二、区域地质图识读 ……………………………………… (240)
　　三、区域构造纲要图识读 ………………………………… (241)
　　四、水库综合地质图识读 ………………………………… (241)
　　五、坝址及其他建筑物区工程地质图识读 ……………… (242)
　　六、喀斯特区水文地质图识读 …………………………… (242)
　　七、天然建筑材料产地分布图识读 ……………………… (243)
　　八、天然建筑材料料场综合地质图识读 ………………… (243)
　　九、实际材料图识读 ……………………………………… (243)
　　十、坝址及其他建筑物工程地质剖面图识读 …………… (244)
　　十一、土基工程地质剖面图识读 ………………………… (244)
　　十二、坝(闸)址渗透剖面图识读 ………………………… (245)
　　十三、钻孔柱状图识读 …………………………………… (245)
　　十四、展示图识读 ………………………………………… (246)
　　十五、基坑、洞室、边坡开挖地质图识读 ……………… (256)
第五章　水利水电工程水力机械图识读 ………………………… (257)
　第一节　概述 ……………………………………………………… (257)

一、水力机械图的组成及分类 …………………………………… (257)
　　二、水力机械图画法 ……………………………………………… (257)
　　三、水力机械图标注 ……………………………………………… (259)
　　四、水力机械图图形符号 ………………………………………… (264)
　　五、水力机械金属结构图 ………………………………………… (278)
　第二节　零件图识读 ………………………………………………… (286)
　　一、零件图的内容 ………………………………………………… (286)
　　二、零件图的视图选择 …………………………………………… (287)
　　三、零件图的尺寸标注 …………………………………………… (287)
　　四、零件图技术要求 ……………………………………………… (291)
　　五、零件图标准结构的画法 ……………………………………… (303)
　　六、零件图识读方法与步骤 ……………………………………… (308)
　第三节　装配图识读 ………………………………………………… (311)
　　一、装配图的内容 ………………………………………………… (311)
　　二、装配图的表达方法 …………………………………………… (311)
　　三、装配图的尺寸 ………………………………………………… (313)
　　四、装配图上的序号、明细表和标题栏 ………………………… (313)
　　五、装配图识读方法与步骤 ……………………………………… (314)

第六章　水利水电工程电气图识读 …………………………………… (317)
　第一节　概述 ………………………………………………………… (317)
　　一、电气图的分类 ………………………………………………… (317)
　　二、电气图的主要特点 …………………………………………… (319)
　　三、电气图识读基本要求 ………………………………………… (320)
　　四、电气图识读基本步骤 ………………………………………… (320)
　第二节　电气图形符号和文字符号 ………………………………… (321)
　　一、电气图用图形符号 …………………………………………… (321)
　　二、电气图用文字符号 …………………………………………… (353)
　第三节　电气图的表示方法 ………………………………………… (367)
　　一、各组件的常用表示方法 ……………………………………… (367)
　　二、电气图的画法 ………………………………………………… (368)
　　三、项目代号 ……………………………………………………… (372)
　　四、电气图的标注与标记 ………………………………………… (373)

参考文献 ……………………………………………………………… (387)

第一章 投影基础

第一节 投影的概念及分类

一、投影的概念

在日常生活中,当物体被灯光或日光照射时,在地面或墙面上就会产生影子,这就是投影现象。人们对这一现象加以科学的抽象,总结光线、物体和影子之间的关系,形成了根据投影原理绘制物体图形的方法,称为投影法。

在制图中,把光源称为投影中心,光线称为投影线,落影的平面称为投影面,所产生的影子的轮廓称为投影。物体、投影线和投影面是产生投影时必须具备的三个基本条件,称为投影三要素。

物体的投影和影子是有区别的。影子只能反映物体的外轮廓,而投影应画出物体上的每条线、每个面,并把物体的所有表面轮廓全部表现出来,如图 1-1 所示。

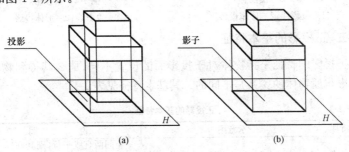

图 1-1 投影和影子
(a)投影;(b)影子

二、投影的分类

投影法可分为中心投影法和平行投影法两大类。

1. 中心投影法

中心投影法是指投影线相交于一点的投影方法,如图 1-2 所示。

2. 平行投影法

平行投影法是指投影线相互平行时所得的投影方法,其又分为正投影和斜投影两种。

(1)正投影。正投影是指投影线与投影面垂直的投影,如图 1-3 所示。

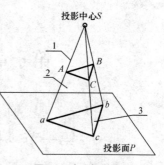

图 1-2 中心投影图
1—投影线;2—形体;3—形体投影

(2)斜投影。斜投影是指投影线与投影面倾斜的投影,如图 1-4 所示。

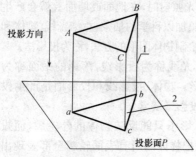

图 1-3 正投影
1—投影线;2—形体投影

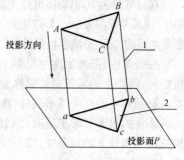

图 1-4 斜投影
1—投影线;2—形体投影

三、正投影的基本特征

正投影的特征是指物体对于投影面的位置不同,那么其得到物体的正投影与原物体的关系是不同的。其基本特征见表 1-1。

表 1-1　　　　　　　　　正投影的基本特征

投影特性	示意图	说明
平行性		空间两直线平行,则其在同一投影面上的投影平行,即由 $AB/\!/CD$,则 $ab/\!/cd$。 通过两平行直线的投影线所形成的两平面平行,而两平面与同一投影面的交线平行,即 $ABba/\!/CDdc$,则 $ab/\!/cd$

(续)

投影特性	示意图	说　　明
定比性		点分线段为一定比例,点的投影分线段的投影为相同的比例,即:$AB:BC=ab:bc$
度量性		线段或平面图形平行于投影面,则在该投影面上反映线段的实长或平面图形的实形,也就是该线段的实长或平面图形的实形,可直接从平行投影中确定和度量,即:$AB=ab$,则$\triangle CDE \cong \triangle cde$
类似性		线段或平面图形不平行于投影面,其投影仍是线段或平面图形,但不反映线段的实长或平面图形的实形,其形状与空间图形相似,即$ab<AB$,$\triangle CDE \backsim \triangle cde$
积聚性		直线或平面图形平行于投影线(正投影则垂直于投影面)时,其投影积聚为一点或一直线。该投影称为积聚投影,这种特性称为积聚性

第二节　三视图的形成及投影规律

作图时,通常将人们的视线看作一组相互平行且与投影面垂直的投射线,这样把物体向投影面投影所得的图称为正投影,又称为视图。

将物体放置于三面投影体系中,通过在三个投影面上对物体进行正投影,就可以形成三个投影图,即三视图。正投影面上的投影称为正视图或主视图;水平投影面上的视图称为水平投影图或俯视图;侧立投影面上的视图称为侧视图。

一、三视图的形成

1. 三投影面体系的设置

物体形状和大小的确定需画三个投影图,因此需要有三个投影面。将三个互相垂直相交的平面作为投影面组成的投影面体系,称为三投影面体系,如图 1-5 所示。处于水平位置的投影面称水平投影面,用 H 表示;处于正立位置的投影面称为正立投影面,用 V 表示;处于侧立位置的投影面称为侧立投影面,用 W 表示。三个互相垂直相交投影面的交线称为投影轴,分别是 OX 轴、OY 轴、OZ 轴,三个投影轴 OX、OY、OZ 相交于点 O,称为原点。

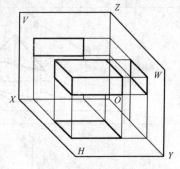

图 1-5　三投影面体系

2. 三视图的形成过程

如图 1-6 所示,将物体置于三投影面体系中进行投影,为了使投影能反映物体表面的真实形状,尽量使物体的主要表面平行于投影面,安放时让物体的前、后表面平行于 V 面;上、下表面平行于 H 面;左、右表面平行于 W 面。然后用三组分别垂直于三个投影面的投影线对物体进行投影,得到物体的三视图:

(1)投影线垂直于正立投影面(V 面),由前向后作投影,在正面上得到的投影图称为正视图。

(2)投影线垂直于水平投影面（H 面），由上向下作投影，在水平面上得到的投影图称为俯视图。

(3)投影线垂直于侧立投影面（W 面），由左向右作投影，在侧立面上得到的投影图称为左视图或侧视图。

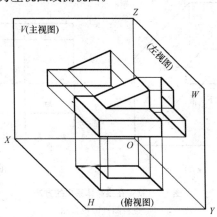

图 1-6　三视图的形成

二、三视图的投影规律

在物体的三视图中，必须注意物体正投影的规律，即物体投影的"三等关系"，见表 1-2。

表 1-2　　　　　　　　　　正投影的规律

序号	投影规律	说　　　明
1	长对正	三视图中，物体左右两侧间的距离称为长度。在 X 轴方向上，水平投影图和正投影图反映出物体的长度，它们的位置左右应对正
2	高平齐	三视图中，上下两面之间的距离称为高度。在 Z 轴方向上，物体的高度是通过正面投影图和侧面投影图反映出来的，这两个高度的位置应上下对齐
3	宽相等	三视图中，前后两面之间的距离称为宽度。在 Y 轴方向上，物体的宽度是通过水平投影图和侧面投影图反映出来的，这两个宽度一定要相等

物体在正投影中的上下、左右、前后位置关系,如图 1-7 所示。每个投影图可相应反映出四个方位。根据投影图的方位,可以判断点、线、面的相对位置,对识读工程图样很有帮助。

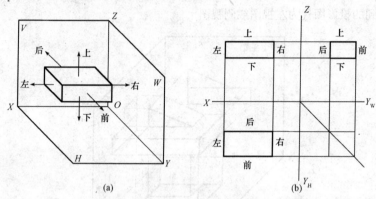

图 1-7 物体在投影体系中的方法
(a)直观图;(b)投影图

第三节　点、直线、平面的投影

一、点的投影

1. 点的三面投影

如图 1-8 所示,将方向点 A 置于 H、V、W 三投影面体系中,过点 A 分别向 H、V、W 作垂直投影线 Aa、Aa'、Aa'',所得垂足分别为点 A 的水平投影 a、正面投影 a' 和侧面投影 a''。为了把点 A 的三个投影画在一个平面上,仍然规定 V 面保持不动,H 面绕 OX 轴向下旋转 90°,W 面绕 OZ 轴向右旋转 90°,这样就使得点 A 的三个投影展平在同一个平面上,称为点的三面投影图,简称点的三面投影。

2. 点的三面投影规律

分析图 1-8 可以得出点的三面投影的规律:
(1)点的水平投影 a 与平面投影 a' 的连线垂直于 OX 轴,即 $aa' \perp OX$。
(2)点的正面投影 a' 与侧面投影 a'' 的连线垂直于 OZ 轴,即 $a'a'' \perp OZ$。

第一章 投影基础

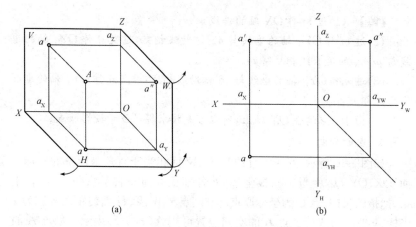

图 1-8 点的三面投影图
(a)直观图；(b)投影图

(3)点的水平投影 a 到 OX 轴的距离等于侧面投影 a'' 到 OZ 轴的距离，即 $aa_X = a''a_Z$。

根据上述投影规律可知，在点的三个投影图中，每两个投影之间均有联系，只要给出一点的任意两个投影，就可以求出其第三投影。

【**例 1-1**】 已知点 M、N、E 的两面投影，求作第三面投影，如图 1-9 所示。

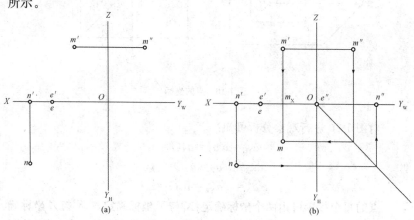

图 1-9 点的二补三
(a)已知；(b)作图

【解】 (1)过 m' 作 OX 轴的垂线 $m'm_X$。

(2)过 m'' 作 OY_W 轴的垂线与 45°辅助线相交,过交点作 OY_H 轴的垂线与 $m'm_X$ 的延长线相交得 m。

(3)过 n 作 OY_H 轴的垂线与 45°辅助线相交,过交点作 OY_W 轴的垂线得交点即 n''。

(4)由于 e、e' 均在 OX 轴上,所以可直接求得 e'' 位于投影原点。

3. 点的坐标

如图 1-10 所示,互相垂直的 V、H、W 面相当于直角坐标系的坐标平面;OX、OY、OZ 相当于三根坐标轴,各轴正方向按右手法则为食指、中指、拇指的指向;点 O 为坐标原点。空间点至 W、V、H 面的距离分别为 x 坐标、y 坐标、z 坐标。点 A 的空间位置可用 $A(x,y,z)$ 表示。如点 A 的坐标为 $x=15,y=5,z=10$,则写成 $A(15,5,10)$。

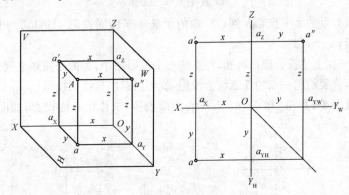

图 1-10 点的坐标

对图 1-10 进行观察分析可知:
$$aa_{YH}=a'a_Z=a_XO=x_A$$
$$aa_X=a''a_Z=a_YO=y_A$$
$$a'a_X=a''a_{YW}=a_ZO=z_A$$

点的每个投影可由两个坐标确定:X 与 Y 坐标确定 a,X 与 Z 坐标确定 a',Y 与 Z 坐标确定 a''。点的每两个投影即可反映点的三个坐标,从而能够确定点的空间位置。

【例 1-2】 已知空间点 A 距离 H 面 20mm,距离 V 面 15mm,距离 W 面 10mm,如图 1-11 所示,试作 A 点投影。

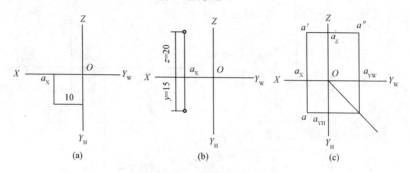

图 1-11　由点的坐标作投影图

(1)画投影轴,由原点 O 向左沿 OX 轴量取 $Oa_X=10$;过 a_X 作 OX 轴的垂线,即为投影连线。

(2)在投影连线上,自 a_X 向下量取 15,得水平面投影 a;再自 a_X 向上量取 20,得正面投影 a'。

(3)根据已知点的两面投影求作第三面投影,作出侧面投影 a''。

4. 特殊位置的点

(1)投影面上的点。如图 1-12 所示,点 A 为水平面上的点,其水平投影在原来的位置,正面投影在 OX 投影轴上,侧面投影在 OY 投影轴上;点 B 为侧立投影面上的点,其侧面投影在原来的位置,水平投影在 OY 轴上,正面投影在 OZ 投影轴上;点 C 为正立投影面上的点,其正面投影在原来的位置,水平投影在 OX 投影轴上,侧面投影在 OZ 投影轴上。

对图 1-12 进行观察分析可以得出:投影面上的点,一个投影在投影面上,另两个投影在相应的投影轴上。

(2)投影轴上的点。如图 1-13 所示,点 A 在 OX 轴上,水平投影和正面投影都在 OX 轴上原来的位置,侧面投影在原点;点 B 在 OY 轴上,水平投影在 OY_H 上,侧面投影在 OY_W 上,正面投影在原点;点 C 在 OZ 轴上,其正面投影和侧面投影在 OZ 轴上,水平投影在原点。因此,可以得出:投影轴上的点,一个投影在原点,另两个投影在同一投影轴上。

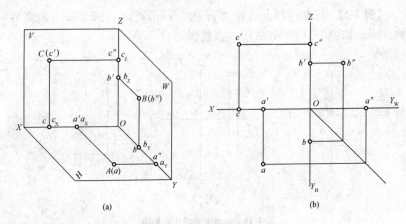

图 1-12 投影面上点的投影

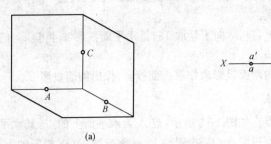

图 1-13 投影轴上的点

5. 两点的相对位置

由于点的 x、y、z 坐标分别反映了点对 W、V、H 面的距离,故比较两个点的 x、y、z 坐标的大小,就能确定两点的相对位置。x 大者在左,y 大者在前,z 大者在上。

如图 1-14 所示,比较坐标大小,可知点 A 在点 B 的左、上、后方;点 B 在点 A 的右、下、前方。

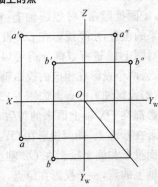

图 1-14 两点的相对位置

6. 重影点

当空间两点位于某投影面的同一条投影线上时,它们在该投影面上的投影必定重合,这两点称为该投影面的重影点。如图 1-15 所示,空间 A、B 两点位于同一条 H 面的垂直线上,它们在 H 面的投影重合为一点 $a(b)$,则 A、B 两点就称为 H 面的重影点。同理,A、C 两点称为 V 面的重影点。

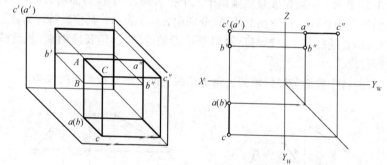

图 1-15　重影点

二、直线的投影

直线的投影一般仍为直线,因此,只要作出直线上任意两点的投影,用线段将两点的同面投影相连,即可得到直线的投影。如图 1-16(a) 所示,作出直线 MN 上 M、N 两点的三面投影,如图 1-16(b) 所示;然后将其 H、V、W 面上的同面投影分别用直线段相连,即得到直线 MN 的三面投影 mn、$m'n'$、$m''n''$,如图 1-16(c) 所示。

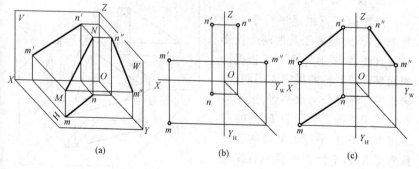

图 1-16　直线的投影

(一)各种位置直线

直线与投影面之间按相对位置的不同可分为一般位置直线、投影面平行线和投影面垂直线三种,后两种直线称为特殊位置直线。

1. 一般位置直线

一般位置直线也称为倾斜线,即与三个投影面均倾斜的直线,如图 1-17 所示。一般位置直线倾斜于三个投影面,三个投影面均有倾斜角,我们称之为直线对投影面的倾角,分别用 α、β、γ 表示。其投影特性为:

(1)直线的三个投影都是倾斜于投影轴的斜线,但长度缩短,不反映实际长度。

(2)各个投影与投影轴的夹角不反映空间直线对投影面的倾角。

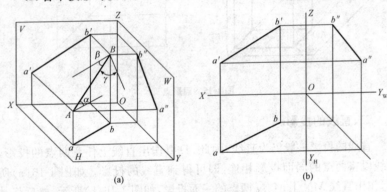

图 1-17　一般位置直线
(a)直观图;(b)投影图

2. 投影面平行线

投影面平行线是平行于一个投影面,同时倾斜于其他两个投影面的直线,如图 1-18 所示。根据投影面平行线平行的投影面不同,投影面平行线又分为水平线、正平线和侧平线三种。平行于 H 面的直线称为水平线,平行于 V 面的直线称为正平线,平行于 W 面的直线称为侧平线。

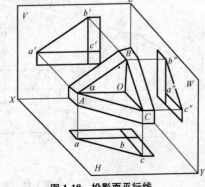

图 1-18　投影面平行线

第一章 投影基础

投影面平行线的投影特性，见表 1-3。

表 1-3　　投影面平行线的投影特性

名　称	直观图	投影图	投影特性
水平线			(1) 水平投影反映实长。 (2) 水平投影与 X 轴和 Y 轴的夹角分别反映直线与 V 面的倾角 β 和 γ。 (3) 正面投影和侧面投影分别平行于 X 轴及 Y 轴，但不反映实长
正平线			(1) 正面投影反映实长。 (2) 正面投影与 X 轴和 Z 轴的夹角，分别反映直线与 H 面和 W 面的倾角 α 和 γ。 (3) 水平投影及侧面投影分别平行于 X 轴及 Z 轴，但不反映实长
侧平线			(1) 侧面投影反映实长。 (2) 侧面投影与 Y 轴和 Z 轴的夹角，分别反映直线与 H 面和 V 面的倾角 α 和 β。 (3) 水平投影及正面投影分别平行于 X 轴及 Z 轴，但不反映实长

3. 投影面垂直线

投影面垂直线垂直于一个投影面,平行其他两个投影面及相应的投影轴,如图 1-19 所示。根据投影面垂直线所垂直的投影面的不同,投影面垂直线又分为正垂线、铅垂线和侧垂线三种。垂直 V 面的直线称为正垂线,垂直 H 面的直线称为铅垂线,垂直 W 面的直线称为侧垂线。

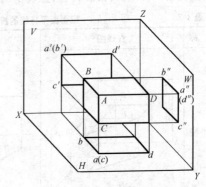

图 1-19 投影面垂直线

投影面垂直线的投影特性,见表 1-4。

表 1-4　　　　　　投影面垂直线的投影特性

名称	直观图	投影图	投影特性
铅垂线			(1)水平投影积聚成一点。 (2)正面投影及侧面投影分别垂直于 X 轴及 Y 轴,且反映实长
正垂线			(1)正面投影积聚成一点。 (2)水平投影及侧面投影分别垂直于 X 轴及 Z 轴,且反映实长

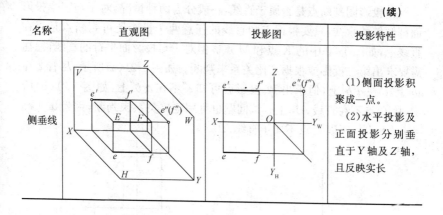

(二)直线上点的投影

由平行投影的基本性质可知,如果点在直线上,则点的各个投影必在直线的同面投影上,且点分割线段之比投影后不变。

如图 1-20 所示,K 点在直线 AB 上,则点的投影属于直线的同面投影,即 k 在 ab 上,k' 在 $a'b'$ 上,k'' 在 $a''b''$ 上。此时,$AK:KB=ak:kb=a'k':k'b'=a''k'':k''b''$,可用文字表示为:点分线段成比例——定比关系。

反之,如果点的各个投影均在直线的同面投影上,则该点一定属于此直线(如图 1-20 中 K 点),否则点不属于直线。在图 1-20 中,尽管 m 在 ab 上,但 m' 不在 $a'b'$ 上,故 M 点不在直线 AB 上。

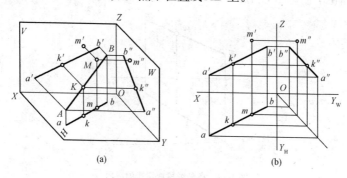

图 1-20 直线上的点
(a)投影图;(b)立体图

由投影图判断点是否属于直线，一般分为两种情况，对于与三个投影面都倾斜的直线，只要根据点和直线的任意两个投影便可判断点是否在直线上，如图 1-20 中的 K 点和 M 点。但对于与投影面平行的直线，往往需要求出第三投影或根据定比关系来判断。如图 1-21(a) 所示，尽管 c 在 ab 上，c' 在 $a'b'$ 上，但求出 W 投影后可知 c'' 不在 $a''b''$ 上，如图 1-21(b) 所示，故 C 点不在直线 AB 上。该问题也可用定比关系来判断，因为 $ac:cb \ne a'c':c'b'$，所以 C 点不属于直线 AB。

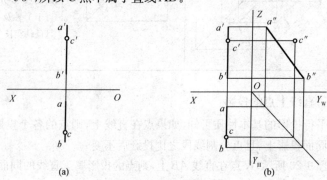

图 1-21　判断点是否属于直线

【例 1-3】　如图 1-22 所示，已知 MN 的两面投影，试在 MN 上求一点 E，使 $ME:EN=3:2$，$me:en=m'e':e'n'=3:2$。

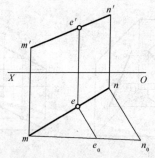

图 1-22　点分线段成定比的应用

【解】　(1) 过 m 点任作一辅助线 mn_0。

(2)选适当的长度为单位长,并在 mn_0 上自 m 点截取 $me_0:e_0n_0=3:2$。
(3)连接 n、n_0 两点。
(4)过 e_0 作 $e_0e/\!/n_0n$,交 mn 于 e。
(5)过 e 作 OX 轴的垂线,交 $m'n'$ 于 e',则 E 点(e,e') 即为所求。

(三)两直线的相对位置

空间两直线的相对位置有平行、相交、交叉三种。平行和相交两直线都在同一平面上,称为共同直线,而交叉直线不在同一平面上,称为异面直线。

1. 两直线平行

两直线平行,其所有的同面投影必互相平行。

如图 1-23(a)所示,$AB/\!/CD$,投射线形成的平面 $ABba/\!/CDdc$,它们与 H 面的交线互相平行,即 $ab/\!/cd$。同理,可证明 $a'b'/\!/c'd'$,$a''b''/\!/c''d''$。

反之,若两直线的所有同面投影都互相平行,则此两直线必互相平行。

当两直线是一般位置时,只要有两对投影互相平行就可判定两直线平行,如图 1-23(b)所示,若 $ab/\!/cd$,$a'b'/\!/c'd'$,则必定 $a''b''/\!/c''d''$,因此 $AB/\!/CD$。

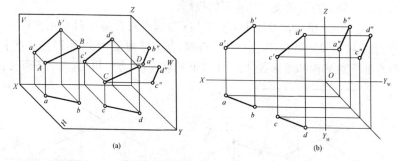

图 1-23 平行两直线的投影

2. 两直线相交

两直线相交,其同面投影也必定相交,且同面投影交点的连线垂直于相应的投影轴。如两直线都是一般位置线,只要根据任意两面投影就可以判别两直线是否相交。

如图 1-24 所示,点 K 为直线 AB 与 CD 的共有点,它的投影必定同时在两直线的同面投影上,而且必符合空间点的投影规律,即 $kk' \perp OX$,$k'k'' \perp OZ$,$k_x k = k''k_z$。

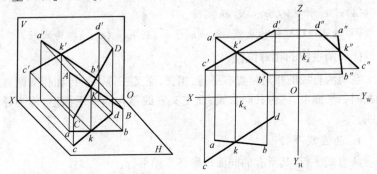

图 1-24 相交两直线的投影

3. 两直线交叉

空间两直线既不平行又不相交,称为交叉直线。交叉两直线的投影既不符合平行两直线的投影特点,又不符合相交两直线的投影特点。交叉两直线的同面投影可能表现为互相平行,但不可能所有同面投影都平行;它们的同面投影可能表现为相交,但交点的连线不垂直于投影轴。交叉两直线同面投影的交点是重影的投影。

如图 1-25 所示,AB 线上的点Ⅲ与 CD 线上点Ⅳ是对 H 面的重影点,它们的 H 面投影重合,因点Ⅲ比点Ⅳ高,故点 3 可见,点 4 不可见。点Ⅰ与点Ⅱ是对 V 面的重影点,因点Ⅰ在Ⅱ的前面,故点 $1'$ 可见,点 $2'$ 不可见。

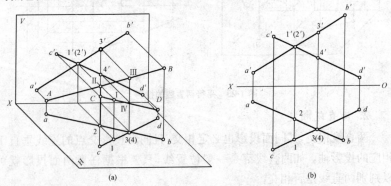

图 1-25 交叉两直线的投影

【例 1-4】 已知直线 AB 与 CD 相交，CD 为侧平线，试完成直线 AB 的 H 面投影 ab，如图 1-26(a)所示。

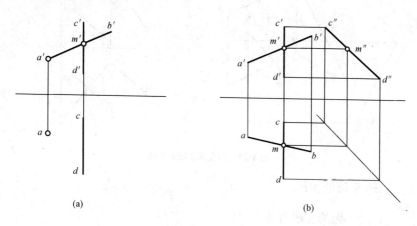

图 1-26 求直线 AB 的 H 面投影 ab
(a)已知；(b)作图

【解】 作图：
(1) 根据 cd 和 $c'd'$，补出直线 CD 的 W 面投影 $c''d''$。
(2) 过 m' 作 OZ 轴的垂线，与 $c''d''$ 相交得 m''。
(3) 过 m'' 作 OY_W 轴的垂线与 45°辅助线相交，过交点作 OY_H 轴的垂线与 cd 相交得 m。
(4) 过 b' 作 OX 轴的垂线与 am 的连线相交得 b。

4. 两直线垂直

垂直两直线的投影一般不垂直，当垂直两直线都平行于某投影面时，则在该投影面上的投影必互相垂直。当垂直两直线之一平行于某投影面时，两直线在该投影面上的投影也必互相垂直；反之，若两直线的某投影互相垂直，且两直线之一平行于该投影面时，此两直线在空间必互相垂直。

如图 1-27 所示，AB ∥ H 面，直线 AB 与 AC 垂直相交，与 DE 垂直交叉，其 H 面投影互相垂直。

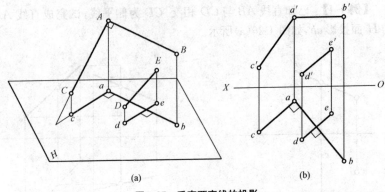

图 1-27 垂直两直线的投影

三、平面的投影

(一)平面的表示方法

平面是广阔无边的。由几何知识可知,平面在空间的位置可用下列任一组几何元素来确定和表示:不在同一条直线上的三点;一直线和线外一点;相交两直线;平行两直线;平面图形。

在投影图中,常采用平面图形来表示一个平面。如图 1-28 所示,是用三角形表示的平面,为了求作该平面的投影,首先求出它的三个顶点的两面投影,再分别将各同名投影连接起来即为所求。同理,根据平面的两面投影可求出其第三面投影。

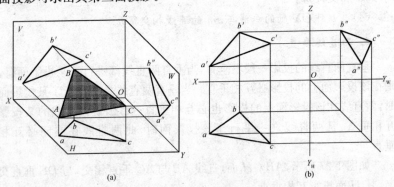

图 1-28 平面的投影
(a)直观图;(b)投影图

但必须注意,这种平面图形可能仅表示其本身,也有可能表示包括该图形在内的一个无限广阔的平面。

(二)平面与投影面的位置

平面根据其与投影面相对位置的不同可以分为以下三种:

(1)一般位置平面。与三投影面均倾斜的平面。

(2)投影面平行面。平行于某一投影面的平面。

(3)投影面垂直面。垂直于某一个投影面,但倾斜于另外两个投影面的平面。

后两类平面统称为特殊位置平面。

(三)各种位置平面投影特征

1. 一般位置平面

一般位置平面也称为倾斜面,如图 1-29 所示。

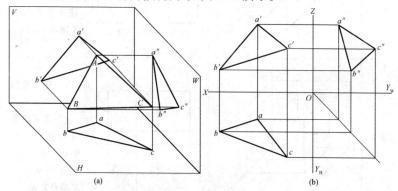

图 1-29 一般位置平面
(a)立体图;(b)投影图

一般平面位置的投影特征为:一般位置平面的各个投影均为原平面图形的类似形,且比原平面图形本身的实形小。它的任何一个投影,既不反映平面的实形,也无积聚性。

2. 投影面平行面

根据平面所平行的投影面的不同,投影面平行面可分为水平面、正平面和侧平面。

(1)水平面——平行于 H 投影面的平面。
(2)正平面——平行于 V 投影面的平面。
(3)侧平面——平行于 W 投影面的平面。

投影面平行面在它所平行的投影面的投影反映实形,在其他两个投影面上投影积聚为直线,且与相应的投影轴平行。其投影特性见表 1-5。

表 1-5　　　　　　　　投影面平行面的投影特性

名　称	直观图	投影图	投影特性
水平面			(1)水平投影反映实形。(2)正面投影及侧面投影积聚成一条直线,且分别平行于 X 轴及 Y 轴
正平面			(1)正面投影反映实形。(2)水平投影及侧面投影积聚成一条直线,且分别平行于 X 轴及 Z 轴
侧平面			(1)侧面投影反映实形。(2)水平投影及正面投影积聚成一条直线,且分别平行于 Y 轴及 Z 轴

3. 投影面垂直面

根据平面所垂直的投影面的不同,投影面垂直面可分为铅垂面、正垂面和侧垂面。

(1)铅垂面——垂直于 H 投影面的平面。
(2)正垂直——垂直于 V 投影面的平面。
(3)侧垂面——垂直于 W 投影面的平面。

投影面垂直面在它所垂直的投影面上的投影积聚为一条斜直线,它与相应投影轴的夹角反映该平面对其他两个投影面的倾角;在另两个投影面上的投影反映该平面的类似形且小于实形,其投影特性见表 1-6。

表 1-6　　　　投影面垂直面的投影特性

名　称	直观图	投影图	投影特性
铅垂面			(1)水平投影积聚成一条斜直线。 (2)水平投影与 X 轴和 Y 轴的夹角,分别反映平面与 V 面和 W 面的倾角 β 和 γ。 (3)正面投影及侧面投影为平面的类似形
正垂面			(1)正面投影积聚成一条斜直线。 (2)正面投影与 X 轴和 Z 轴的夹角,分别反映平面与 H 面和 W 面的倾角 α 和 γ。 (3)水平投影及侧面投影为平面的类似形

(续)

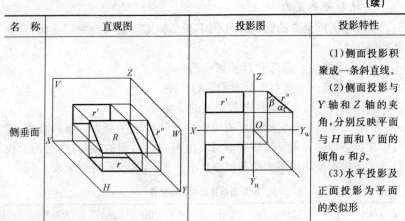

名称	直观图	投影图	投影特性
侧垂面			(1)侧面投影积聚成一条斜直线。 (2)侧面投影与 Y 轴和 Z 轴的夹角,分别反映平面与 H 面和 V 面的倾角 α 和 β。 (3)水平投影及正面投影为平面的类似形

(四)平面上的点和直线

1. 平面上的点

点在平面上的几何条件是:若点在平面上的某一条直线上,则此点在该平面上,如图 1-30 所示。直线 MN 为平面 ABC 上的一条直线,点 K 在直线 MN 上,所以点 K 在平面 ABC 上。

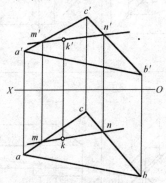

图 1-30 平面上的点

2. 平面上的直线

直线在平面上的条件是:如果直线通过平面上的两点,或通过平面上的一点且平行于平面上的任一直线,则此直线在该平面上。如图 1-31 所示,M、N两点分别在平面ABC上的直线AB和BC上,则直线MN必在平面ABC上。过C点作CD∥AB,则直线CD亦在平面ABC上。

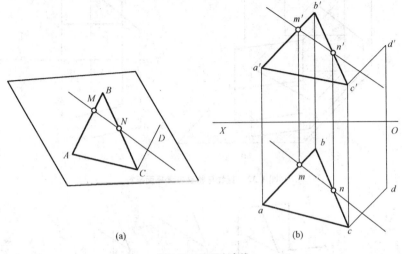

图 1-31 平面上直线
(a)直观图;(b)投影图

四、直线与平面、平面与平面的相对位置

直线与平面、平面与平面的相对位置有平行、相交和垂直三种情况,其中垂直是相交的特殊情况。

(一)直线与平面、平面与平面平行

1. 直线与平面平行

由初等几何可知,若一直线与某平面上任一直线平行,则此直线与该平面平行。反之,若一直线与某平面平行,则在此平面上必能作出与该直线平行的直线。

若直线与特殊位置平面平行,由于特殊位置平面的一个投影有积聚性,故直线的一个投影必与平面的积聚性投影平行,如图 1-32 所示。

2. 平面与平面平行

由初等几何可知,若两平面各有一对相交直线对应地平行,则此两平面互相平行。两特殊位置平面平行的充要条件是它们的积聚性投影相互

平行。在图 1-33 中，$AB/\!/A_1B_1$，$AC/\!/A_1C_1$，故平面 P_1 与平面 P_2 互相平行。

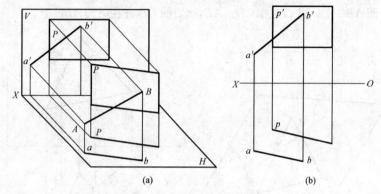

图 1-32　直线与特殊位置平面平行

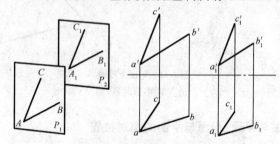

图 1-33　两相交直线对应平行故两平面平行

在图 1-34 中，因两平面的积聚性投影平行，故两平面互相平行。

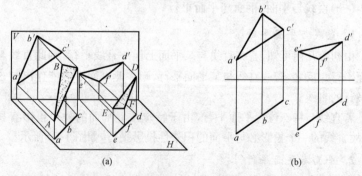

图 1-34　两积聚性投影平行故两平面平行
(a)直观图；(b)投影图

(二)直线与平面、平面与平面相交

1. 投影面垂直线与一般位置平面相交

铅垂线与一般位置平面相交求交点,如图 1-35 所示。

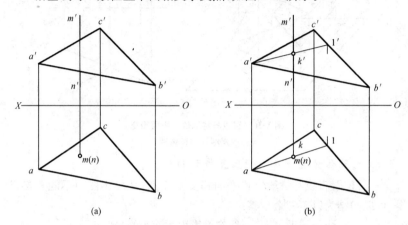

图 1-35　铅垂线与一般位置平面相交
(a)已知;(b)作图

分析:由于交点 K 必在直线 MN 上,所以交点 K 的水平投影 k 一定在直线的积聚投影 $m(n)$ 上,又由于点 K 在三角形 ABC 平面上,所以三角形 ABC 平面上的点 K 的水平投影为已知,利用辅助直线法即可求得点的正面投影 k'。

作图:(1)在 $m(n)$ 上标出 k。
(2)过 k 任做一条辅助线 $a1$。
(3)求 $a'1'$。
(4)$a'1'$ 与 $m'n'$ 相交即得 k'。

2. 一般位置直线与特殊位置平面相交

一般位置直线与平面相交,有交点,交点为线、面共有点。图 1-36(a)表示直线 MN 与铅垂面 P 相交。图 1-36(b)中,平面 P 的水平投影积聚成直线段 p,由于交点 K 为线、面共有点,故其水平投影 k 必在 p 与 mn 相交处。交点 K 在 MN 上,故其正面投影 k' 必在 $m'n'$ 上。

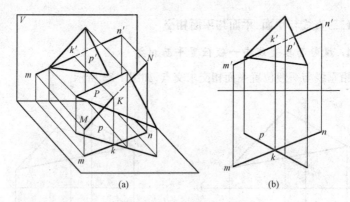

图 1-36 直线与特殊位置平面相交
(a)直观图;(b)投影图

3. 一般位置直线与一般位置平面相交

一般位置直线与一般位置平面相交求交点,从投影图中不能直接求得,可以归结为以下三个步骤:

(1)过直线作辅助平面(一般作投影面垂直面);
(2)求辅助平面与已知平面的交线;
(3)求交线与已知直线的交点,此交点即为所求。

【例 1-5】 求直线 MN 与平面 ABC 的交点,如图 1-37 所示。

分析:欲求直线 MN 与平面 ABC 的交点 K,首先过 mn(或 $m'n'$)作铅垂辅助平面(或正垂辅助平面)P,这样,就可以利用平面 P 的积聚性求出平面 P 与平面 ABC 的交线,该交线与直线 MN 的交点即为 MN 与平面 ABC 的交点 K。

作图:(1)将 mn 适当延长,用 p_H 表示。
(2)用 d、e 分别标出 ac 和 bc 与 p_H 的交点。
(3)过 d、e 分别作 OX 轴的垂直连线,与 $a'c'$ 和 $b'c'$ 相交即得 d'、e'。
(4)连接 d'、e',$d'e'$ 与 $m'n'$ 的交点即为 k'。

判断直线的可见性:

正面投影:利用交叉直线 AB 与 MN 的重影点进行判断,从水平投影可以看出,MN 线上的点在前,AB 线上的点在后,故 MN 遮住了 AB,$m'k'$ 画实线,$k'n'$ 被遮住部分画虚线。

水平投影:利用交叉直线 BC 与 MN 的重影点进行判断,从正面投影可以看出，BC 线上的点在上，MN 线上的点在下，故 BC 遮住了 MN，mk 画实线，kn 被遮住部分画虚线。最后作图结果如图 1-37(d)所示。

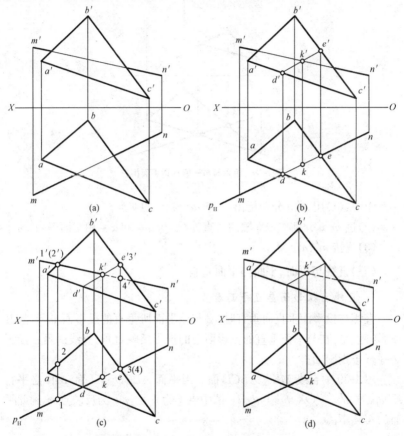

图 1-37　求直线 MN 与平面 ABC 的交点

4. 一般位置平面与特殊位置平面相交

一般位置平面与特殊位置平面相交求交线，实质上是求两条直线与平面的两个交点，两交点的连线即是两平面的交线。如图 1-38 所示，铅垂面与一般位置平面相交。

分析：从水平投影可以看出，直线 AB 和 AC 与平面 P 相交，交点为 M、N。在投影图上，利用 p_H 的积聚性，可以直接求出 M、N 的水平投影

m、n,有了水平投影,就可以在直线的正面投影上定出 m'、n'。

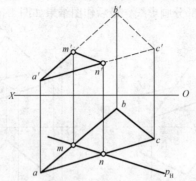

图 1-38　铅垂面与一般位置平面相交

作图:(1)用 m、n 分别标出 ab 和 ac 与 p_H 的交点。

(2)过 m、n 分别作 OX 轴的垂直连线,与 $a'b'$ 和 $a'c'$ 相交即得 m'、n'。

(3)连接 m'、n'。

(三)直线与平面、平面与平面垂直

1. 直线与投影面垂直平面垂直

直线与投影面垂直面垂直时,必与该平面所垂直的投影面平行,故其投影特点是:在与平面垂直的投影面上的投影反映直角;直线的另一投影必平行于投影轴。

图 1-39 中直线 $MK \perp ABCD$ 面。因平面 $ABCD \perp H$ 面,MK 必平行 H 面,故 $m'k' // OX$,$mk \perp abcd$。图中点 k 为垂足,mk 为反映点 m 到此平面的实际距离。

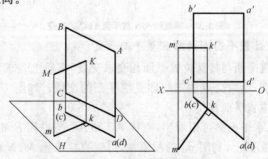

图 1-39　直线与铅垂面垂直

2. 平面与特殊位置平面垂直

若一直线垂直于某平面,则包含此直线的一切平面都与该平面垂直。反之,如两平面互相垂直,则由一平面上任一点向另一平面所作的垂线,必在前一平面上。如图1-40(a)所示,过点 L 作平面垂直于铅垂面 P。

分析:平面 P 为铅垂面,根据直线与平面垂直的条件,作 lk 垂直 p_H,$l'k'$ 平行于 OX 轴,则 LK 垂直于平面 P。包含 LK 所作的任一平面均垂直平面 P,任作直线 LM 即可。

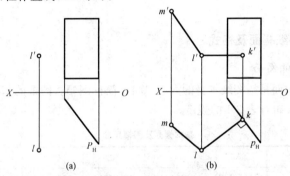

图 1-40　过点 L 作平面与铅垂面 P 垂直

第二章 水利水电工程制图基础

第一节 水利水电工程制图一般规定

一、图纸幅面及格式

1. 图纸幅面

图纸幅面是指图纸本身的大小、规格,简称图幅。图纸的基本幅面及图幅尺寸应符合表 2-1 的规定。

表 2-1　　　　　　　　　　基本幅面及图框尺寸　　　　　　　　　　mm

幅面代号	A0	A1	A2	A3	A4
$B\times L$	841×1189	594×841	420×594	297×420	210×297
c	10	10	10	5	5
a	25	25	25	25	25

注:表中字母的含义如图 2-1 所示。

图纸的短边不应加长,长边加长时应按短边整数倍加长。必要时,允许采用表 2-2 所规定的加长幅面。

表 2-2　　　　　　　　　图纸长边加长尺寸　　　　　　　　　　mm

幅面代号	长边尺寸	长边加长后的尺寸						
A0	1189	—	1682	2523	—	—	—	—
A1	841	—	1783	2378	—	—	—	—
A2	594	—	1261	1682	2102	—	—	—
A3	420	—	891	1189	1486	1783	—	2080
A4	297	630	841	1051	1261	1471	1682	1892

2. 图幅格式

图纸上必须用粗实线画出图框,线宽为 0.5~1.4mm。其图框格式如图 2-1 所示,图框周边尺寸见表 2-1。

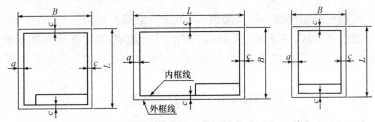

图 2-1 图框格式

水利水电工程图纸的幅面及格式除符合上述要求外,还应符合下列规定:

(1)无论图纸是否装订,均应画出周边线(幅面线)、图框线、标题栏。

(2)需要缩印的图纸,应在四个边上附对中标志。对中标志应在幅面中点处,线宽 0.35mm,对中标志宜伸入图框线以内 5mm。

(3)必要时图幅可分区。图幅分区数应是偶数,每对边分区应等分,分区线为绘在图框线和幅面线之间的细实线,每个分区长度应在 25~75mm 之间。分区顺序在上、下边沿左至右方向以直体阿拉伯数字依次编号,在左、右边框自上而下以直体拉丁汉语拼音字母次序编号,如图 2-2 所示。

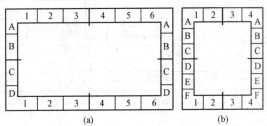

图 2-2 图幅分区及对中符号

(4)需要复制或缩放的图纸,应在图框线外一个边上附一段米制标尺,标尺长应为 100mm,分格应为 10mm。

二、标题栏与会签栏

1. 标题栏

标题栏是图样的一项重要内容,每张图纸都必须画出标题栏。标题栏一般由更改区、签字区、其他区、名称及代号组成,也可按实际需要增加或减小。标题栏应放在图纸右下角,标题栏的格式、尺寸应符合下列要求。

(1)对于 A0、A1 图幅,按图 2-3 绘制标题栏。

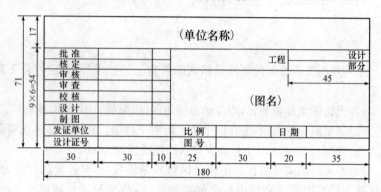

图 2-3 标准标题栏(A0、A1 图幅)

(2)对于 A2~A4 图幅,按图 2-4 绘制标题栏。

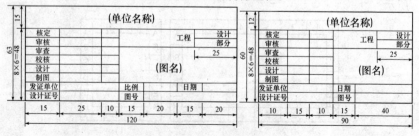

图 2-4 A2~A4 图幅标题栏

(3)对于涉外工程图幅的标题栏,可采用与图 2-3 相同的标题栏尺寸,同时加外文译文,如图 2-5 所示。

第二章 水利水电工程制图基础

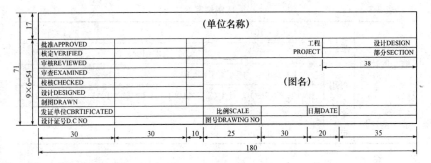

图 2-5 涉外工程标题栏

2. 会签栏

会签栏是用来表明信息的一种标签栏,栏内填写会签人员所代表的专业、姓名、日期。一个会签栏不够时,可另外加一个,两个会签栏并列,对于不需要会签的图纸,可以不设会签栏。

会签栏一般宜在标题栏的右上或左下角。会签栏的位置、栏目、格式、尺寸宜按图 2-6 式样绘制。

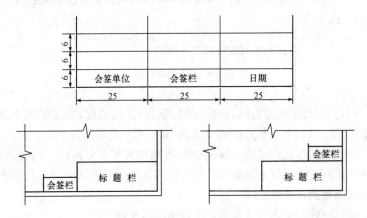

图 2-6 会签栏格式及位置图

三、比例

图样中图形与实物相应要素的线性尺寸之比,称为比例。常用比例系列一般可采用表 2-3 的规定。具体制图时,应根据下列要求绘制。

表 2-3　　　　　　　　　　　比例规定

缩小的比例	常用	1:10		1:2		1:5
		$1:10^n$		$1:(2\times10^n)$		$1:(5\times10^n)$
	可用	1:1.5	1:2.5		1:3	1:4
		$1:(1.5\times10^n)$	$1:(2.5\times10^n)$		$1:(3\times10^n)$	$1:(4\times10^n)$
放大的比例	常用	2:1		5:1		$(10\times n):1$
	可用	2.5:1		4:1		

(1)绘制同一物件或构件物的各个视图应采用相同比例,并将其填写在标题栏中。当需要用不同的比例时,必须另行标注。标注的形式可在该图图名之后,或图名横线下方标注,字号应较图名字体小一号,如图 2-7 所示。

$$\underline{\text{平面图}1:500} \quad \text{或} \quad \frac{\text{平面图}}{1:500}$$

图 2-7　不同比例尺标注

(2)对有缩放要求的图纸,应按图 2-8 所示的比例尺图形加绘比例尺图形标注。

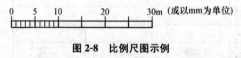

图 2-8　比例尺图示例

(3)当图形中孔的直径、薄片厚度、倒角尺寸、斜度、锥度等尺寸等于或小于 2mm 时,可不按比例而夸大画出,只需注明尺寸大小。

(4)必要时,允许在同一视图中沿垂直和水平方向标注不同的比例,但两个比例比值不应超过 5 倍。图样比例也可用在图样中沿垂直或水平方向加画比例尺的形式标注。

(5)表格图、钢筋或材料形式图可不注写比例。

四、字体

图样中的字体包括汉字、字母和数字,书写时必须做到:字体端正、笔画清楚、排列整齐、间隔均匀。在同一行标注中,汉字、字母和数字宜采用同一字号,且应符合下列要求:

(1) 所用汉字,书写体应采用长仿宋,并应采用国家正式公布推行的简化字;计算机绘图应优先采用宋体或 HZTXT.SHX 体。但在同一图样上,除标题应采用宋体外,只允许采用同一型字体。

(2) 书写字体高度可用 20,14,10,7,5,3.5,2.5(mm);A0 图幅汉字最小字高不得小于 3.5mm,其余不得小于 2.5mm。字宽一般为字高的 0.7 倍,笔画宽度为字符宽度的 1/10。图样中有多种字号时,本号字的字高为上一号字的字宽。表 2-4 所示为图纸字号表。

表 2-4　　　　　　　　　图纸字号表

图幅及字体	A0、A1 图幅		A2、A3、A4 图幅	
	中文	数字及英文	中文	数字及英文
图纸图名	10~14	7~10	7~10	7
图形图名	7~10	5~7	5~7	5
说明标题	7	5	5	5~3.5
说明条文	5~3.5	3.5~3	3.5~3	3.5~2.5
图形内文字标注	5~3.5	3.5~3	3.5~3	3.5~2.5

(3) 汉字应使用直立字体,数字或英文可使用斜字体,斜体字字头应向右倾,与水平线成 75°角。

(4) 用作指数、分数、极限偏差、脚标、上标的数字和字母,应采用小一号字体。

五、图线

1. 图线的分类

图线是指在图纸上绘制的符合一定规格的线条。图样中的图线分为粗、中、细三种。图线宽度的尺寸系列应为 0.18,0.25,0.35,0.5,0.7,1.0,1.4,2.0(mm)。基本图线宽度 b 应根据图形大小和图线密度选取,一般宜选用 0.35,0.5,0.7,1.4,2.0(mm)。绘制图样时,应根据不同用途采用相应图线。

绘制水利水电工程图样时,应根据不同的用途采用表 2-5 规定的图线。

表 2-5　图　线

序号	图线名称	线型及代号/mm	图线宽度	一般用途
1	粗实线	———— A	b	A1 图纸图框线、图标外框线 A2 可见轮廓线 A3 可见过渡线、曲面交线 A4 钢筋 A5 结构永久分缝线、剖面指示线 A6 断层线 A7 岩性分界线
2	细实线	———— B	约 $b/3$	B1 尺寸线和尺寸界限 B2 剖面线 B3 绘重合剖面时的轮廓线 B4 示坡线 B5 引出线 B6 材料分界线、分界及范围线、钢筋图的构件轮廓线 B7 弯折线、长图样分割的相配线 B8 曲面素线 B9 表格中的分格线
3	波浪线	～～～ C	约 $b/3$	C1 构件断裂边界线 C2 视图、剖视的分界线
4	折断线	—/\— D	约 $b/3$	D1 断裂处的边界线 D2 中断线
5	虚线	├ 1 ┤ ├ 4~6 ┤ F	约 $b/3$ 或 $b/2$	F1 不可见轮廓线 F2 不可见过渡线或曲面交线 F3 不可见结构分缝线(线宽 $b/2$) F4 推测地层界限(线宽 $b/2$) F5 不可见管线(线宽 $b/2 \sim b$)
6	细点画线	├3~5┤ ├15~30┤ G	$b/3$	G1 轴线 G2 中心线、对称中心线 G4 节圆及节线 G5 管线

第二章 水利水电工程制图基础

(续)

序号	图线名称	线型及代号/mm	图线宽度	一般用途
7	粗点画线	3~5 15~30 J	b	J1 有特殊要求的线或其表面的表示线 J2 管线
8	粗双点画线	5 15~30 K	b	K1 预应力钢筋 K2 管线
9	中双点画线	5 15~30 K	$b/2$	K3 扩建预留范围线
10	细双点画线	5 15~30 K	$b/2$	K4 假想轮廓线或假想投影轮廓线 K5 长图样分割的相配线

2. 图线画法

水利水电工程图样中图线的画法应符合下列要求：

(1)同一图样中同类图线的宽度应基本一致。虚线、点画线、双点画线的线段长度和点、线间隔应各自大致相同。

(2)绘制圆的对称中心线时,圆心应是线段的交点。点画线、双点画线的首末端应绘为线段;点画线、虚线交接时,应为线段交接。虚线为实线的延长线时,不得与实线直接连接延续。

(3)实心圆柱体和空心圆柱体的断裂处可按曲折断线绘制,如图 2-9 所示。其直径较大时,断裂处可按直折断线绘制,如图 2-10 所示。

(4)木材构件断裂处可采用特殊画法,如图 2-11 所示。

图 2-9 圆柱体的折断线　　图 2-10 圆柱体按直折断线绘制　　图 2-11 木结构构件的断裂线

(5)标注引线使用细实线,宜采用与水平成 30°、45°、60°和 90°角的直线再折为水平线的形式。对于不同内容的标注,所采用的标注引线不同,见表2-6。

表2-6　　　　　　　　　　　引线标注

引线形式	示意图	标注内容
对准圈的引出线		用于标注索引编号和详图编号
水平折线引出线		用于标注文字说明
平行引出线		用于同时引出几个相同部分
放射引出线		用于同时引出几个相同部分
多层公共引出线		多层结构、材料、管线可采用公共引线,引线应通过被引出的各层,标写文字说明或编号时应对应各层,与被标注和说明的层次相互一致
引出线终端指向轮廓线内		标注物体(引线终端指向物体轮廓以内时,宜采用圆点标示)

第二章 水利水电工程制图基础

(续)

引线形式	示意图	标注内容
引出线终端指向构件轮廓线上		标注物体(当指向物体轮廓表面廓线上时,宜用箭头表示)
引出终端指向尺寸线上		标注物体(指在尺寸线上时,不绘圆点和箭头)

第二节 水利水电工程图样画法

一、一般规定

(1)绘制工程图样时,各类视图应画法正确,表达方式适当,并力求简明,便于制图和阅图,各类图线清晰可辨。

(2)建筑物或构件的图样,宜采用直接正投影法第一分角画法绘制,其投影方向视图布置如图 2-12 所示。在同一幅图中,绘制各视图时,应保持视图的水平方向同高、上下视图相对应的关系。

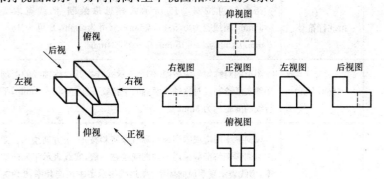

图 2-12 直接正投影法

(3)对某些建筑物或构件,当采用直接正投影法绘制不易表达时,可采用镜像正投影或视向投影法绘制。此时应在图名后标注"镜像",如图 2-13 所示。

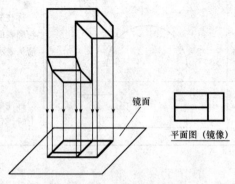

图 2-13　旋转及镜像投影图画法

(4)工程图样常用符号应符合表 2-7 规定。

表 2-7　　　　　　　　　图样常用符号画法

序号	项　目	内　　　容
1	水流方向符号	图样中的水流方向可根据需要按图 2-14 所示符号式样绘制。其图线宽可取为 0.35～0.5mm,B 可取为 10～15mm。在布置图幅时,宜使河流水流方向自上而下,或自左向右
2	指北针符号	指北针可按图 2-15 所示式样选取绘制,图线宽取为 0.35mm,粗线宽为 0.5～0.7mm;B_1 可为 6mm,B 可为 16～20mm,B_0 可为 10～15mm,B_2 宜为 24mm
3	对称符号	图形的对称符号应按图 2-16 所示式样在其对称轴线的两端用细实线绘制。对称轴线两端的平行线长度宜为 6～10mm,平行线的间距约为 3mm
4	风向频率图	风向频率图应根据当地实际气象资料按 16 个方向绘出。图中风向频率特征应采用不同图线绘在一起,实线表示年风向频率,虚线表示夏季风向频率,点画线表示冬季风向频率,θ 角为建筑物坐标轴与指北针的方向夹角,见图 2-17

(续)

序号	项 目	内 容
5	相配线	由于有的建筑物轴线很长,且须全长绘出,为在同一幅图中布置图样时需要分段,此时对分段两侧应加相配线表示。相配线以细实线表示,并标注"相配线"字样,并应在两段图的相配线侧同时标注分段的相同桩号,见图 2-18

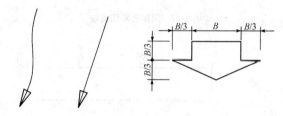

图 2-14 水流方向符号

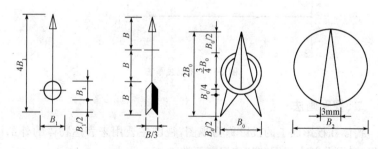

图 2-15 指北针符号

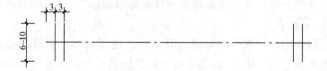

图 2-16 对称符号

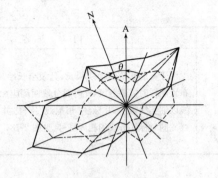

图 2-17 风向频率图画法

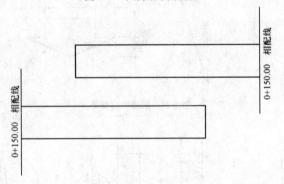

图 2-18 相配线画法

二、视图画法

物体在投影面上的投影称为视图,视图主要用来表达物体的外部结构形状,可分基本视图和特殊视图两类。

视图的画法应符合下列基本要求:

(1)视图一般只表示建筑物或构件可见的轮廓线,只在必要时以虚线绘出不可见轮廓。

(2)图件中每一视图均应标注其名称。视图名称一般标注在其图形上方,图名下方绘一粗横线,其长度应超出图名长度前后各 3~5mm。

(3)特殊视图。当需要不按基本视图投影方向绘制视图时,可绘特殊视图。此时必须在相关视图上用箭头指明投影方向、标注字母,同时在特殊视图上方标注"×向视图"或"×向(旋转)视图"。

(4)规定视向与河流水流方向一致,其左为左岸,其右为右岸。当视图与水流方向有关时,顺水流方向的视图称为上游立视(或展视)图,逆水流方向的称为下游立视图。

(一)基本视图

物体向基本投影面投射所得到的视图称为基本视图。制图标准规定用正六面体的六个面作为基本投影面,将物体放在其中,分别向六个基本投影面投射,从而得到表2-8中的六个基本视图。

表2-8　　　　　　　　　　　基本视图

序号	视图名称	视图由来
1	主视图	由前向后投射所得的视图
2	俯视图	由上向下投射所得的视图
3	左视图	由左向右投射所得的视图
4	右视图	由右向左投射所得的视图
5	仰视图	由下向上投射所得的视图
6	后视图	由后向前投射所得的视图

注:1. 俯视图又称为平面图。
　2. 主视图、左视图、右视图及后视图又可称为立面图或主视图。

六个基本视图仍遵循"长对正、高平齐、宽相等"的投影基本规律,即主、俯、仰、后视图"长对正";主、左、右、后视图"高平齐";俯、左、右、仰视图"宽相等"。

实际画图时,一般不需要六个基本视图全部画出来,应根据物体的形状特点和复杂程度,选择其中的几个视图来表达。

(二)特殊视图

物体的特殊视图包括向视图、局部视图和斜视图。

1. 向视图

向视图是指六个基本视图中的某个或几个视图不按投影关系配置时的视图,对向视图进行标注应根据专业的需要,允许从以下两种表示方式中选择一种。

(1)在向视图的上方标注视图名称"X"("X"为大写字母),在相应的视图附近用箭头指明投射方向,并标上同样的字母,如图2-19所示。

(2)在向视图的上方(或下方)标注图名。注有图名的各视图位置应根据需要按相应规则合理布置,如图 2-19 和图 2-20 所示。

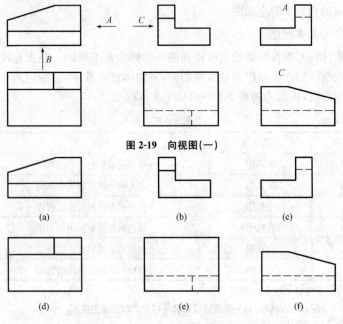

图 2-19　向视图(一)

图 2-20　向视图(二)
(a)正立面图;(b)左侧立面图;(c)右侧立面图;(d)平面图;(e)底面图;(f)背立面图

2. 局部视图

局部视图是指将物体的某一部分向基本投影面投射所得的视图,画局部视图时应符合下列要求:

(1)局部视图的断裂边界用波浪线表示,当所表达的局部结构是完整的且外轮廓又是封闭的,则波浪线可省略。

(2)局部视图应该标注。一般在局部视图的上方标注视图的名称"X"("X"为大写字母),在相应视图附近用箭头指明投射方向,并注上相同的字母。

(3)局部视图可以按投影关系配置,也可配置在其他位置。

3. 斜视图

当物体上某些结构与基本投影面不平行时,这部分结构在基本投影面上的投影不反映实形,若设置一个辅助投影面,使它与物体的倾斜表面平行,再将倾斜部分向辅助投影面投射所得的视图则反映实形。这种将物体上倾斜部分向不平行于任何基本投影面的投影面投射所得的视图称为斜视图。画斜视图时应符合下列要求:

(1)斜视图一般只画出倾斜部分的形状,然后用波浪线作断裂边界线。

(2)斜视图一般按投影关系配置,也可将斜视图旋转配置。

(3)斜视图也需进行标注,标注的方法与局部视图相同。注意视图名必须水平书写。

三、剖视图画法

(一)剖视图基本概念和画法

1. 剖视图的形成

假想用剖切平面剖切物体,将处在观察者和剖切平面之间的部分移去,而将其余部分向投影面投射,并在剖切平面与物体接触部分画上材料符号所得的图形,称为剖视图,如图 2-21 所示。

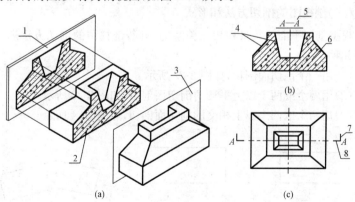

图 2-21 剖视图的形成

1—正立投影面;2—剖面区域(断面);3—剖切平面;4—剖视图轮廓线;
5—视图名称;6—剖面符号;7—投射方向;8—剖切位置

2. 剖视图的画法

(1)确定剖切平面位置。剖切平面首先必须通过所需表达的内部结构。为了反映内部结构的真实形状,还应使剖切平面与投影面平行并尽量通过孔、槽等内部结构的对称平面或轴线。

(2)画剖视图。按投影原理画剖切后其余部分的视图,包括剖面和其后的部分。

(3)画建筑材料图例。材料图例应画在剖面轮廓内,剖面是剖切平面与实体接触的部分,物体的中空部分不应画图例。

3. 剖视图剖切符号

(1)剖切符号由剖切面位置线和剖视方向线构成的一个直角粗实线符号绘成。线宽宜为 0.7～1mm,剖切位置线长度宜为 5～10mm,剖视方向线长度宜为 4～6mm。剖切符号不宜与图样的图线接触。

(2)剖视图剖切面的编号宜采用数字、英文字母或汉字干支排序命名。按顺序由左至右,由下至上连续编号,并注写在剖视方向线端部。

(3)转折剖切位置线,线型及每肢长度同剖切位置线,在转折处若易与其他图线发生混淆时,应在转角外侧加注该剖切面相同的字母或数字编号。

(4)剖视图上方应标注其所编号的图名。

(二)剖视图的剖切方法和形式

根据剖切平面的数量和相互关系的不同,剖视图的剖切方法通常有以下几种:

(1)用一个剖切面剖切,如图 2-22 所示。

(2)用两个或两个以上平行的剖切面剖切,如图 2-23 所示。

(3)用两个或两个以上相交的剖切面剖切,如图 2-24 所示。

图 2-22　一个剖切面　　图 2-23　两个剖切面　　图 2-24　相交剖切面

采用不同的剖切方法可以得到不同形式的剖视图,常见剖视图的形式包括全剖视、半剖视、局部剖视、斜剖视、阶梯剖视、旋转剖视、复合剖视等。

1. 全剖视图

全剖视图是指用剖切面完全地剖开构筑物或构件所得的剖视图。它一般适用于外形简单、内部结构比较复杂的物体，或主要为了表达物体内部结构时采用。

图 2-25 所示为消力池全剖视图。为了在主视图中清晰地表达消力池的底板和尾坎的轮廓，故可采用单一全剖视图。其画法为：假想用一平行于正投影面的剖切平面 P，通过消力池的前后对称面将其剖开，移去前半部分，将其余部分向正投影面投射得到剖切面后面消力池的轮廓线，然后在剖切平面与消力池接触面上画上材料符号，从而得到了消力池全剖的主视图。

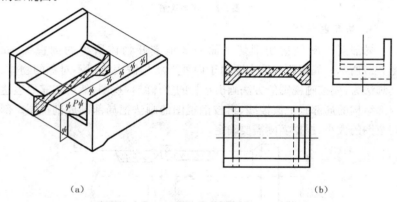

（a） （b）

图 2-25 全剖视图

2. 半剖视图

当物体具有左、右、上、下或两者全对称的平面时，可以以对称中心线为界，绘成半剖视；1/4 剖视；一半为剖视，另一半为视图；一半为第一剖视，另一半为第二剖视的半剖视图。半剖视图的标注与全剖视图相同。半剖视图适用于内外形状均需表达的对称或基本对称的物体。

如图 2-26 所示为墩帽，其前后左右都对称，内外结构均需表达，若主、俯视图采用全剖视图，则外部结构未表达清楚，若采用半剖视图，则内外结构都表达清楚了。其画法为：先画出对称中心线（细点画线），然后以对称线为界，一半画成视图，一半按全剖视图的作图方法画成剖视图，从而得到同时反映墩帽内外结构的主、俯视图的半剖视图。

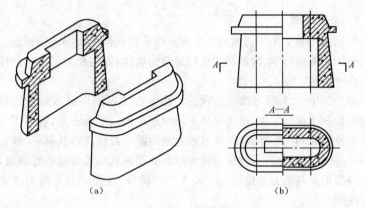

图 2-26 半剖视图

3. 局部剖视图

局部剖视图是指用剖切平面局部地剖开物体所得的剖视图,如图 2-27 所示。局部剖视图主要用于内外形状均需表达但不对称的物体。其画法为:先按画视图的方法画出水管的整体结构视图,然后在需要表达内部结构的局部画上波浪线,再按剖视图的画法把局部画成剖视图。剖切范围的大小,根据实际需要确定。

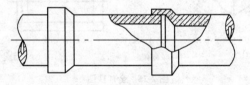

图 2-27 局部剖视图

4. 斜剖视图

斜剖视图是指用不平行于任何基本投影面的剖切平面剖开物体所得的剖视图,如图 2-28 所示。

该图为用一个平行于倾斜结构的正垂面完全剖开弯管后,将该倾斜结构向平行于剖切平面的投影面投射所得的弯管倾斜结构的斜剖视图。其画法为:斜剖视图必须在剖视图的上方标注剖视图的名称,如"A—A",在相应的视图中注明剖切位置和投射方向,并注上同样的字母,字母一律水平书写。斜剖视图一般应配置在投射方向所指的一侧。必要时,也可平移到其他位置,或将图形转正画出。转正后的图形必须在剖视图名称后画出表明旋转方向的箭头。

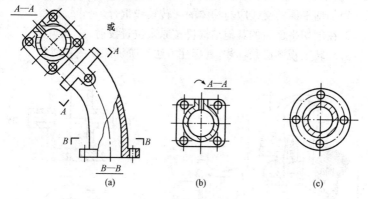

图 2-28　斜剖视图

5. 阶梯剖视图

阶梯剖视图是指用阶梯剖的方法将物体完全剖开后所得的剖视图，如图 2-29 所示为一水箱的阶梯剖视图。其画法应符合下列要求：

(1) 剖切平面转折处不应与视图中的轮廓线重合。

(2) 在剖视图中，各个剖切平面的转折处不应画出分界线。

(3) 阶梯剖视图必须在剖视图的上方标注剖视图名称"$X—X$"，在相应的视图中在剖切平面的起讫、转折处画出剖切符号，注上相同的字母。

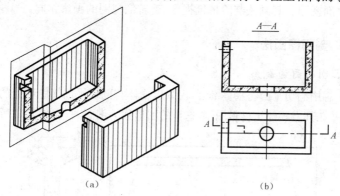

图 2-29　阶梯剖视图

6. 旋转剖视图

旋转剖视图是用旋转剖的方法将物体完全剖开后所得的视图，如

图 2-30 所示为一集水井的旋转剖视图。其画法应符合下列要求：

(1)剖切平面的交线应与物体的回转轴线重合。

(2)在剖切平面后的其他结构仍按原来位置投射。

(3)旋转剖视图必须标注，其标注方法与阶梯剖视图相似。

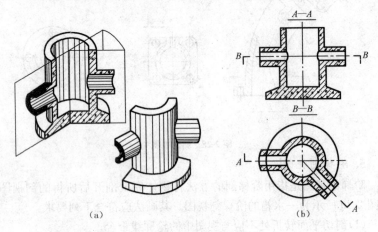

图 2-30 旋转剖视图

7. 复合剖视图

除阶梯剖、旋转剖以外，用组合的剖切平面剖开物体所得的剖视图称为复合剖视图。其画法与阶梯剖视图、旋转剖视图的画法相同。

四、剖面图画法

1. 剖面图的概念

假想用剖切平面将物体剖开，仅画出物体与剖切平面接触部分的图形轮廓，并在其上画建筑材料图例，这样的图形称为剖面图，如图 2-31 所示。

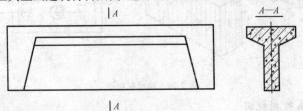

图 2-31 剖面图的形成

2. 剖面图剖切符号

(1)剖切符号用剖切位置线表示,剖切位置线为粗实线,线长宜为5~10mm。

(2)剖切面编号宜采用数字或英文字母顺序编号,注写在剖切位置线投影方向的一侧。

3. 移出剖面画法

(1)对于绘在剖切位置的延长线上的移出剖面,可不标注剖切面编号,只以点画线表示剖切位置。若剖面不对称,则应在剖切符号两端加绘粗实线表示投影方向,如图2-32所示。

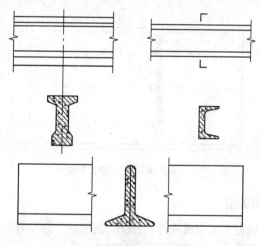

图 2-32 移出剖面画法

(2)对于配置在图纸其他位置的移出剖面,应标注剖切位置线和编号,在剖面图的上方应标注剖面编号(即图名),并在剖面编号下标绘粗实线标记。

4. 重合剖面画法

(1)重合剖面的轮廓线用细实线绘制。当视图的轮廓线与重合剖面的图形重叠时,视图的轮廓线应不间断,完整画出。

(2)对称的重合剖面可不标注,不对称的重合剖面应标注剖切投影方向,如图2-33所示。

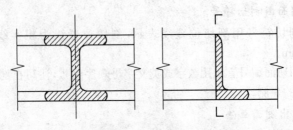

图 2-33 重合剖面

(3)梁板剖面在结构平面图中使用重合剖面时,剖面涂阴影,如图 2-34 所示。

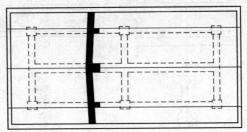

图 2-34 涂黑的重合剖面

五、详图画法

详图可根据需要画成视图、剖视图、剖面图。必要时可采用一组视图或剖面图完整地表达该被放大部分的结构。

详图的标注方法为:在被放大的部位用细实线圆弧圈出,用引出线指明详图的编号(如:"详 A"、"详图××"等),所另绘的详图用相同编号标注其图名,并注写放大后的比例,如图 2-35、图 2-36 所示。

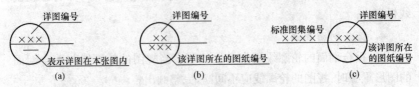

图 2-35 详图标注方法

(a)详图与原图在同一张图内;(b)详图与原图不在同一张图内;(c)详图采用标准图时

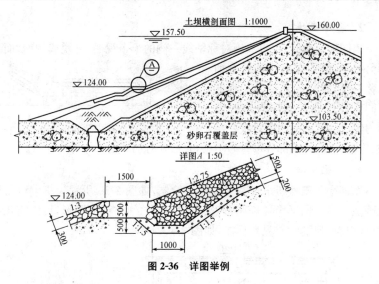

图 2-36 详图举例

六、习惯画法

1. 展开画法

当构件或建筑物的轴线（或中心线）为曲线时，可以将曲线展开成直线后，绘制成视图、剖视图和断面图。这时，应在图名后注写"展开"二字，或写成展开图，如图 2-37 所示。

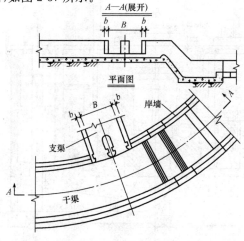

图 2-37 展开画法

2. 省略画法

当图形对称时，可以只画对称轴线一侧的半个视图、剖视或剖面，而省略另一半，但须在对称轴线上加对称符号，如图 2-38 所示。根据不同设计阶段和实际表达的图形内容，视图、剖视图中对次要结构、机电设备、详细部分可省略不画，有必要时加详图符号另绘详图。

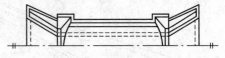

图 2-38 对称图形省略画法

3. 简化画法

图样中的某些机电设备可以简化绘制，如图 2-39 所示为机电设备简化画法。对于图样中成规律布置、结构相同的细小局部图形，可以简化绘制，或以符号代替，或只做标注，如图 2-40 所示。

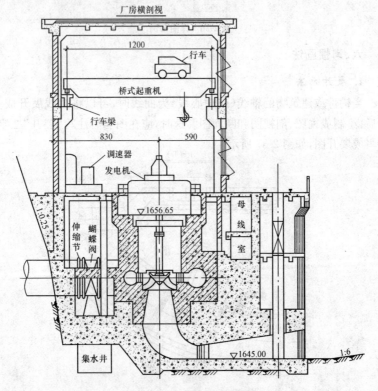

图 2-39 机电设备简化画法

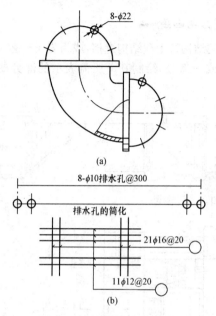

图 2-40 规律布置结构简化画法

(a)管接头小孔简化画法;(b)钢筋图画法

4. 分层画法

当结构有层次时,可按其构造层次的分层,在同一图中分区绘制,相邻分区用波浪线分界,或只用文字注明分层结构的名称或说明,如图 2-41 所示。

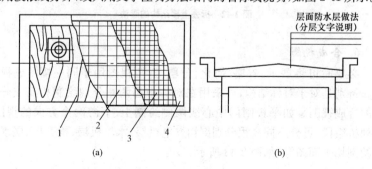

图 2-41 分层画法

(a)真空模板分层画法;(b)层面结构图文字说明

1—木板;2—粗铁丝网;3—细铁丝网;4—过滤布

5. 拆去上覆结构画法

当视图表达的结构被上覆结构遮挡,或为岩土遮盖时,可将上覆结构或岩土拆去全部或一部分,绘制其下所需表示的部分的视图,如图2-42所示。

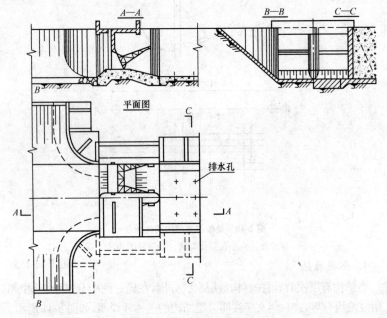

图 2-42 拆去上覆结构的画法

6. 合成视图

必要时可将展示、省略、简化、分层、拆覆视图用于同一幅图或视图中。特别是对于对称结构,可采用在对称中心两侧分别绘制相反或分层次的合成视图。如平板闸门中心线两侧绘制上、下游两个方向的视图。并列机组段,可分不同高程分别剖切发电机层、水轮机层、蜗壳层、尾水管层的剖切平面图等,如图2-43所示。

7. 较长图形简化画法

当沿长度方向的开头为一致,或按同一规律变化时,可以用折断线分开绘制,省去其中部位的图形,如图2-44所示。

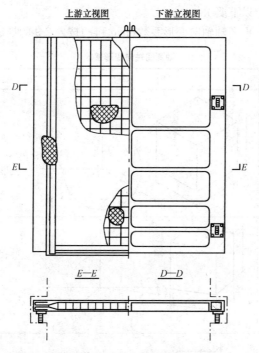

图 2-43　闸门的合成视图

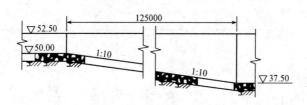

图 2-44　渠道断开简画法

七、轴测图画法

水利水电工程的轴测图可采用正二等、正二测和斜二测法绘制。具体画法应符合以下要求：

(1)各 X、Y、Z 轴轴向变形系数（p、q 和 r）按表 2-9 的规定。

表 2-9　　　　　　　　　　轴测图轴向变形系数

绘制方法		图　示	备　注
正等轴测法（正等测）			$p=q=r=1$ p、q、r 为 X、Y、Z 轴向变形系数，以下同
正二等轴测法（正二测）			$q=r=1$ $q=1/2$
正面斜轴测法	斜等轴测（斜等测）		$p=q=r=1$
	斜二轴测（斜二测）		$p=r=1$　$q=1/2$

(续)

绘制方法	图　示	备　注
水平斜轴测法（包括水平斜等测和水平斜二测)	（图示：水平斜轴测坐标系，X、Y、Z 轴，45°）	$p=q=r=1$

(2) 轴测图的可见轮廓线宜用粗实线绘制,不可见部分一般不绘出,必要时才以细虚线绘出所需部分。

(3) 带剖视的轴测图断面上应画出表示其材料的图例线,如图 2-45 所示。剖面图图例线应按断面所在的坐标面的轴测方向绘制。如果以 45°斜线为材料图例时,应按图 2-46 规定画法绘制。

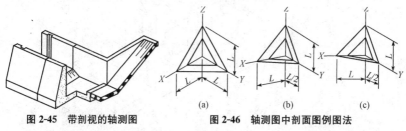

图 2-45　带剖视的轴测图　　　图 2-46　轴测图中剖面图例画法

(4) 绘制止水薄片的接头结构轴测图时,宜采用虚线画出其不可见部分,如图 2-47 所示。

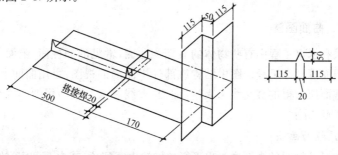

图 2-47　止水片接头画法

(5)对于油、气、水等管路系统,宜采用粗实线,单线绘制管路系统轴测图,且一般为等轴测示意图,如图 2-48 所示。

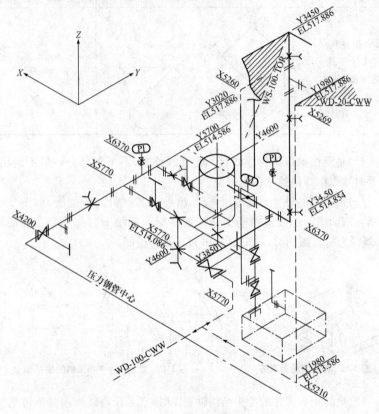

图 2-48 管路系统轴测图

八、曲面画法

水利水电工程中有些物体的表面为曲面,常见的如柱面、锥面、渐近面及扭面等。在工程详图中结构或部件中曲面的视图,可用曲面上的素线或截面所截得的截交线来表达,曲面、素线和截交线均用细实线绘制,如图 2-49 所示。

1. 柱面画法

在沿柱轴线的视图中画出平行柱轴线由密到疏(或由疏到密)的直素

线表示。线的疏密间距,原则上是由曲面的垂直截面上的截曲线上等分的线段,在相应视平面上的投影间距决定的,但实际不需要绝对地严格绘制,如图 2-50 所示。

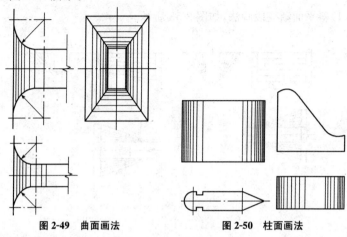

图 2-49 曲面画法　　　　　图 2-50 柱面画法

2. 锥面画法

直母线沿着曲导线运动,并始终通过一定点所形成的曲面为锥面。其画法为:

(1)在反映轴线实长的视图中,以由密到疏的放射状直素线表示,如图 2-51 所示。

(2)在反映圆弧实形的视图中,以均匀的放射状直素线表示,如图 2-52所示。

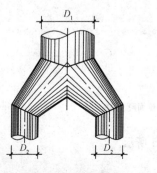 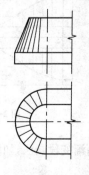

图 2-51 叉管锥面画法　　　图 2-52 锥形墩头画法

3. 渐变段、扭曲面画法

斜平面渐变段和扭曲面构成的渐变段可用直素线法表示。其画法为：

(1)斜平面渐变段画法，如图 2-53 所示。

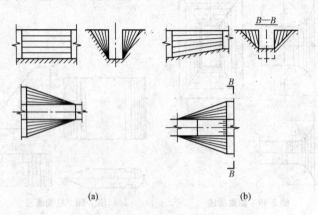

图 2-53　扭平面渐变段

(2)扭锥面渐变段画法，如图 2-54 所示。

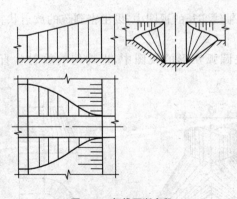

图 2-54　扭锥面渐变段

(3)扭柱面渐变段画法，如图 2-55 所示。

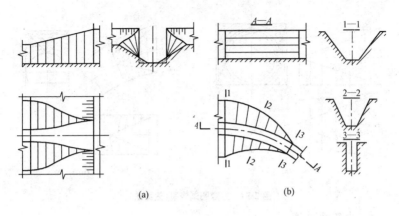

图 2-55 扭柱面渐变段

4. 方变圆渐变段画法

对于由方(或矩)形变至圆形,或由圆形变到方(或矩)形的渐变段,通常以素线法表示,也可用截面素线法表示。一般其正视图可以省略。具体画法如下:

(1)素线法表示方变圆渐变段,如图 2-56 所示。

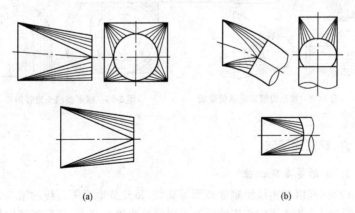

图 2-56 方变圆渐变段(素线法)

(2)截面素线法表示方变圆渐变段,如图 2-57 所示。

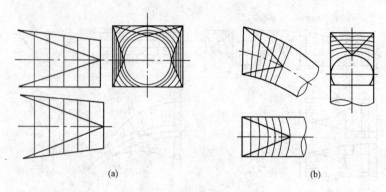

图 2-57 方变圆渐变段(截面法)

5. 旋转面画法

可用一组等距且平行于投影面的平面截交线作为曲素线,在投影视图中表示圆旋转曲面。圆环面、球面等旋转面的具体画法如下:

(1)圆环面画法,如图 2-58 所示。

(2)球面画法,如图 2-59 所示。

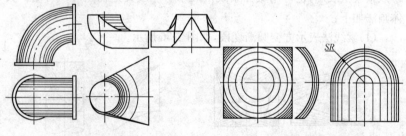

图 2-58　直角弯管及尾水管弯段　　图 2-59　球形阀门及直管闷头

九、标高图画法

1. 地形等高线画法

(1)标高以细实线绘制成地形等高线,每 5 条地形等高线的第 5 条取为计曲线,计曲线用中粗实线绘制。以整数为等高高差,其标高值的尾数应为 5 或 10 的整倍数,并符合地形图测绘规定。

(2)标高图中地形等高线高程数字的字头,应朝向高程增加的方向,必要时可按字头向上、向左注写。

2. 开挖和填筑坡面画法

(1) 填筑坡面。在其平面图、立面图中，沿填筑坡面顶部轮廓线，以示坡线表示坡面倾斜方向，并允许只绘出一部分示坡线，如图2-60所示。

(2) 开挖坡面。沿开挖坡面顶部开挖线用示坡线表示坡面倾斜方向，并允许只绘一部分示坡线；也可沿其开挖线绘制"Y"形开挖符号，其方向大致平行该坡面的示坡线，如图2-61所示。

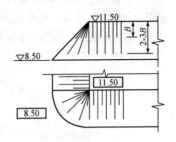

图 2-60 填筑坡面画法

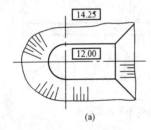
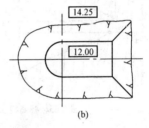

图 2-61 开挖坡面表示法

3. 标高投影画法

(1) 在标高投影中，当用剖面法绘制斜道两侧坡面的坡边线时，剖切位置线一般为一条垂直于斜道底部边线的直线。在不影响精度要求的条件下，允许用横剖面两侧斜线的坡度 i_1 代替斜坡道两侧坡面的坡度 i_0，绘制标高图中近似的坡边线，如图2-62所示。

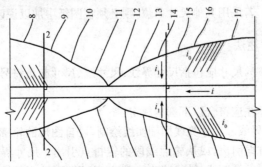

图 2-62 坡面法绘制坡边线

(2)标高投影的平面图与立面图应符合投影对应关系。立面图、剖视图不画地形等高线。当平面图中同时有填、挖两种坡面时,既可仅画出开挖坡面的剖视图,也可以同时画出开挖及填筑坡面的立面图,作为合成视图,如图 2-63 所示。

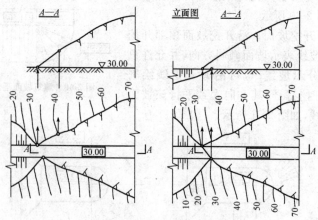

图 2-63　标高投影的剖视图和合成视图

第三节　水利水电工程图样注法

水利水电工程图样中的结构或建筑物必须有合理的尺寸标注。建筑物及构件的真实大小,应以图样上所注的尺寸数值为依据,与所绘图形的大小及绘图的准确度无关。图样中标准的尺寸单位,除标高、桩号及规划图总布置图中的尺寸以 m 为单位外,其余尺寸一律以 mm 为单位,且图中不必说明。若采用其他尺寸单位,则必须在图纸中加以说明。

一、尺寸注法

一个完整的尺寸应包括尺寸界线、尺寸线、尺寸起止符号和尺寸数字四部分组成。

尺寸的标注应符合以下基本规定:

(1)尺寸界线。尺寸界线用细实线绘制,可自图形的轮廓线或中心线沿其延长线方向引出,或从轮廓线段的转折点引出。尺寸界线应与被标注的线段垂直。轮廓线、轴线或中心线也可以作为尺寸界线,见图 2-64。

由轮廓线延长引出的尺寸界线与轮廓线之间宜留有2~3mm的间隙,并应超出尺寸线2~3mm。

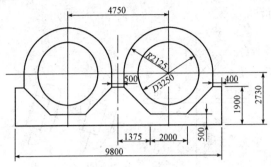

图2-64 尺寸界线

(2)尺寸线。尺寸线用细实线绘制,其两端应指到尺寸界线。不能用图样中的轮廓线、轴线、中心线等其他图线及其延长线代替作为尺寸线。标注线性尺寸时,尺寸线必须与所标注的线段平行。

(3)尺寸起止符号。可采用箭头形式,如图2-65所示。可采用45°细实线绘制的 h 为3mm的短画线,如图2-66所示。当采用箭头为起止符号,而空间不够时,允许采用圆点代替箭头。标注圆弧半径、直径、角度、弧长时,一律采用箭头为尺寸起止符。同一张图中只能采用一种尺寸起止符号的形式。

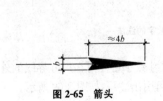

图2-65 箭头

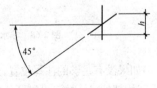

图2-66 45°斜线尺寸起止符

(4)尺寸数字。

1)线性尺寸的数字,可注写在尺寸线的上方,或在尺寸线的断开处,并与尺寸线平行。

2)尺寸数字不可被任何图线或符号所通过,若尺寸数字需要占位,则其他图线或符号应断开。

3)线性尺寸数字的标注,应避免在图示阴影线30°范围内进行。可按图 2-67 所示的方向注写,当无法避免时,可按图 2-67(a)、(b)所示的形式引出,水平标注。

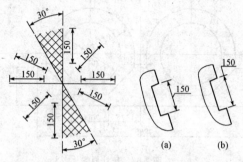

图 2-67　30°范围内尺寸的标注方法

4)对于非水平方向的尺寸,其数字还可水平地注写在尺寸线的中断处,如图 2-68 所示。

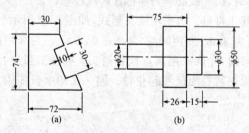

图 2-68　非水平方向尺寸数字的注法

5)如果没有足够的注写位置,最外边的尺寸数字可注写在尺寸界线的外侧,中间相邻的尺寸数字可错开位置注写,也可引出注写,如图 2-69 所示。

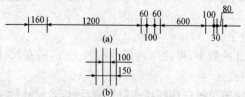

图 2-69　尺寸界线间距小时尺寸和箭头的标注方法

二、标高注法

标高尺寸包括高标符号及尺寸数字两部分。标高的标注应符合以下规定：

(1)在立视图和铅垂方向的剖视图、剖面图中，被标注高度的水平轮廓线或其引出线均可作为标高界线。标高符号采用图2-70所示的符号（为45°等腰直角三角形），用细实线画出，其 h 约等于标高数字高度。标高符号的直角尖端必须指向标高界线，并与之接触。标高数字一律注写在标高符号的右边。

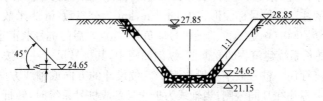

图 2-70　立面图、剖视图、剖面图标高注法

(2)平面图中标高应注在被注平面的范围内，当图形较小时，可将符号引出。平面图中标高符号采用矩形方框内注写标高数字的形式，方框用细实线画出，如图2-71所示。

(3)水面标高(简称水位)的符号如图2-72所示。在立面标高三角形符号所标的水位线以下加三条等间距、渐缩短的细实线表示。对于特征水位的标高，应在标高符号前注写特征水位名称。

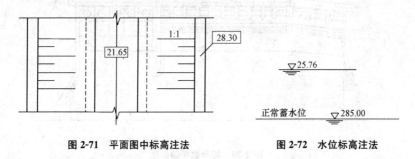

图 2-71　平面图中标高注法　　　图 2-72　水位标高注法

(4)标高符号也可用在标高数字前加字母"EL"代号表示。此时该图

的立面、平面及说明文字中必须统一用此字母代号"EL"加标高数字表示标高。

(5)标高数字以米为单位,应注写到小数点以后第三位。在总布置图中,可注写到小数点以后第二位。

(6)零点标高注成±0.000或±0.00。负数标高的数字前必须加注"一"号。

三、桩号注法

对于河道、渠道、隧洞、坝等长形建筑物,沿轴线的长度方向一般用"桩号"的注法。桩号标注形式为km+m,km为公里数,m为米数。起点桩号为0±000.00,起点之前的桩号取负号,起点之后的桩号取正号,见图2-73。在长系统建筑物的立面图、纵剖面图中,其桩号尺寸一律按其水平投影长度标注。桩号数字一般垂直于定位尺寸的方向或轴线方向注写,且应统一标注在其同一侧;当轴线为折线且各成桩号系统时,转折点处应重复标注各系统的桩号,如图2-74所示。

当同一图中几种建筑物采用不同桩号系统时,应在桩号数字之前加注文字或代号以示区别。

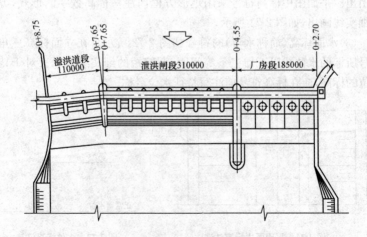

图 2-73　桩号数字的标注

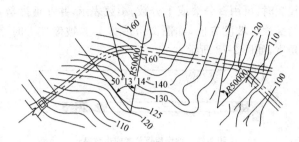

图 2-74　桩号数字的注写

四、坡度注法

坡度是指直线上两点的高度差与水平距离的比。坡度的标注可采用 $1:L$ 的比例形式。坡度可采用箭头表示方向，箭头指向下坡方向，如图 2-75 所示。坡度也可用直角三角形形式标注，如图 2-76 所示。

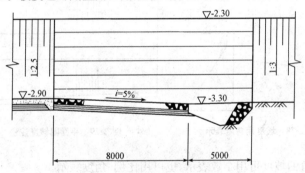

图 2-75　坡度用箭头表示法

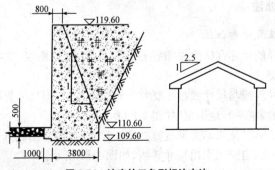

图 2-76　坡度的三角形标注方法

坡度较缓时,可用百分数或千分数、小数表示,并在坡度数字下平行于坡面用箭头表示坡度方向,如图 2-77 所示。当坡度较大时,可直接标注坡度的角度,如图 2-78 所示。

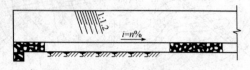

图 2-77 坡度用百分数或小数表示

平面图上用示坡线表示坡度时,平行于其长线直接标注比例。当用箭头表示坡度方向时,可在箭头附近用百分数或"$i=\cdots$"的小数标注,如图 2-79 所示。

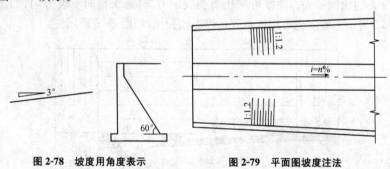

图 2-78 坡度用角度表示　　　图 2-79 平面图坡度注法

管道的坡度可用小数表示,也可用比例、角度表示。

五、其他注法

1. 线性尺寸的注法

(1)图样的尺寸宜标注在图样轮廓以外,不宜与图线、文字及图中符号、图例相交。

(2)尺寸界线与尺寸线在必要时才允许不垂直,但尺寸界线必须自被标注线段的两端平行地引出,如图 2-80 所示。

(3)在有连接圆弧的光滑过渡处标注尺寸时,应将图线延长或将圆弧切线延长相交,自交点引出尺寸界线,如图 2-81 所示。

(4)图样轮廓线以外的尺寸线,距图样最外轮廓线的距离不宜小于

10mm,但平行排列的尺寸线之间的距离可不小于7mm,并且各层尺寸线间距宜保持一致。

(5)总尺寸的尺寸界线应靠近所指界的部位,中间的分尺寸的尺寸界线不应超出其外层的尺寸线。尺寸界线的长度应保持相等,如图2-82所示。

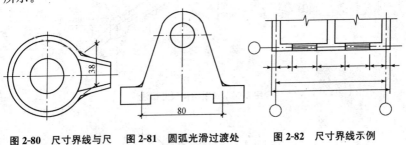

图2-80 尺寸界线与尺寸线不垂直的示例   图2-81 圆弧光滑过渡处尺寸界线的引出示例   图2-82 尺寸界线示例

(6)对称结构的图样,若只画出一半图形或略大于一半时,尺寸数字仍应注出构件的整体尺寸数,但只需画出一端的尺寸界线和尺寸起止符号,另一端尺寸线应超过对称中心线,如图2-83所示。

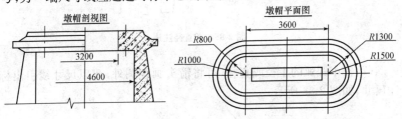

图2-83 对称构件尺寸标注

(7)当建筑物或构件尺度较长而需折断绘出时,仍应注出其总尺寸,如图2-84所示。

2. 圆、圆弧尺寸和球的注法

(1)标注圆弧、球面的半径或直径时,尺寸线应通过圆心,箭头指到圆弧。在直径尺寸数字前加注符号"ϕ"(金属材料)或"D"(其他材料),在圆弧半径尺寸数值前加注符号"R";标注球面直径时,其数值前加注"$S\phi$",

球面半径数值前加注"SR",如图 2-85 所示。

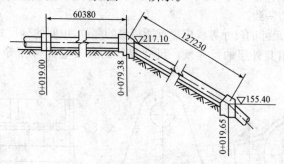

图 2-84 长系结构尺寸标注

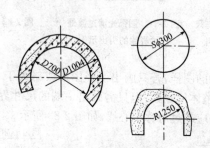

图 2-85 圆直径注法

（2）较小圆弧的半径或直径,可将箭头画在圆外,或以尺寸线引出标注尺寸,如图 2-86 所示。

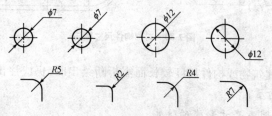

图 2-86 小圆弧直径、半径注法

（3）当圆弧的半径过长或圆心位置无法在图纸范围内标注时,可按图 2-87 的形式标注。

(4)弦长及弧长时,尺寸界线应垂直该弦及弧段所对应的弦。弦长的尺寸线应为与该弦平行的直线。弧长的尺寸线应绘成与此圆弧段同心的圆弧,尺寸数字上方应加符号"⌒",如图 2-88 所示。

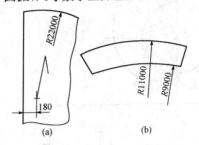

图 2-87 大圆弧半径注法

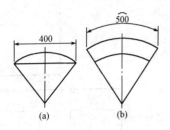

图 2-88 弦长、弧长的注法

3. 角度的注法

标注角度的尺寸界线是角的两个边,角度的尺寸线是以该角顶点为圆心的圆弧线。角度的起止符号应以箭头表示,角度数字应水平方向注在尺寸线的外侧上方,也可引出标注。如没有足够位置画箭头,可用圆点代替,如图 2-89 所示。

当圆弧半径过大或图纸范围内无法标出圆心时,可按图 2-90 形式标出。

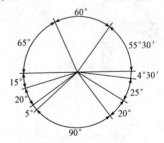

图 2-89 角度标注方法

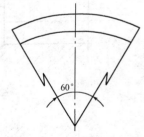

图 2-90 大圆弧度标注

4. 非圆曲线的注法

外形为非圆曲线的构件图形,可用该曲线上点的坐标值形式标注尺寸,如图 2-91 所示。

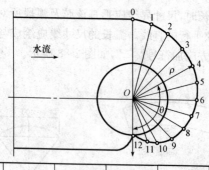

点号	0	1	2	…	12
极角 θ	180°	165°	150°	…	0°
极径 ρ	18864	18400	17910	…	8500

图 2-91　涡形曲线坐标标注法

5. 倒角的注法

倒角的角度与宽度,可采用只注宽度和角度的简化注法,如图 2-92 所示。标注非 45°倒角,应分别绘出尺寸界线,并标出角度和宽度,如图 2-93 所示。

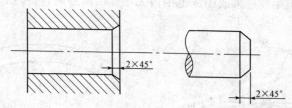

图 2-92　倒角注法

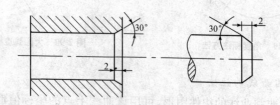

图 2-93　非 45°倒角注法

6. 方位角的注法

重要的建筑物轴线应标注方位角。标注方位角时,其角度规定以正北方向为起算零点,按顺时针方向 0°～360°角度标注。方位角一般标注的形式为:"方位角"后注写角度,可标为 NE、NW、SE、SW 字母后注写角度,字母后的角度可标为 0°～360°大角度,也可用 N××°E、N××°W、S××°E、S××°W 的锐角度数标注。

7. 薄板厚度和正方形的注法

在薄板面标注板厚度尺寸时,可在厚度数字前加注厚度符号"δ",如图 2-94 所示。在正方形的侧面标注该正方形的尺寸时,可用"边长×边长"的形式,如图 2-95 所示。

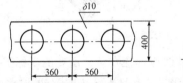

图 2-94　板状构件厚度的标注方法

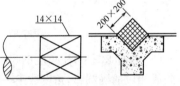

图 2-95　正方形结构尺寸注法

8. 轴测图的尺寸注法

(1)轴测图的线性尺寸应标注在被注图形所在的坐标面内。尺寸线应与被注长度的线段平行,尺寸界线应平行于相应的轴测轴。尺寸数字的方向,可将尺寸线断开,在尺寸线断开处水平方向注写,也可平行于尺寸线注写,当出现字头向下倾斜时,尺寸数字仍应水平注写在尺寸断开处,或引出注写,如图 2-96 所示。

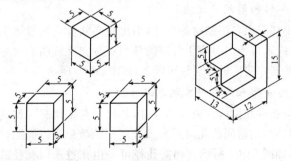

图 2-96　线性尺寸标注

(2)轴测图中圆的直径尺寸应标注在圆所在的坐标面内;尺寸线或尺寸界线应分别平行于该坐标面的两个轴。较小的圆弧半径或直径尺寸可引出标注,但注写数字的引出线应平行于轴测轴,如图2-97所示。

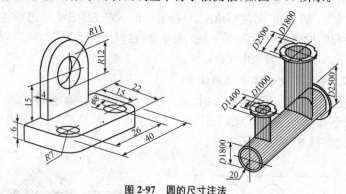

图 2-97　圆的尺寸注法

(3)在轴测图中,注角度的尺寸线应标注在该角所在的坐标平面内,并画成相应的椭圆弧,角度数字一律水平方向注写,如图2-98所示。

(4)对于直立面的标高,应平行于水平轴测轴引出标高指引线,在标高指引线上注写标高数字,标高数字前应加立面标高符号(▽)。对于水平面,可用标高符号(▱)的变形四边形方框注写,标高符号的对边应两两各平行于水平坐标轴方向,如图2-99所示。

管路轴测图一律采用在标高数字前加"EL"代号的方式注写标高。

六、简化注法

1. 多层结构的尺寸注法

用引出线引出多层结构的尺寸,引出线必须垂直通过被引的各层层面线,引出线末应指引对应于各层的注引线。文字说明和尺寸数字应按结构分层注写在对应的各层注引线上,如图2-100所示。

2. 均匀分布相同构件或构造尺寸注法

均匀分布的相同构件或构造尺寸,其尺寸可采用只标注其中一个构造圆形的尺寸,构造间的相对距离尺寸用间距数量乘以间距尺寸数值的方式标注,如图2-101所示。相同孔径可采用孔数乘以孔径或孔数与孔径相连的方式标注,如图2-102所示。

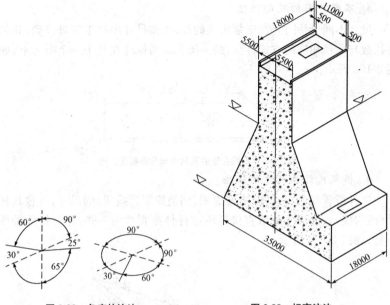

图 2-98　角度的注法

图 2-99　标高注法

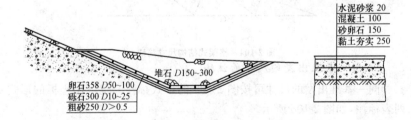

图 2-100　多层结构注引线标注法

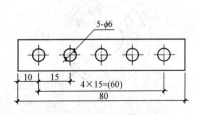

图 2-101　相同构造尺寸注法

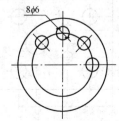

图 2-102　均布构造尺寸注法

3. 不同孔径的孔的注法

尺寸不同、尺寸相近、重复出现的孔,可按尺寸用拉丁字母分类,并采用孔数与孔径相连的方式标注,每一类孔只需标注在其中一个图形上,如图 2-103 所示。

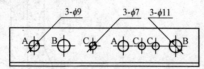

图 2-103 不同孔径的孔用字母分类标注方法

4. 格架式结构尺寸的注法

杆件或管线的单线图(桁架简图、钢筋简图管线图)的尺寸,可将其杆件(或管线)长度尺寸数值直接标注在杆件或管线的一侧,并与杆件轴线平行,如图 2-104 所示。

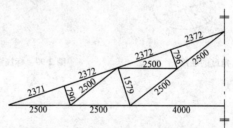

图 2-104 格架式结构尺寸注法

5. 同一基准出发的尺寸的注法

同一基准出发的尺寸可按图 2-105 的形式标注。也可用坐标的形式列表标注,如图 2-106 所示。

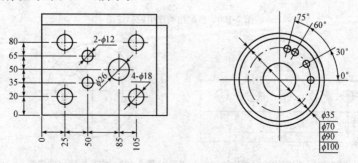

图 2-105 尺寸从同一基准出发

第二章　水利水电工程制图基础　　　　　　　　·83·

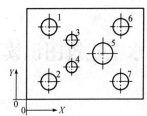

孔的编号	1	2	3	4	5	6	7
X	25	25	50	50	85	105	105
Y	80	20	65	35	50	80	20
ϕ	18	18	12	12	26	18	18

图 2-106　用坐标法标注尺寸

6. 管径的注法

无缝钢管、有色金属管线的管径应采用"外径×壁厚"标注。水煤气管、铸铁管、塑料管管线的管径应采用公称直径"DN"标注，如图 2-107 所示。

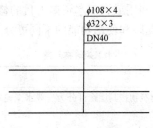

图 2-107　管径注法

第三章 水利水电工程水工建筑图识读

第一节 概 述

一、水工建筑图的分类及特点

1. 水工建筑物分类

水工建筑物是指以利用或调节水资源为目的的修建的工程设施。水工建筑物按其用途、使用期限和使用功能的不同可分为很多种类，见表 3-1。

表 3-1　　　　　　　　　　水工建筑物分类

序号	分类方法	内　　　容
1	按用途分类	水工建筑物按其用途可分为一般水工建筑物和专门性水工建筑物两大类。 (1) 一般水工建筑物。一般水工建筑物是指在不同场合或同一场合为几个水利部门服务的水工建筑物。 (2) 专门性水工建筑物。专门性水工建筑物是指专门为某一水利事业服务的水工建筑物
2	按使用期限分类	水工建筑物按其使用期限可分为永久性水工建筑物和临时性水工建筑物两大类。 (1) 永久性水工建筑物。永久性水工建筑物指工程运行期间使用的建筑物。按其在工程中发挥的作用和失事后对整个工程安全的影响程度的不同，分为主要建筑物和次要建筑物。 1) 主要建筑物是指失事后将造成下游灾害或严重影响工程效益的建筑物，如堤坝、泄洪建筑物、输水建筑物、电站厂房及泵站等； 2) 次要建筑物是指失事后不致造成下游灾害或对工程效益影响不大并易于修复的建筑物，如失事后不影响主要建筑物和设备运行的挡土墙、导流墙及护岸等。 (2) 临时性水工建筑物。临时性水工建筑物是指工程施工期间使用的建筑物，往往在工程建成后拆除。如导流隧洞、导流明渠、围堰等

(续)

序号	分类方法	内容
3	按使用功能分类	水工建筑物按其使用功能可分为泄水建筑物、输水建筑物、取(进)水建筑物及整治建筑物等。 (1)泄水建筑物。泄水建筑物是用于宣泄多余的水量、排放泥沙和冰凌,或为人防、检修而放空水库、渠道等,以保证坝和其他建筑物安全的建筑物。 (2)输水建筑物。为灌溉、发电和供水的需要从上游向下游输水用的建筑物,如引水隧洞、引水涵管、渠道、渡槽等。 (3)取(进)水建筑物。输水建筑物的首部建筑,如引水隧洞的进口段、灌溉渠道和供水用的进水闸、扬水站等。 (4)整治建筑物。用以改善河流的水流条件,调整水流对河床及河岸的作用以及防护水库、湖泊中的波浪和水流对岸坡的冲刷,如丁坝、顺坝、导流堤、防波堤、护岸等

2. 水工建筑图分类

水工建筑图,又称水工图,是表达水工建筑及其他施工过程的图样。水利水电工程的兴建一般需在勘测的基础上经历规划、设计、施工和验收等不同阶段,因此可将水工图分为以下几类。

(1)规划图。规划图是用来表达对水力资源综合开发全面规划意图的图样。水利水电工程规划图主要包括水电水利工程的地理位置图(含对外交通)、流域水系及水文测站布置图、水库形势图、移民淹没范围图、河段梯级开发纵剖面图、电站接入系统接线形势图、征地范围图、工程管理保护范围图、水土保持规划方案图、库区移民安置规划图等。

(2)枢纽总布置图。在水利工程中,由几个水工建筑物有机组合,互相协同工作的综合体称为水利枢纽。兴建水利枢纽由于目的和用途的不同,类型也较多,有水库枢纽、取水枢纽和闸、站枢纽等多种。将整个水利枢纽的主要建筑物的平面图形画在地形图上,这样所得的图形称为水利枢纽总布置图,枢纽总布置图一般应包括平面布置图,上、下游立(展)视图和剖视(剖面)图。

(3)建筑物体形图。用来表示水利枢纽或单个建筑物的形状、大小、结构和材料等内容的图样称为建筑物体形图。复杂的细部应放大加绘详图。体形图应分别示出混凝土浇筑分层分块,混凝土等级分区,一、二期混凝土分区体形以及预埋件等。

(4)施工图。按照设计要求,用来指导施工的图样称为施工图。它主要表达水利工程施工过程中的施工组织、施工程序、施工方法等内容。

(5)竣工图。工程验收时,应根据建筑物建成后的实际情况,绘制建筑物的竣工图。竣工图应详细记载建筑物在施工过程中经过修改后的有关情况,以便汇集资料、交流经验、存档查阅以及供工程管理之用。

3. 水工建筑图的特点

水工建筑图与机械图相比,除遵循制图基本原理以外,还根据水工建筑物的特点而具有以下特点:

(1)水工建筑物形体庞大,有时水平方向和铅垂方向相差较大,水工图允许一个图样中纵横方向比例不一致。

(2)水工图整体布局与局部结构尺寸相差大,所以在水(工)图的图样中可以采用图例、符号等特殊表达方法及文字说明。

(3)挡水建筑物应表明水流方向和上、下游特征水位。

(4)水工图必须表达建筑物与地面的连接关系。

二、水工建筑制图基本规定

(1)水工建筑图的比例除应符合本书第一章的有关规定外,各类图的比例可按表3-2中的规定选用。

表3-2　　　　　　　　　　水工建筑图常用比例

图　类	比　例
规划图	1∶100000,1∶50000,1∶10000,1∶5000,1∶2000
枢纽总平面	1∶5000,1∶2000,1∶1000,1∶500,1∶200
地理位置图,地理接线图、对外交通图	按所取地图比例
施工总平面图	1∶5000,1∶2000,1∶1000,1∶500
主要建筑物布置图	1∶2000,1∶1000,1∶500,1∶200,1∶100
建筑物体形图	1∶500,1∶200,1∶100,1∶50
基础开挖图、基础处理图	1∶1000,1∶500,1∶200,1∶100,1∶50
结构图	1∶500,1∶200,1∶100,1∶50
钢筋图、一般钢结构图	1∶100,1∶50,1∶20
细部构造图	1∶20,1∶10,1∶5,1∶2

(2)水工建筑布置图必须绘出各主要建筑物的中心线或定位线,标注各建筑物之间、建筑物和原有建筑物关系的尺寸和建筑物控制点的大地坐标。

(3)水工建筑图尺寸标注的详细程度,应根据各设计阶段的不同和图样表达内容的详略程度而定。

(4)水工建筑图应有必要的文字说明,文字应简明扼要,正确表达设计意图,其位置宜放在图纸右下方。

(5)水工建筑图的视图、剖面图和详图,均应标注图名,必要时应在图名下方加注该图的视图剖切高程或位置桩号。

三、水工建筑图的表达方法

水工建筑图的表达方法分为基本表达方法和特殊表达方法。

(一)基本表达方法

1. 视图的名称和作用

水工建筑视图主要包括平面图、剖视图、立面图、断面图和详图,其定义及作用见表 3-3。

表 3-3　　　　　　水工建筑视图名称和作用

序号	项　目	名　称　与　作　用
1	平面图	俯视图一般称为平面图。其内容包括表达单个建筑物的平面图,也有表达水利枢纽的总平面图。以单个建筑物的平面图来说,它主要表明建筑物的平面布置、水平投影的形状、大小和各组成部分的相互位置关系,还表明建筑物主要部位的高程、剖视和断面的剖切位置、投影方向等
2	剖视图	水工图上常见的剖视图,有采用单一剖切平面沿建筑物长度方向中心线剖切而得到的全剖视图,配置在主视图的位置,习惯上把它称为纵剖视图。其他还有剖切平面与中心线垂直采用阶梯剖而得的全剖视图。剖视图主要是表明建筑物内部结构的形状、建筑材料以及相互位置关系;还表明建筑物主要部位的高程和主要水位的高程等

(续)

序号	项 目	名 称 与 作 用
3	立面图	主视图、左视图、右视图、后视图一般称为立面图。立面图的名称与水流有关,视向顺水流方向观察建筑物所得的视图,称为上游立面图;视向逆水流方向观察建筑物所得的视图,称为下游立面图。上、下游立面图为水工图中常见的两个立面图,主要用来表达建筑物的外部形状
4	断面图	断面图主要是为了表达建筑物某一组成部分的断面形状和所采用的建筑材料
5	详图 (局部放大图)	当建筑物的局部结构由于图形的比例较小而表达不清楚或不便于标注尺寸时,可将这些局部结构用大于原图所采用的比例画出,这种图形称为详图。 详图可以画成视图、剖视图、断面图,它与被放大部分的表达方式无关。 详图一般应标注,其形式为:在被放大部分用细实线画小圆圈,并标注字母;详图用相同字母标注其图名,并注写比例

2. 视图配置

建筑物的一组视图应尽可能按投影关系配置。由于建筑物的大小不同,为了合理利用图幅,允许将某些视图配置在图幅的适当地方。对大型或较复杂的建筑物,因受图纸幅面的限制,也可将每个视图分别画在单独的图纸上。

3. 视图标注

为了明确各视图之间的关系,通常都将每个视图的名称和比例标明出来。图名一般写在图形的上方居中位置,并在图名的下面画一条粗实线和一条细实线,比例注写在图名的附近,形式如图 3-1 所示。

平面图 1:200   平 面 图
                        1:200

(a)   (b)

图 3-1 视图名称标注

(二)特殊表达方法

水工建筑图的特殊表达方法,见表 3-4。

表 3-4　　　　　　　　　水工建筑图的特殊表达方法

序号	项目	内容
1	合成视图	对于两个视向相反的视图,如果它们本身都是对称的话,则可采用各画一半的合成视图,中间用点画线分界,并分别标注图名
2	拆画法	当视图中所要表达的结构被另外的结构或填土遮挡时,可假想将其拆掉或掀掉,然后再进行投影
3	展开画法	对于轴线(或中心线)为曲线的构件或建筑物,可以将曲线展开成直线后,绘制成视图、剖视图和断面图,并在图名后注写"展开"二字,或写成展开图
4	省略画法	当图形对称时,可以只画对称的一半,但须在对称线上加注对称符号,即在对称线两端画两条与其垂直的平行细实线
5	连接画法	当图形较长,允许将其分成两部分绘制,再用连接符号表示相连,并用大写字母编号
6	分层画法	当结构有层次时,可将其构造层次分层绘制,相邻层用波浪线分界,并用文字注写各层结构的名称

四、水工建筑图中常见曲面表示方法

水工建筑图物中常见的曲面有柱面、锥面、渐变面和扭面等。为了使图样表示更清楚,便于读图,通常需要在这些表面上画出一系列的素线或示坡线,以增强立体感。

1. 柱面

在水工建筑图素线中,规定在可见柱面上用细实线绘制若干素线,以增强立体感,如图 3-2 所示。在实际绘图时,不必采用等分圆弧按投影规律绘出素线的画法,可按越靠近轮廓线越稠密,越靠近轴线越稀疏的原则目估绘制。

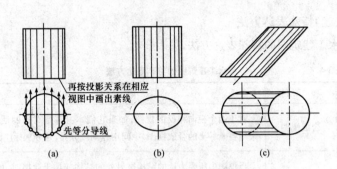

图 3-2 常用柱面的表示方法
(a)正圆柱与绘制素线的关系;(b)正椭圆柱面;(c)斜椭圆柱面

2. 锥面

水工建筑图中,圆锥面上用细实线绘制若干示坡线或素线,其示坡线或素线一定要通过圆锥顶点的投影。画斜椭圆锥面的椭圆和画正圆锥一样,需要画出底面、锥尖、锥面的轮廓线及轴线和圆的中心线的投影。常用锥面的表示方法,如图 3-3 所示。

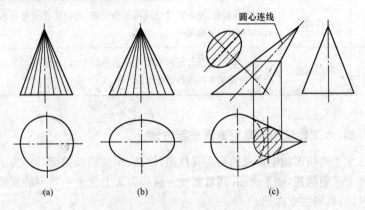

图 3-3 常用锥面的表示方法
(a)正圆锥面;(b)正椭圆锥面;(c)斜椭圆锥面(没有画出素线)

3. 渐变面

在水利工程中为使水流平顺,常需在工程断面处设置渐变面实现平顺过渡,一般采用素线表示法表示,如图 3-4 所示。

第三章 水利水电工程水工建筑图识读

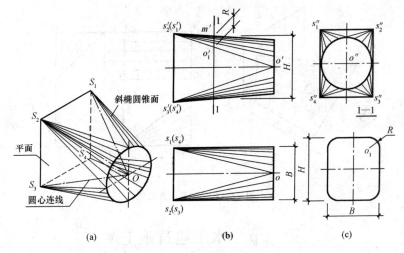

图 3-4 渐变面的素线表示法
(a)三视图;(b)立体图;(c)断面图

4. 扭面

水工建筑物控制水流部分的剖面一般为矩形,而灌溉渠道的剖面一般都是梯形。为使水流平顺及减少水头损失,由矩形剖面变为梯形剖面之间常用一个过渡段来连接,该过渡段的表面就是扭面,如图 3-5 所示。

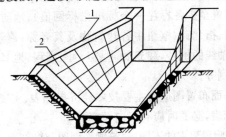

图 3-5 扭面应用实例
1—外扭面;2—内扭面

在水工建筑图中,除画出扭面的四条边线以外,还应画出条线投影。为了使所绘条线能体现扭面的性质,制图标准规定主视图、俯视图上画水平素线,左视图上画侧平素线。绘制素线时,先等分两导线,再连接对应点,如图 3-6 所示。

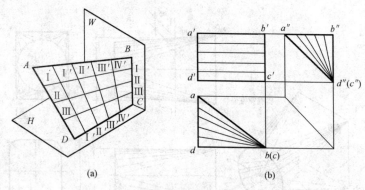

图 3-6 扭面的表示方法

第二节 水工建筑施工图

一、枢纽总布置图和施工总平面图

(1)枢纽总布置图,一般应包括平面布置图、上下游立(展)视图和剖视(或剖面)图。

1)枢纽总布置图,应包括地形等高线、测量坐标网(在图的三个角点部位应在显著位置至少各标注一个标准坐标网值)、地质符号及其名称、河流名称和流向、指北针、枢纽中各建筑物及其名称,建筑物轴线及其方位角,沿建筑物轴线的桩号,建筑物主要尺寸、高程、地基开挖开口线、对外交通、绘图比例等。

2)枢纽总平面布置图应有主要技术经济指标表、主要工程量汇总表、主要控制点坐标表,必要时应有风向频率图。

3)依据设计附段要求的不同,建筑物平面图及纵剖面图的控制点(转弯点)应标出转弯半径、中心夹角、切线长度、中心角对应的中心线曲线长度。

4)枢纽总布置图应在图的右下方注写必要的说明。对于有地形线的图,应说明测量日期、资料来源、坐标系、高程等。标有地质资料的图件,应说明资料来源的勘测单位和日期。

5)对于剖面和立面图,宜使剖面图的上游在图样的左边,剖面图有迎水面时,应标注上下游特征水位、典型泄流态水面曲线。对于涉及边坡开挖线的部位,应对开挖挖除部位用虚线注绘原地面线。涉及地质剖面应按图例要求绘制基岩顶面线、岩石风化界线、岩体名称、岩性分界线、地质构造线、地下水位线、相对不透水层界面线,当有基础处理措施时,绘出其处理措施界面线。对于泄水建筑物,应对不同建筑物分别加绘泄流能力曲线。

6)对复杂体形建筑物轮廓应加绘特征曲线或坐标表格,如拱坝平面或剖面特征轮廓、泄流面或喇叭口曲线、蜗壳和尾水管轮廓曲线及表格等。

(2)枢纽施工总平面布置图一般应绘有施工场地、料场、堆渣场、施工工场设施、仓库、炸药库、场内外交通、风水电线路布置等生产、生活设施并标注名称、占地面积。图中水工建筑物的平面位置用细实线或虚线绘制,且施工总平面图中应标注河流名称、流向、指北针和必要的图例。

(3)枢纽总布置图和施工总平面图除在标题栏内注写图名外,一般在图的上方或其他适当位置用较大字号和字体书写图名,所用字体应易于辨认。

(4)水电站厂房设计应专门绘制厂房布置图,其内容为:

1)厂区平面布置图应有发电厂房主要技术指标表、厂房对外交通路线布置、开关站及出线场(含主变压器)布置、油库及水池布置。

2)典型机组横剖面,包括主机间的尾水管、集水井、蜗壳、水轮机层、设有进水阀时的蝶(球)阀层、电缆层、发电机层、吊车梁、桥机及吊顶、屋架的布置、尾水平台各层及进出水口流道及闸门布置、地下电站的主变开关室、母线洞剖面布置。

3)机组纵剖面布置图,必要时尾水平台副厂房纵剖面。

4)发电机层、电缆层、水轮机层、蜗壳层、尾水管层各层平切面图,应含相应副厂房各层布置。发电机层应将安装场大件安置位置、吊车主副钩限制线、吊物孔、调速器、控制盘柜布置绘入。

5)副厂房各层平面、纵横剖面图。中控室应含中控室顶层照明、空调、吊顶及中控室内布置图。

6)地下厂房应包括主变室的纵横剖面及各层平面图。

7)安装场各层的平面及纵横剖面图。

8)地下厂房的三维轴侧立体示意图。

二、建筑物体形图

(1)建筑物体形图应准确表示建筑物结构尺寸,复杂的细部应放大加绘详图。体形图应分别示出混凝土浇筑分层分块,混凝土等级分区,一、二期混凝土分区体形以及预埋件等。

(2)建筑物的混凝土等级分区图,分区线应使用中粗线绘制,并绘出相应的图例或影线,标注混凝土的有关技术指标,并附图例说明,图例线用细实线绘制,如图 3-7 所示。

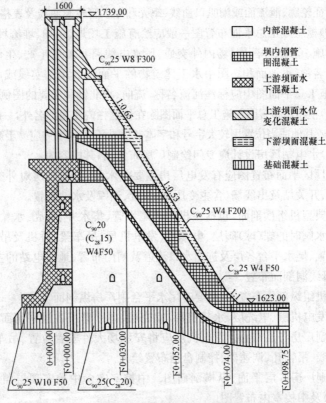

图 3-7　混凝土强度等级分区图

(3)混凝土浇筑分层分块图应注出各浇筑层和块的编号。浇筑层的编号可为带圆圈的阿拉伯数字;浇筑块的编号可为不带圆圈的阿拉伯数字,并且其字号应比层号数字小一号。层号和块号的配置形式为混凝土每一浇筑层及其分块,应在平面图和剖视(或剖面)图中表达清楚,如图 3-8 所示。混凝土浇筑分层分块图应附有分层分块表,见表 3-5。

第三章 水利水电工程水工建筑图识读

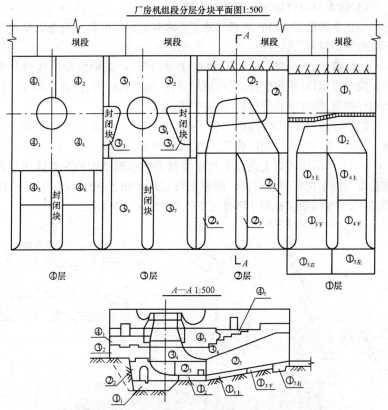

图 3-8 混凝土浇筑分层分块图

表 3-5 混凝土浇筑分层分块表

浇筑层	分块编号	浇筑量		混凝土强度等级	防渗抗冻等级		极限拉伸值	分块图中预埋件所在图号
		面积/m²	体积/m³		W	F		
①	①₁							
	①₂							
②	②₁							
	②₂							
⋮								

(4)体形图应包括如下细部结构部分:

1)止水的位置、材料、规格尺寸及止水基坑回填混凝土要求大样及缝面填缝用的材料及其厚度。

2)溢流面、闸门槽、压力钢管槽、水泵房等一、二期混凝土体形及埋件。发电进水口、泄洪底孔、表孔闸门埋件,通气孔体形、位置及埋件。预制构件槽埋件、预制构件结构、安装位置、编号等。

3)栏杆或灯柱预埋件、排水管、门库、电缆沟、门机轨道二期混凝土土槽、工业取水口等构筑物的体形、位置及预埋件。

(5)在体形图的右上或左上角应绘制表明本图结构物在整体建筑物或总布置图中位置的索引图。索引图可按体形图比例的1/10左右绘简图,并以斜影线明确标明本部体形的位置,如图3-9所示。

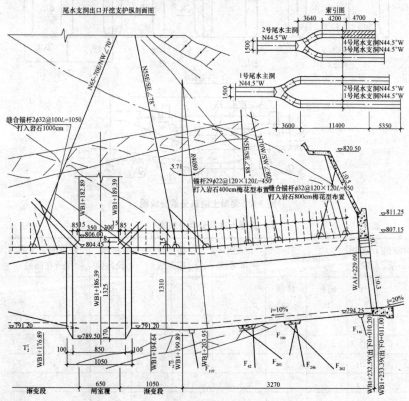

图3-9 索引图示例

三、水工结构图

1. 分缝结构图

结构图和浇筑图中的坝体纵缝、分层分块缝、温度缝、防震缝等永久缝,应采用粗实线绘制,在详图中应标注缝的间距、缝宽尺寸和用文字注明缝中填料的名称。施工临时缝可用中粗虚线表示。

2. 土石坝剖面图

填筑材料分区线,应采用中粗实线绘制,并注明各区材料的名称或分区料编号(用编号时应另列表说明)。当不影响表达设计意图时,可不画剖面材料图例,如图 3-10 所示。

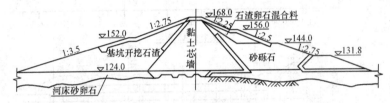

图 3-10 土坝横剖面图

3. 基础处理图

基础处理的平面图和剖面图应绘出地质情况、工程处理措施,标注必要的尺寸和文字说明。可自定不同的处理措施的图例,在图中列出相应的图例说明。常用基础处理图要求如下:

(1)断层处理图,见图 3-11。

(2)帷幕灌浆图,见图 3-12。应绘出平面、纵剖面图,纵剖面图应绘出地质情况、帷幕排孔、孔距、孔序,平面图应示出排、孔间距,孔序,图中说明应给出灌浆压力。

(3)固结灌浆应有平面布孔分区图及典型剖面图,见图 3-13。应绘出排、孔间距,孔序及孔深分区。

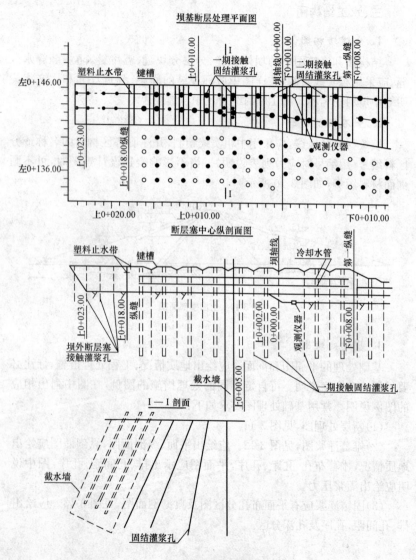

图 3-11 断层处理图

第三章 水利水电工程水工建筑图识读

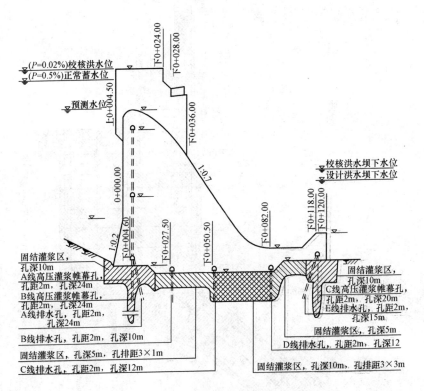

图 3-12 帷幕灌浆图

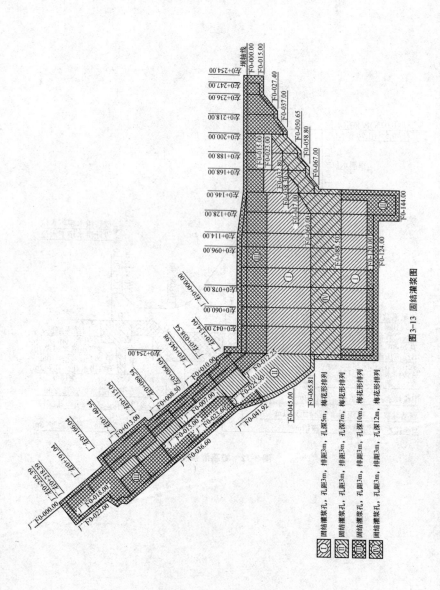

图3-13 固结灌浆图

4. 纵剖视或纵剖面图

隧洞、渠道、溢洪道泄槽等建筑物的纵剖视或纵剖面图,须在图形下方对应列表标注沿轴线的桩号、高程、建筑物主要工程特性等,必要时应列注对应的地质情况描述。所列表格的垂直分栏线与所注建筑物分段应成对应关系,如图 3-14 所示。

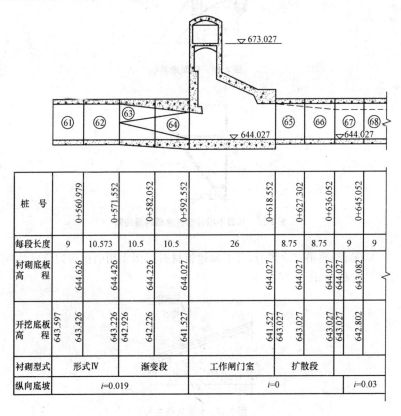

图 3-14　泄水洞纵剖视图

5. 狭小剖面

(1)图样中,宽度等于或小于 2mm 的狭小面积的剖面,可以用涂黑代替建筑材料图例,如图 3-15 所示。

(2)当剖面中相邻接两部分均需涂黑时,则应在两部分之间留出不小于 0.7mm 的空隙,如图 3-16 所示。

图 3-15 剖面涂黑

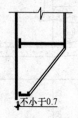

图 3-16 剖面中相邻部分涂黑时留间隙

(3)当剖面不宜涂黑时,可不画建筑材料图例而用引出线以文字注明其材料名称,如图 3-17 所示。

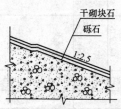

图 3-17 引出线标注

6. 开挖支护图

(1)边坡支护图。边坡支护应有力坡平面图、典型剖面图,平面图中应以图例分别示出锚杆、喷混凝土、挂网、预应力锚索和排水孔的布置、参数,如图 3-18 所示,各段边坡支护参数不同时,应有各分段典型剖面图与之对应,剖面图中应注意示出锚杆、锚索、排水孔的方向、长度、间距参数。

第三章 水利水电工程水工建筑图识读

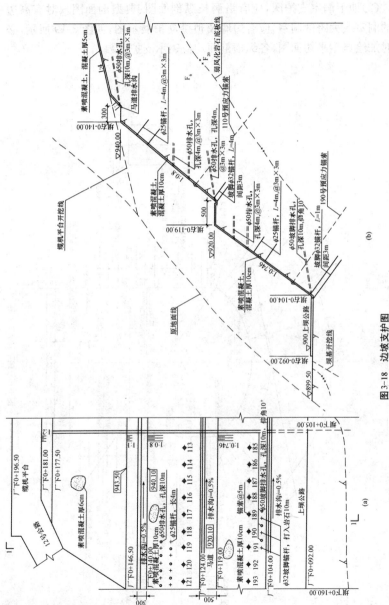

图 3-18 边坡支护图
(a)边坡支护平面图；(b)边坡支护剖面图

(2)地下洞室支护图,应有沿洞长纵剖面图、典型剖面图。对有高边墙的洞室或大跨度洞室,应有边墙及顶拱支护展示图,如图3-19所示,必要时加绘典型平切面图,各纵横剖面均应表示支护参数。

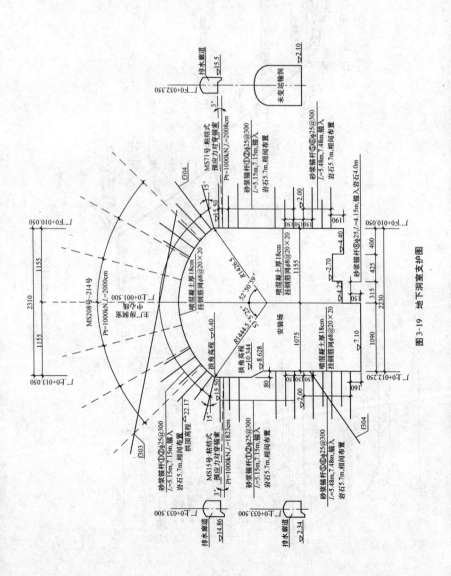

图3-19 地下洞室支护图

四、水工建筑施工图例

水工建筑与施工图例见表 3-6。

表 3-6　　　　　　　　水工施工建筑物平面图例

序号	名 称		图 例
1	水库	大型	
		小型	
2	混凝土坝		
3	土石坝		
4	水闸		
5	水电站	大比例尺	
		小比例尺	
6	变电站		
7	水力加工站、水车		
8	泵站		

(续)

序号	名称		图例
9	水文站		▽Q
10	水位站		▽G
11	船闸		
12	升船机		
13	码头	栈桥式	
		浮式	
14	筏道		
15	鱼道		
16	溢洪道		
17	渡槽		
18	急流槽		
19	隧洞		

(续)

序号	名 称	图 例
20	涵洞(管)	⊢======⊣(大) *----*(小)
21	斜井或平洞	======⊣
22	虹吸	⊢======⊣(大) ⊢----⊣(小)
23	跌水	→ ‖
24	斗门	○→
25	谷坊	
26	鱼鳞坑	
27	喷液	
28	矶头	▲
29	丁坝	
30	险工段	

(续)

序号	名称		图例
31	护岸		
32	挡土墙		
33	堤		
34	防浪墙	直墙式	
		斜坡式	
35	沟	明沟	
		暗沟	
36	渠		
37	运河		
38	水塔		
39	水井		
40	水池		

(续)

序号	名　称		图　例
41	沉沙池		
42	淤区		
43	灌区		
44	分(蓄)洪区		
45	围垦区		
46	过水路面		
47	露天堆料场	散状	
		其他材料	
48	高架式料仓		
49	漏斗式贮仓	底卸式	
		侧卸式	

(续)

序号	名　称		图　　例
50	建筑物	新建	
		原有	
		计划	
		拆除	
		新建地下	
51	露天桥式起重机		
52	门式起重机	有外伸臂	
		无外伸臂	
53	架空索道		
54	斜坡卷扬机道		
55	斜坡栈桥（皮带廊等）		
56	露天电动葫芦	双排支架	
		单排支架	

(续)

序号	名称		图例
57	铁路桥		
58	公路桥		
59	便桥、人行桥		
60	施工栈桥		
61	道路	公路	
		大路	
		小路	
62	铁路	正规铁路	
		轻便铁路	

注:1. 序号4图例为水闸通用符号,当需区别水闸类型时可标注文字,如分洪闸、进水闸等。

2. 序号8图例为泵站通用符号,当需区别泵站类型时可标注文字,如机排站、水轮泵站。

水电水利工程图样中,凡需表达建筑材料的部分,均应按表 3-7 的规定绘制。

表 3-7　　　　　　　　　　　建筑材料图例

序 号	名　称		图　例
1	岩石		（图例）或（图例）
2	石材		（图例）
3	碎石		（图例）
4	卵石		（图例）
5	砂卵石 砂砾石		（图例）
6	块石	堆石	（图例）
		干砌	（图例）
		浆砌	（图例）

(续)

序号	名称		图例
7	条石	干砌	
7	条石	浆砌	
8	水、液体		
9	天然土壤		
10	夯实土		
11	回填土		
12	回填石渣		
13	黏土		
14	混凝土		

(续)

序 号	名 称	图 例
15	钢筋混凝土	
16	二期混凝土	
17	埋石混凝土	
18	沥青混凝土	
19	砂、灰土、水混砂浆	
20	金属	
21	砖	
22	耐火砖、耐火材料	
23	瓷砖或类似材料	
24	非承重空心砖	

(续)

序 号	名 称		图 例
25	木材	纵剖面	
		横剖面	
26	胶合板		
27	石膏板		
28	钢丝网水泥板		
29	松散保温材料		
30	纤维材料		
31	多孔材料		
32	橡 胶		
33	塑 料		
34	防水或防潮材料		

(续)

序号	名　称	图　例
35	玻璃、透明材料	
36	沥青砂垫层	
37	土工织物	
38	钢丝网水泥喷浆、钢筋网喷混凝土	(应注明材料)
39	金属网格	或
40	灌浆帷幕	
41	笼筐填石	
42	砂(土)袋	

(续)

序 号	名 称		图 例
43	梢捆		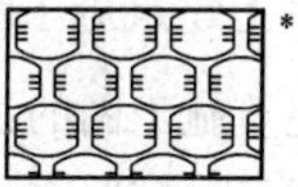
44	沉枕		
45	沉排	竹(柳)排	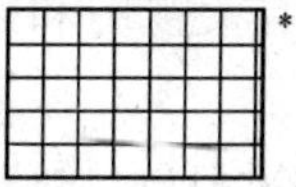
		软体排	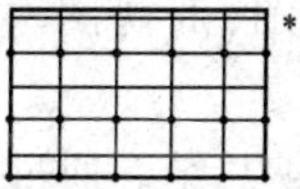
46	花纹钢板		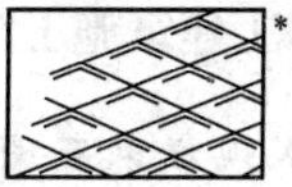
47	草 皮		

注:1. 本表所列的图例在图样上使用时可以不必画满,仅局部表示即可。同一序号中,画有两个图例时,左图为表面视图,右图为剖面图例。只有一个图例时,仅为剖面图例。

2. 剖面图中,当不指明为何种材料时,可将图例"20"(金属)作为通用材料图例。

3. 图例"14"(混凝土)适用于素混凝土和少筋混凝土,也可适用于较大体积的钢筋混凝土建筑物的剖面。

4. 带有"*"号的图例,仅适用于表面视图。

五、水工建筑施工图识读

(一)水工建筑施工图识读方法与步骤

水工建筑施工图的识读一般应按先整体后局部,先看主要结构后看次要结构,先粗后细,逐步深入的方法进行,这样经过几次反复,直到将施工图全部看懂。具体步骤如下:

(1)概括了解。阅读标题栏和有关说明,了解建筑物的名称、作用、比例、尺寸单位等内容。分析水工建筑物总体和各部分采用了哪些表达方法;找出有关视图和剖视图之间的投影关系,明确各视图所表达的内容。

(2)深入阅读。概括了解之后,还要进一步仔细阅读,除了要运用形体分析法外,还需要知道建筑物的功能和结构常识,运用对照的方法读图,即平面图、剖视图、立面图对照着读,图形、尺寸、文字说明对照着读等。

(3)归纳总结。通过归纳总结,对水利水电工程建筑物或建筑物群的大小、形状、位置、功能、结构特点、材料等有一个完整和清晰的了解。

(二)水工建筑施工图识读实例

1. 挡水坝横剖面图识读

挡水坝由坝身、黏土截水槽、排水体、护坡等组成。如图 3-20 所示为挡水坝横剖面图,由垂直坝轴线剖切所得,对其进行识读可知:坝身由砾质重壤土堆筑而成。坝顶高程为 102.000m,宽 5m,迎水坡用干砌块石护砌自下而上的坡度依次为 1∶3.25、1∶3 和 1∶2.75。背水坡设有马道两条,高程分别为 93.000m 和 83.000m,宽度均为 1.5m,边坡为草皮护坡,坡度自下而上依次为 1∶3、1∶2.75 和 1∶2.5。坝轴线下部设黏土截水槽,防止坝底渗漏,下游坡脚处设排水体,排除渗透水。图中还表明设计水位和设计浸润线。

2. 水闸设计图识读

水闸由上游连接段、闸室、下游连接段三部分组成。如图 3-21 所示为水闸设计图,对其进行识读步骤如下:

第三章 水利水电工程水工建筑图识读

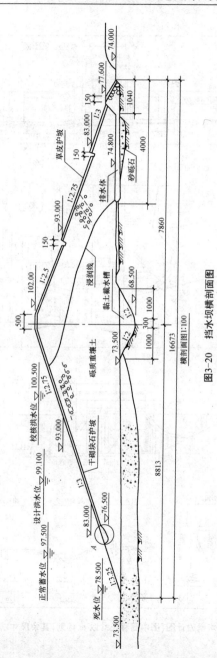

图3-20 挡水坝横剖面图

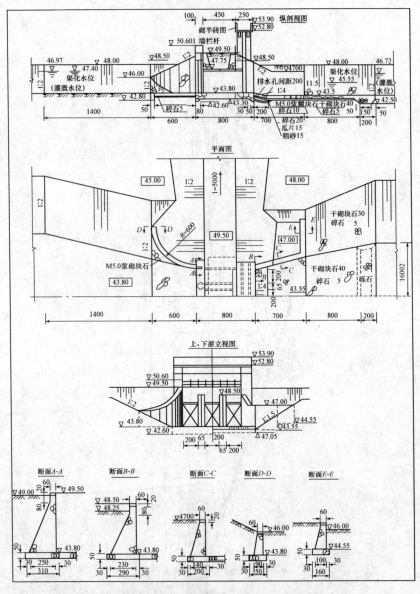

图3-21 水闸设计图(图中高程尺寸以m计划,其余尺寸以cm计)

(1)平面图的识读。由于水闸左右对称,故采用简化画法,图中只画出一半。从平面图上找出闸墩的视图,闸墩所在的位置即为闸室,闸室是水闸的主体,闸门位于闸室中。闸室由底板、闸墩、岸墙、胸墙、闸门、支通桥、工作桥、便桥等组成。从平面图中可了解各组成部分的布置、形状、材料、大小等内容。

(2)纵剖视图的识读。纵剖视图是通过建筑物纵向轴线的铅垂面剖切得到的剖视图,表达了水闸高度与长度方向的结构形式、大小、材料、相互位置以及建筑物与地面的联系等内容。

(3)上、下游立面图的识读。由于视图对称,故采用合成视图表示,各画一半。上、下游立面图表达了水闸上游面和下游面的结构布置。水闸上游面由上游护坡、上游护底、铺盖、上游翼墙等组成;水闸下游面由下游翼墙、消力池、下游护坡、海漫、下游护底及防冲槽等组成。

(4)断面图的识读。图中5个断面图分别表达了上、下游翼墙的断面形状、材料与尺寸大小。

在读懂进水闸主要部分的形状、结构、尺寸和材料之后,可进一步思考水闸的整体结构,对进水闸哪些部分尚未表达或表达不全,是否还需要增加一些视图,现有视图对水闸结构的表达是否得当,有无更好的表达方案等。这样有助于加深对工程图样的理解。

第三节 钢筋混凝土结构图

一、钢筋与混凝土基本知识

在混凝土中,根据结构受力情况,通常需要配置一定数量的钢筋以增强其抗拉能力。这种由混凝土和钢筋两种材料制成的共同受力结构称为钢筋混凝土结构。用来表示这类结构的外部形状和内部钢筋配置情况的图样称为钢筋混凝土结构图,简称钢筋图。

1. 混凝土的等级

混凝土按其抗压强度的不同,由低到高分为 C15、C20、C25、C30、C35、C40、C45、C50、C55、C60、C65、C70、C75、C80 等 14 个等级。

2. 钢筋的作用和分类

根据钢筋在结构中的作用可将其分为五类,如表3-8及图3-22所示。

表 3-8　　　　　　　　　　钢筋分类及其应用

序号	类别	特 点 与 应 用
1	受力钢筋	主要承受拉力的钢筋。用于梁、板、柱等各种钢筋混凝土构件
2	钢箍（箍筋）	用以固定受力钢筋的位置，并承受一部分斜拉应力，常用于梁和柱内
3	架立钢筋	用以固定钢箍和受力钢筋的位置，一般用于钢筋混凝土梁中
4	分布钢筋	用以固定受力钢筋的位置，并将构件所受外力均匀传递给受力钢筋，以改善受力情况，常与受力钢筋垂直布置。此种钢筋常用于钢筋混凝土板中
5	构造钢筋	因构造要求或者施工安装需要而配置的钢筋，如吊环等

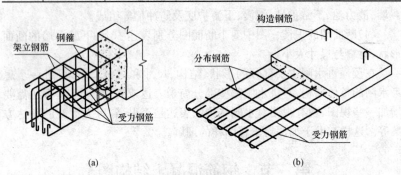

图 3-22　钢筋的分类
(a)矩形梁；(b)板

3. 钢筋弯钩

为了加强其与混凝土的粘结力，一般在光圆钢筋两端做成弯钩，以避免钢筋在受拉时滑动。弯钩的常见形式及画法如图 3-23 所示。

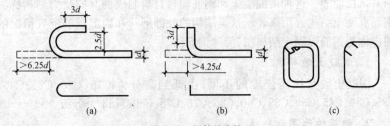

图 3-23　钢筋的弯钩
(a)半圆弯钩；(b)直弯钩；(c)钢箍弯钩

第三章 水利水电工程水工建筑图识读

4. 钢筋保护层

为防止钢筋锈蚀,钢筋边缘到构件表面应有一定厚度的混凝土,这一层混凝土称为钢筋的保护层。保护层的厚度根据结构薄厚不同而不等,一般在 20~50mm 之间,具体应用时,其厚度可根据相关规范要求确定。

二、钢筋混凝土结构图的内容

钢筋混凝土结构图是加工钢筋和浇筑钢筋混凝土构件施工的依据。它包括钢筋布置图、钢筋成型图和钢筋明细表等。

(一) 钢筋布置图

钢筋布置图除表达构件的形状和尺寸外,主要是表明构件内部钢筋的分布情况。钢筋图通常用正立面图和断面图来表示,一般采用全部视图,必要时也可采用半剖、阶梯剖或者局部剖等绘制方法。

钢筋布置图中剖面不需画混凝土材料图例,为了突出钢筋的布置情况,钢筋应采用粗实线绘制,钢筋截面用小黑圆点,构件的轮廓用细实线绘制,如图 3-24 所示。

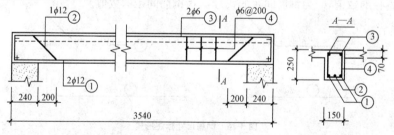

图 3-24 钢筋编号

在钢筋布置图中,为了区别各种类型和不同直径的钢筋及其分布,应对钢筋加以编号与标注,见图 3-24。

1. 钢筋编号

(1) 同一类钢筋(即形式、规格、长度相同的钢筋)只编一个号。编号字体规定用阿拉伯数字,编号小圆圈和引出线均为细实线。指向钢筋的引出线画箭头,指向钢筋截面的小黑圆点的引出线不画箭头,如图 3-24 所示。

(2)钢筋编号的顺序应有规律,一般为自下而上,自左至右,先主筋后分布筋。

(3)钢筋焊接网的编号,可写在网的对角线上(图 3-25),也可直接标注在网上;对于一张网,可不写网的数量[图 3-25(a)]。钢筋焊接网的数量应与网的编号写在一起[图 3-25(b)]。

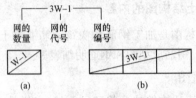

图 3-25　焊接网编号

2. 尺寸标注

(1)在钢筋图中,应标注构件的主要尺寸,如图 3-24 所示。

(2)钢筋图中,钢筋的尺寸标注形式,如图 3-26 所示。图中,小圆圈内填写编号数字,n 为钢筋的根数,ϕ 为钢筋直径及种类的代号,d 为钢筋直径的数值,@为钢筋间距的代号,s 为钢筋间距的数值。

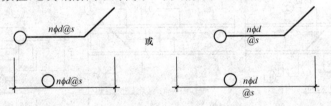

图 3-26　钢筋尺寸标注形式

(3)单根钢筋的标注形式,如图 3-27 所示,L 为单根钢筋的总长。

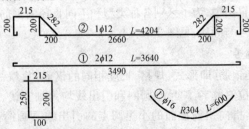

图 3-27　单根钢筋的标注

(4)钢箍尺寸是指内皮尺寸,弯起钢筋的弯起高度系指外皮尺寸,单根钢筋的长度是指钢筋中心线的长度,如图 3-28 所示。

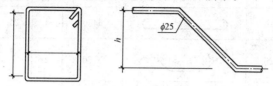

图 3-28 钢箍和弯起钢筋的尺寸

(二)钢筋成型图

钢筋成型图是表明构件中每种钢筋加工成型后的形状和尺寸的图形。绘制钢筋成型图时,应在图上直接标注钢筋各部分的实际尺寸,并注明钢筋的编号、根数、直径以及单根钢筋的断料长度,它是钢筋断料和加工的依据,如图 3-29 所示。

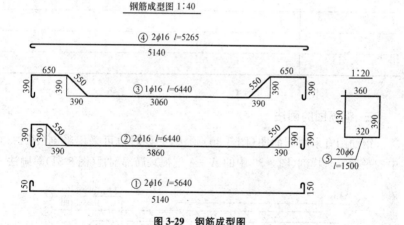

图 3-29 钢筋成型图

钢筋成型图中,钢箍尺寸一般是指内皮尺寸,弯起钢筋的弯起高度一般指外皮尺寸。

(三)钢筋明细表

钢筋明细表就是将构件中每种钢筋的编号、形式、规格、单根长度、根数、总长度等内容列成表格的形式,作为备料、加工以及作为材料预算的依据。钢筋明细表的格式见表 3-9、表 3-10。

表 3-9　　　　　　　　　　　钢筋表

编号	直径/m	形式	单根长/m	根数	总长/m	备注
①	$\phi16$	⌐6280¬	6480	4	25.92	
②	$\phi25$	170 350 2410 350 170	3760	2	7.52	
③	$\phi22$	⌐6280¬	4800	2	9.60	
④						

表 3-10　　　　　　　　　　　材料表

规格	总长度/m	单位重/(kg/m)	总重/kg
合计			

三、钢筋图的画法

钢筋图宜采用剖面图(图 3-30)画法,必要时也可采用半剖(图 3-30 中的平面)、阶梯剖(图 3-30 中的 $A—A$ 剖视)、局部剖视(图 3-31)等画法。

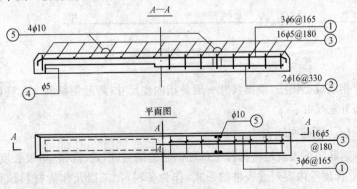

图 3-30　半剖视

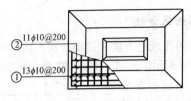

图 3-31　局部剖视

1. 钢筋层次的表达方法

(1)在平面图中配置双层钢筋时,底层钢筋应向上或向左,顶层钢筋则向下或向右,如图 3-32 所示。

(2)对于配有双层钢筋的墙体,在钢筋混凝土结构立面图中,远面的钢筋的弯钩应向上或向左,近面钢筋则向下或向右,在立面图中应标注远面的代号"YM"和近面的代号"GM",如图 3-33 所示。

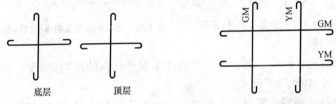

图 3-32　平面图中的双层钢筋　　　图 3-33　立面图中双层钢筋

(3)若在钢筋混凝土结构剖面图中不能清楚表示钢筋布置,应在剖面图中附近增画钢筋详图,如图 3-34 所示。

(4)若在钢筋混凝土结构图中不能清楚表示钢箍、环筋的布置,应在钢筋混凝土结构图附近加画钢箍或环筋的详图,如图 3-35 所示。

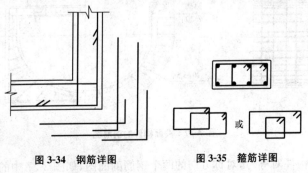

图 3-34　钢筋详图　　　图 3-35　箍筋详图

2. 构件的钢筋表达方法

(1)楼板及板类构件表达方法。楼板及板类构件平面图中,钢筋表示方法可采用如图 3-36 所示的形式,具体应符合以下要求:

1)在平面图中画出板的钢筋详图,表明受力钢筋的配置和弯起情况,应同时注明钢筋编号、直径、间距,每号钢筋可只画一根为代表,按其形状画在钢筋安放的相应位置上。

2)平面图中绘制水平向钢筋时,按正视方向投影,如图 3-36 中的①、②、③、④号钢筋,垂直向钢筋,按右视方向投影,如图 3-36 中的⑤号钢筋。

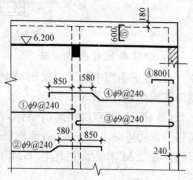

图 3-36 板类构件平面图中的钢筋表示法

3)对板中的弯起钢筋应注明梁边缘到弯起点的距离,如图 3-36 中的①、②号筋中"580"尺寸。

4)分布钢筋一般也应注画出,当图面不允许时,也可不画出,但必须在说明中或钢筋表中注明或列出该钢筋的布置、直径、单根长、间距、根数、总长及重量。

(2)曲面构件表达方法。曲面构件钢筋,一般按其投影绘制钢筋图,如图 3-37 所示。

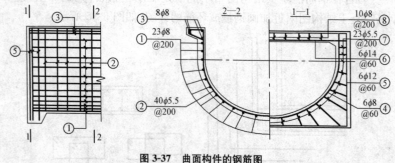

图 3-37 曲面构件的钢筋图

(3)构件对称时,对称方向的两个钢筋剖面图,如图 3-37 中的 1—1 和

2—2,或图 3-38 中板类构件的顶面和底层钢筋平面图可各画一半,合成一个图形,中间用对称线分界。

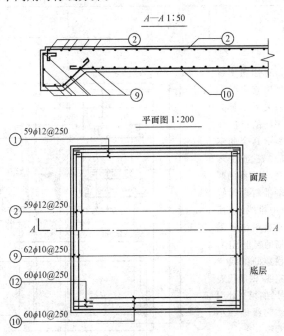

图 3-38 板类构件的面层和底层钢筋图

3. 钢筋图的简化画法

(1)对于规格、形式、长度、间距都相同的钢筋、箍筋、环筋,其简化画法应符合表 3-11 的规定。

表 3-11　　　　　相同钢筋、箍筋和环筋的简化画法

项目	画法	示意图
标注法	可只画出其第一根和最末一根,用标注的方法表明其根数、规格、间距	① 45ϕ28@200　② 35ϕ28@200

(续)

项目	画法	示意图
粗、中、细实线结合法	可用粗实线画出其中的一根来表示,同时用横的细实线表示其余的钢筋、箍筋或环筋,横穿线的两端带斜短画线(中粗线)或箭头表示该号钢筋的起止范围。横穿的细线与粗线(钢筋代表线)的相交处用细实线画一小圆圈	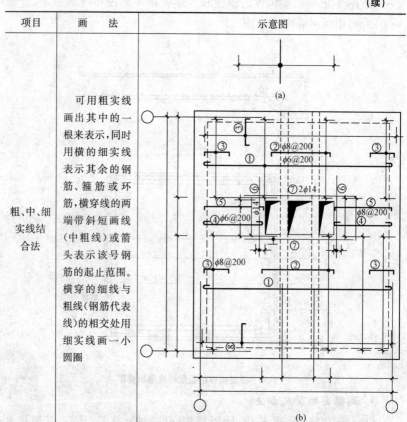

(2)对于非圆渐变曲面,曲线钢筋应分段按给出曲线坐标的方式标注,对大曲率半径的钢筋还可简化为按线性等差位变化的分组编号的钢筋标注。

(3)对于规格、长度不同但间距相同,且相间排列布置的两组钢筋,可分别只画出每组的第一根和最末一根的全长再画出相邻的一根短粗线表示间距,并用标注的方法表明其根数、规格和间距,如图 3-39 所示。在实际上可各编为一组,在钢筋表中分列两个号直接分别注列。

(4)形式规格相同,长度为按等差数 a 增(或减)的一组钢筋,如图 3-40 中的①、③ 号钢筋,可只编为一号,并在钢筋表中"形式"栏内加注"$\triangle = a$",

在单根长栏中注平均长进行标注。

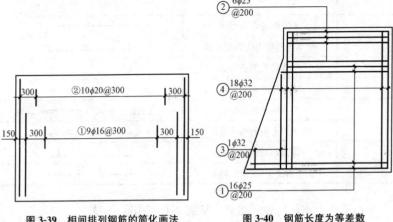

图 3-39 相间排列钢筋的简化画法

图 3-40 钢筋长度为等差数
时的简化编号

(5)当若干构件的剖面形状、尺寸大小和钢筋布置均相同,仅钢筋编号不同时,可采用图 3-41 的画法,并在钢筋表中注列各不同编号的钢筋形式、规格、长度、根数等。

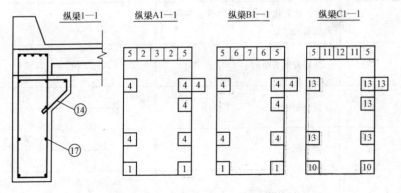

图 3-41 仅钢筋编号不同时的简化画法

四、钢筋图例

1. 钢筋表示图例

(1)钢筋表示图例应按表 3-12 采用。

表 3-12 钢筋图例

编号	名称	图例
1	无弯钩的钢筋端部	
2	带半圆形弯钩的钢筋端部	
3	带直钩的钢筋端部	
4	带丝扣的钢筋端部	
5	无弯钩的钢筋搭接	或 
6	带半圆弯钩的钢筋搭接	
7	带直钩的钢筋搭接	
8	套管接头(花篮银丝)	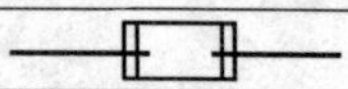

(2)预应力钢筋的表示图例应按表 3-13 采用。

表 3-13 预应力钢筋图例

序号	名称	图例
1	预应力钢筋或钢绞线,用粗双点画线表示	
2	在预留孔道或管子中的后张法预应力钢筋的断面	
3	预应力钢筋断面	
4	张拉端锚具	
5	固定端锚具	
6	锚具的端视图	

2. 钢筋标注方法

(1)钢筋焊接接头标注方法见表 3-14。

表 3-14　　　　　　　　　钢筋焊接接头标注方法

序号	名称	图例
1	单面焊接的钢筋接头	
2	双面焊接的钢筋接头	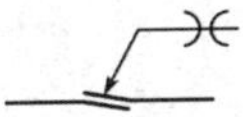
3	用帮条单面焊接的钢筋接头	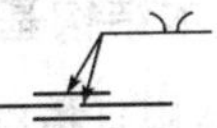
4	用帮条双面焊接的钢筋接头	
5	接触对焊（闪光焊）的钢筋接头	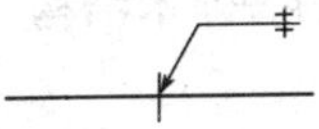
6	钢筋锥螺纹接头	
7	带肋钢筋挤压套筒接头	
8	用角钢或扁钢做连接板焊接的钢筋接头	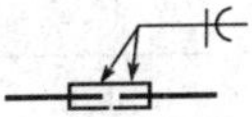

（2）钢筋符号的标注应符合规定，当为冷拉钢筋时，在其钢筋符号上角加 l 角标。

五、钢筋混凝土结构识读

阅读钢筋混凝土结构图时，首先要了解构件名称、作用和外形，还必须根据钢筋混凝土结构图的图示特点和尺寸注法的规定，着重看懂构件中每一类型钢筋的位置、规格、直径、长度、数量、间距以及整个钢筋骨架的构造。钢筋混凝土结构图识读主要包括以下内容：

（1）概括了解。了解钢筋混凝土结构图表达的具体内容及绘图比例，弄清所表达构件的外形尺寸等。

（2）深入阅读。根据钢筋混凝土结构图中钢筋的编号，以及通过对立面图、断面图及明细表的对照阅读，弄清楚构件中各钢筋的规格、形状、数量等。分析各种钢筋的配筋情况（钢筋分布情况）和各种钢筋的相对位置,看懂整个钢筋骨架的构造。

(3)检查核对。将读图结果与钢筋表对照,逐个逐项地检查核对,并综合想象构件的钢筋构造。

第四节 木结构图

一、木结构基本知识

木结构是指以木材为主制作的结构。木结构图是用来表示这类结构外部形状的图样。

1. 木材材质等级

(1)普通木结构。普通木结构构件的木材材质等级及其用途,见表3-15。

表 3-15　　普通木结构构件的木材材质等级及用途

项次	材质等级	主 要 用 途
1	I_a	受拉或拉弯构件
2	II_a	受弯或压弯构件
3	III_a	受压构件及次要受弯构件(如吊顶小龙骨等)

(2)胶合木结构。胶合木结构构件的木材材质等级及其用途,见表3-16。

表 3-16　　胶合木结构构件的木材材质等级及用途

项次	材质等级	木材等级配置图	主 要 用 途
1	I_b		受拉或拉弯构件
2	III_b		受压构件(不包括桁架上弦和拱)

项次	材质等级	木材等级配置图	主要用途
3	II_b III_b		桁架上弦或拱,高度不大于500mm的胶合梁 (1)构件上、下边缘各 $0.1h$ 区域,且不少于两层板 (2)其余部分
4	I_b II_b III_b		高度大于500mm的胶合梁 (1)梁的受拉边缘 $0.1h$ 区域,且不少于两层板 (2)距受拉边缘 $(0.1\sim 0.2)h$ 区域 (3)受压边缘 $0.1h$ 区域,且不少于两层板 (4)其余部分
5	I_b II_b III_b		侧立腹板工字梁 (1)受拉翼缘板 (2)受压翼缘板 (3)腹板

(3)轻型木结构。轻型木结构构件的木材材质等级及其用途,见表3-17。

表3-17　　　　轻型木结构构件的木材材质等级及用途

项次	材质等级	主要用途
1	I_c	用于对强度、刚度和外观有较高要求的构件
2	II_c	
3	III_c	用于对强度、刚度有较高要求而对外观只有一般要求的构件
4	IV_c	用于对强度、刚度有较高要求而对外观无要求的普通构件
5	V_c	用于墙骨柱
6	VI_c	除上述用途外的构件
7	VII_c	

2. 木材分类

土木建筑工程用木材,通常以三种材型供货,即:
(1)原木:伐倒后经修枝并截成一定长度的木材。
(2)板材:宽度为厚度的三倍或三倍以上的型材。
(3)方材:宽度不及厚度三倍的型材。

3. 木结构连接方式

(1)齿连接。木结构齿连接可采用单齿或双齿的形式,如图 3-42 和图 3-43 所示。

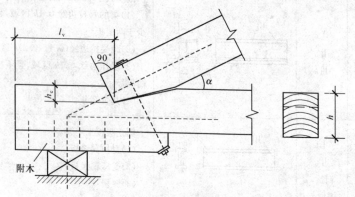

图 3-42 单齿连接

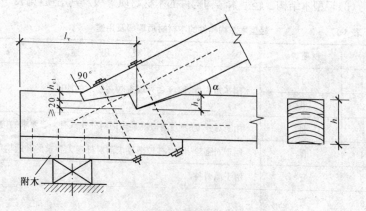

图 3-43 双齿连接

(2)螺栓连接和钉连接。螺栓连接和钉连接可采用双剪连接或单剪连接的形式,如图 3-44 和图 3-45 所示。

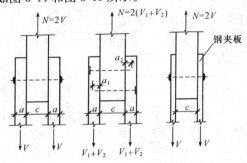

图 3-44 双剪连接

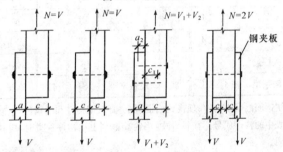

图 3-45 单剪连接

(3)齿板连接。齿板连接适用于轻型木结构建筑中规格材桁架的节点及受拉杆件的接长。处于腐蚀环境、潮湿或有冷凝水环境的木桁架不应采用齿板连接。齿板不得用于传递压力。

4. 木结构常用构件名称及代号

木结构图中的构件名称可用代号表示,代号后应用阿拉伯数字标注该构件的型号或编号。常用构件代号见表 3-18。

表 3-18 木结构图中常用构件代号

序号	名称	代号	序号	名称	代号	序号	名称	代号
1	板	B	3	空心板	KB	5	折板	ZB
2	屋面板	WB	4	槽形板	CB	6	密肋板	MB

(续)

序号	名称	代号	序号	名称	代号	序号	名称	代号
7	楼梯板	TB	19	基础梁	JL	31	桩	ZH
8	盖板或沟盖板	GB	20	楼梯梁	TL	32	柱间支撑	ZC
9	挡雨板或檐口板	YB	21	檩条	LT	33	垂直支撑	CC
10	吊车安全走道板	DB	22	屋架	WJ	34	水平支撑	SC
11	墙板	QB	23	托架	TJ	35	梯	T
12	天沟板	TGB	24	天窗架	CJ	36	雨篷	YP
13	梁	L	25	框架	KJ	37	阳台	YT
14	屋面梁	WL	26	刚架	GJ	38	梁垫	LD
15	吊车梁	DL	27	支架	ZJ	39	预埋件	M
16	圈梁	QL	28	柱	Z	40	天窗端壁	TD
17	过梁	GL	29	基础	J	41	钢筋网	W
18	联系梁	LL	30	设备基础	SJ	42	钢筋骨架	G

注:1. 预制钢筋混凝土构件、现浇钢筋混凝土构件、钢构件和木构件,一般可直接采用本表中的构件代号。在设计中,当需要区别上述构件种类时,应在图纸中加以说明。

2. 预应力钢筋混凝土构件代号,应在构件代号前加注"Y-",如 Y-DL 表示预应力钢筋混凝土吊车梁。

二、木结构图的画法

1. 木材横剖面画法及标注方法

木材横剖面画法及标注方法应符合表 3-19 的规定。

表 3-19　　　　木材横截面画法及标注

序　号	名　称	图　例
1	圆木	ϕd

(续)

序号	名称	图例
2	半圆木	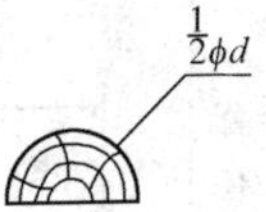 $\frac{1}{2}\phi d$
3	木板	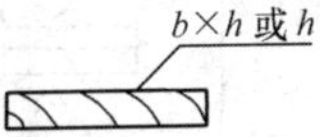 $b \times h$ 或 h
4	方木	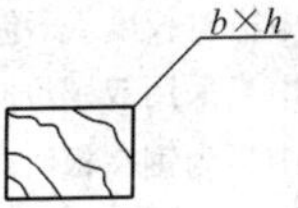 $b \times h$

注：1. 木材的剖面图均应画出横纹线或顺纹线。
　　2. 立面图一般不画木纹线，但木键的立面图均应画出木纹线。

2. 木结构连接方式画法及标注方法

木结构连接方式的画法及标注方法应符合表 3-20 的规定。

表 3-20　　　　木结构连接画法及标注

序号	名称	图例	序号	名称	图例
1	木螺钉连接正面画法（看得见钉帽的）	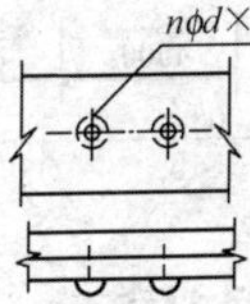 $n\phi d \times l$	3	杆件接头	 （仅用于单线图中）
2	螺栓连接	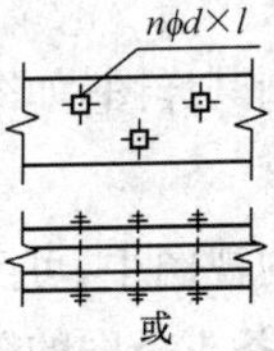 $n\phi d \times l$ 或 $n\phi d \times l$ 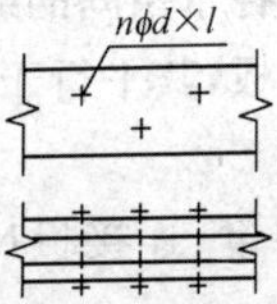	4	齿连接	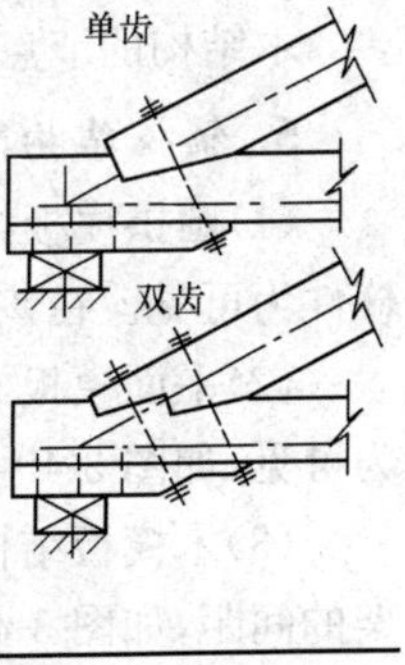 单齿　双齿

序号	名称	图例	序号	名称	图例
5	木螺钉连接背面画法(看不见钉帽的)	$n\phi d \times l$	6	扒钉连接	$n\phi d \times l$

注：1. 序号4中扒钉长度 l 不包括直钩长度。
    2. 序号5中当采用双螺母时，应加以注明。
    3. 序号5中当为钢夹板时，可不画垫板线。

3. 桁架式结构几何尺寸图画法

桁架式结构的几何尺寸图可用单线图表示，单线图应用粗实线绘制，图中的尺寸可按图3-46形式标注。单线图一般配置在结构图的左上角，如图3-47所示。

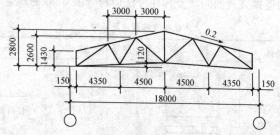

图3-46 单线图尺寸标注

4. 节点详图画法

木结构的节点和杆件对接处应绘制其详图，如图3-47所示。

5. 模板结构图画法

(1) 圆拱模板，在反映其轴线实长的视图中，可采用半剖或局部剖，使杆件为可见。在该视图中，可不画面板各木条间的缝线，如图3-48所示。

(2) 平面模板或半径较大的弧形模板，其平行于面板的视图应使杆件为可见，如图3-49所示。

(3) 木模板结构图中应标注面板厚度、连接板尺寸、杆件尺寸和各桁架的间距，如图3-48、图3-49所示。

第三章 水利水电工程水工建筑图识读

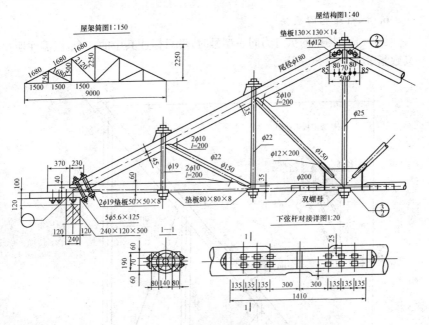

图 3-47 节点详图

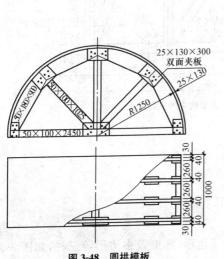

图 3-48 圆拱模板

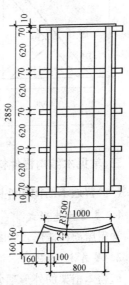

图 3-49 木模板结构图

6. 扒钉结构图画法

当一木结构中的扒钉为同一型号时,可只标注其中的一个,但需注明其数量 n,如图 3-50 所示。

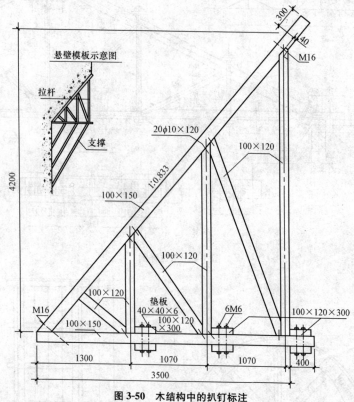

图 3-50 木结构中的扒钉标注

三、常见木结构构件构造

(一)普通木结构构件构造

1. 屋面构造形式

常用屋面构造形式如图 3-51 所示。

2. 屋盖木桁架

屋盖木桁架的外形通常有三角形、梯形及多边形等三种,如图 3-52 所示。

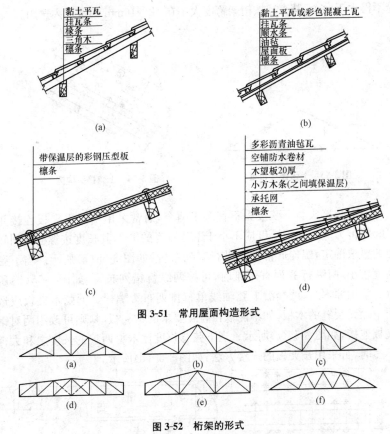

图 3-51 常用屋面构造形式

图 3-52 桁架的形式

(a)、(b)、(c)三角形木桁架；(d)、(e)梯形木桁架；(f)多边形木桁架

(1)三角形豪式木桁架。豪式木桁架的特点,是采用齿连接的斜杆受压而竖杆受拉。在三角形桁架中,斜杆必须向跨中下倾。由于桁架上、下弦节间数相同,三角形豪式木桁架,既能用于不吊顶房屋,也能用于吊顶房屋。

1)上弦接头。如需做接头,桁架每侧不宜多于一个,并不宜将其设在脊节点两侧或端部的节内(图 3-53)。接头的位置宜设在节点附近,以避免承受较大的弯矩。接头处弦杆的相互抵承面要锯平抵紧,并用木夹板以螺栓系牢。为保证使用和吊装时平面外的刚度,木夹板厚度应不小于上弦宽度的一半,其长度应不小于上弦宽度的 5 倍(图 3-54),接头每侧的系紧螺栓不得少于两个,其直径按桁架跨度大小在 12～16mm 的范围内选用。

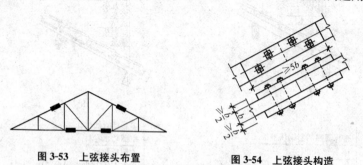

图 3-53　上弦接头布置　　　　图 3-54　上弦接头构造

2)下弦接头。下弦接头不宜多于两个,通常采用一对木夹板连接并以螺栓传力。木夹板厚度应不小于下弦宽度的 1/2,其长度按螺栓排列间距的要求确定,螺栓通常按两纵行齐列布置,如图 3-55(a)所示。当下弦高度较小,两纵行齐列有困难时,可按两纵行错列布置,如图 3-55(b)所示。采用原木时,严禁沿下弦轴线单行排列布置螺栓。下弦木夹板应选用干燥无裂缝的木板,如不能取得符合要求的木夹板时,则可改用两对钢夹板连接,如图 3-55(c)所示。当下弦总长度比木材两根的长度之和大得不多时,可采用长夹板的连接方法,如图 3-55(d)所示。

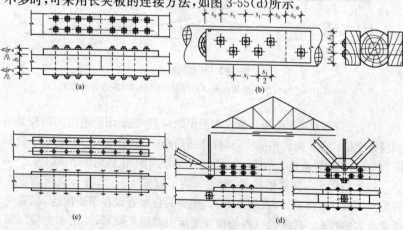

图 3-55　木桁架下弦接头布置
(a)两纵行齐列;(b)两纵行错列;(c)两对钢夹板连接;(d)长夹板连接

3)下弦中央节点。木桁架下弦中央节点构造如图 3-56 所示。

4)支座节点。木桁架支座节点可按桁架内力大小选用单齿或双齿连接。当桁架内力相当大,双齿连接不足以承担的,可采用钢夹板抵承连接,如图 3-57 所示。

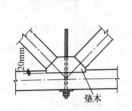

图 3-56 下弦中央节点构造

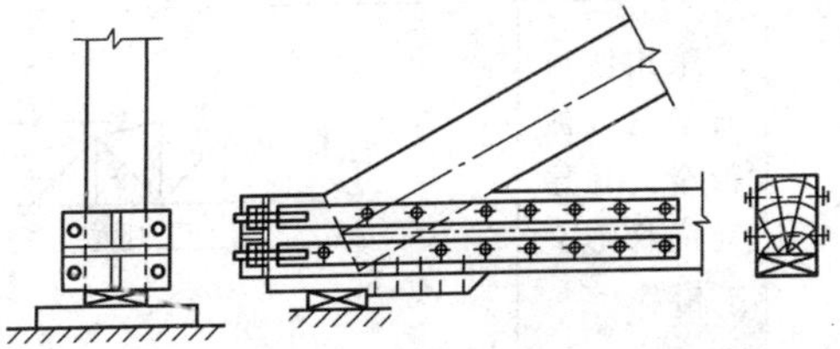

图 3-57 木桁架支座节点采用钢夹板传力构造

5)上、下弦中间节点。中间节点一般均采用单齿连接,其构造原则与支座节点相同,但按毛截面对中,其刻槽深度不大于弦杆高度或直径的 1/4。一般均可采用扒钉紧固,如图 3-58 和图 3-59 所示。

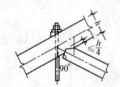 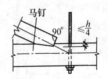

图 3-58 上弦中间节点构造

图 3-59 下弦中间节点构造

6)脊节点。脊节点处上弦应相互抵承,用木夹板以螺栓系紧。其构造要求与上弦接头基本相同,如图 3-60 所示。原木屋架当小头直径偏小,上弦端头相互抵承面积不足时,可采用加设硬木垫块的构造方案,如图 3-61 所示。

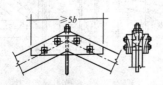 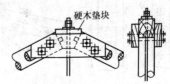

图 3-60 脊节点构造

图 3-61 原木小头直径较小时脊节点的构造方案

(2)梯形豪式木桁架。梯形豪式木桁架一般有两种形式,见表 3-21。其节点构造处理如图 3-62 所示。

表 3-21 梯形豪式木桁架形式

序号	项 目	示 意 图	备 注
1	采用波形石棉瓦或波形金属瓦屋面的梯形豪式桁架	$n=1/3$ 或 $1/4$; $l=12\sim 18m$	屋面坡度应取为 $n=1/3$ 或 $n=1/4$,桁架高跨比应取为 1/5
2	采用卷材屋面或压型钢板屋面的梯形豪式桁架	$\phi 12$ 螺栓	屋面坡度可取为 $n=1/10$,屋架高跨比取为 1/6

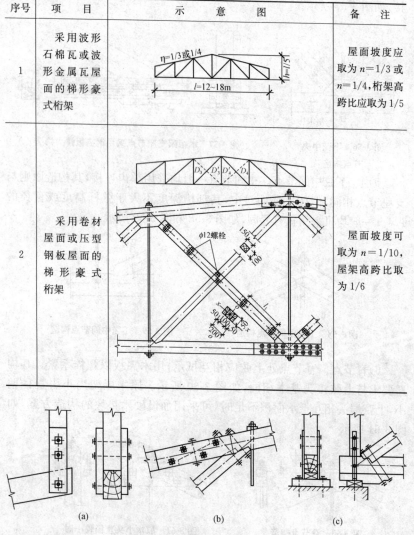

图 3-62 梯形豪式木桁架节点构造

(3)多边形钢木桁架。多边形钢木桁架的上弦节点一般位于圆弧上,因此弦杆受力较均匀,腹杆内内力很小,节点连接简单;宜用于跨度较大的工业与民用房屋,但以不超过24m为宜。其节点构造要求如下:

1)支座节点处的构造与上弦偏心抵承的三角形钢木桁架类同,只有节点间距较大,抵承钢板通常需加肋,如图3-63所示。

2)上弦节点皆可用"中心螺栓"传力,其构造与六节间梯形钢木桁架的脊节点基本相同,如图3-64所示。

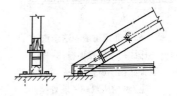

图3-63　支座节点构造

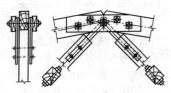

图3-64　上弦节点构造

3)下弦中间节点也可通过钢夹板用一个螺栓传力,可用偏心连接。

4)在双角钢(或双圆钢)的外侧焊一对节点板,其外侧距离取等于斜腹杆的宽度,再在节点板两侧焊缀条使其定位。节点板上螺栓孔中心到下弦边缘(指角钢或圆钢的顶面)的距离常取为20mm,如图3-65所示。该连接螺栓应按钢结构中螺栓抗剪进行计算。

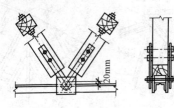

图3-65　双角钢(双圆钢)节点板构造

(二)轻型木结构构件构造

1. 墙体构造

(1)承重墙构造。承重墙的墙骨柱应采用材质等级为V_c及其以上规格材,其构造如图3-66所示。

(2)非承重墙构造。非承重墙的墙骨柱可采用任何等级的规格时,其构造如图3-67所示。

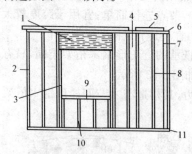

图3-66 承重墙构造示意图

1—实体窗头；2—墙骨柱；3—托柱；
4—隔板；5—加强顶板；6—顶梁板；
7—角柱；8—墙骨柱；9—窗台板
（窗槛）；10—小托柱；11—地梁板（底板）

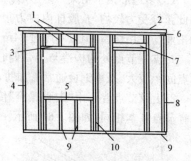

图3-67 非承重墙构造示意图

1—小托柱；2—加强顶板；3—窗头；
4—墙骨柱；5—窗台板；6—顶梁板；
7—⌐型门头双；8—墙骨柱；
9—小托柱；10—托柱；11—地梁板（底板）

2. 屋盖构造

轻型木结构的屋盖，可采用由结构规格材制作的、间距不大于600mm的轻型桁架，如图3-68所示；跨度较小时，也可直接出屋脊板（或屋脊梁）、椽条和顶棚搁栅等构成，如图3-69所示。

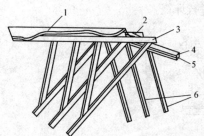

图3-68 密置屋架顶桁架屋盖示意图

1—屋面板；2—封头块；3—屋顶桁架；
4—加强顶板；5—顶梁板；6—墙骨柱

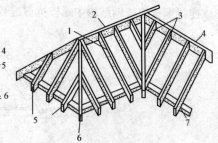

图3-69 由屋脊板、椽条组成的
屋盖示意图

1—普通椽条；2—屋脊板；3—短屋脊椽条；
4—屋脊板；5—短屋脊椽条；
6—屋脊椽条；7—雀口

（三）胶合木结构构件构造

胶合木结构分为层板胶合结构和胶合板结构（用胶合板与木构件胶

合)两大类。

1. 胶合木构件连接

(1)制作胶合木构件的木板接长应采用指接。用于承重构件,其指接边坡度 η 不宜大于 1/10,指长不应小于 20mm,指端宽度 b_f 宜取 $0.2\sim 0.5$mm(图 3-70)。

(2)胶合木构件所用木板的横向拼宽可采用平接;上下相邻两层木板平接线水平距离不应小于 40mm(图 3-71)。

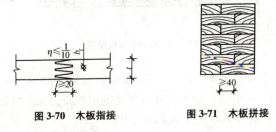

图 3-70　木板指接　　　图 3-71　木板拼接

2. 胶合梁构造

在一般情况下,直线形的梁宜用工字形截面[图 3-72(a)];弧形构件和变截面构件宜用矩形截面[图 3-72(b)和图 3-72(c)];胶合檩条可考虑采用侧立腹板工字梁[图 3-72(d)]。

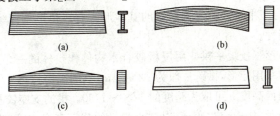

图 3-72　胶合梁的形式

3. 胶合屋架构造

(1)三角形层板胶合屋架。图 3-73 所示为三角形胶合屋架的一种构造方案,其上弦是连续的整根构件。为节约木材,上弦两端设计成偏心抵承;在支座节点处,上弦抵承在下弦端部的胶合枕块上,腹杆与上弦也采用同样的方法抵接。由于下弦无需刻槽,与普通方木屋架比较,下弦可以采用较小的截面。将下弦做成整根时太细长,不便运输,故在跨中断开,拼装时用木夹板和螺栓连接,其构造与一般方木豪式屋架相同。

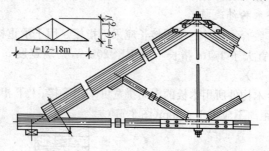

图 3-73 三角形层板胶合屋架

(2)层板胶合弧形屋架。图 3-74(a)所示的屋架,可用于 30m 或更大的跨度。如图 3-74(b)所示为 K 式腹杆体系的层板胶合弧形屋架,曾用于跨度达到 70.7m 的飞机库主要承重结构中。

图 3-74 层板胶合弧形屋架

4. 胶合拱构造

(1)胶合缓平拱。胶合缓平拱的基本形式有三角形三铰缓平拱和弧形缓平拱两种。

1)三角形三铰缓平拱。用层板胶合木构件作拱体的三角形缓平拱,拱体截面多采用矩形,拱跨一般为 12~24m,拱的高跨比为 1/8~1/4,拱体的矩形截面高度 h 可取为跨度的 1/40~1/30。拱的支座铰和顶铰均设计成偏心抵承,构成卸载弯矩,以减小半拱的截面高度,从而降低木材用量。下弦拉杆可用圆钢、角钢或层板胶合木制作。三角形三铰缓平拱的结构形式和节点构造如图 3-75 所示。

2)弧形缓平拱。由两个层板胶合弧形构件组成的弧形缓平拱,拱体截面通常为矩形。弧形缓平拱可用于大跨度,一般达 60m,必要时还可更大。其高跨比为 1/7~1/4。拱体的矩形截面高度可取为跨度的 1/4~1/20。由于弧形半拱本身具有一定弯度,在沿其弦向作用的拱体压力作用下,对中间截面自然构成一定的卸载弯矩。因此,弧形缓平拱的支座铰和顶铰均设计成轴心抵承,而无需偏心。为了使拱体在支座铰和顶铰处能有一定的转动,半拱端头的上下边均对称地加以切削。弧形缓平拱的结构形式,如图 3-76 所示。

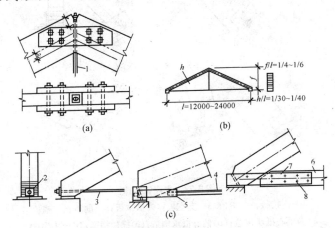

图 3-75 三角形三铰缓平拱的结构形式和节点构造(单位:mm)
(a)脊节点构造;(b)结构形式;(c)支座节点构造
1—吊杆;2—垫板;3—圆钢下弦;4—角钢下弦;
5—钢板;6—胶合木下弦;7—钢夹板;8—螺栓

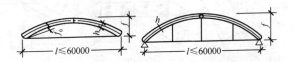

图 3-76 弧形缓平拱的结构形式(单位:mm)

(2)胶合尖拱。胶合尖拱的跨度和高度均比缓平拱大,其结构外形如图 3-77 所示。

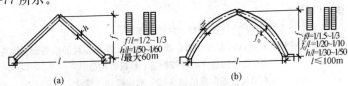

图 3-77 胶合尖拱的结构形式

1)支座铰。不同支座铰的构造如图3-78所示。

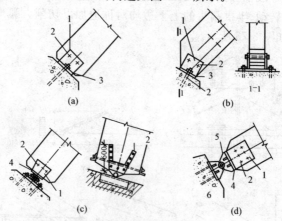

图3-78 支座铰构造
1—连接板；2—螺栓；3—支座板；4—抵承板；5—肋板；6—锚栓
(a)轴心抵承构造；(b)偏心抵承构造；(c)摇铰构造；(d)轴铰构造

2)顶铰。不同顶铰的构造如图3-79所示。

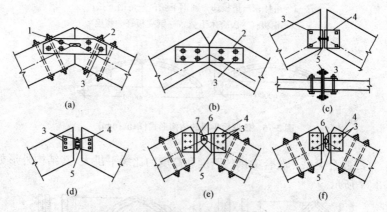

图3-79 顶铰构造
(a)木夹板加键抵承构造；(b)木夹板偏心抵承构造；(c)采用钢靴的偏心抵承构造
(d)摇铰构造；(e)轴铰构造；(f)板铰构造
1—木顶层在板制成的键块；2—木夹板；3—螺栓；
4—连接板；5—抵承板；6—肋板；7—铰轴

第五节 钢结构图

一、钢结构基本知识

1. 钢结构的组成

钢结构是指型钢和钢板经加工后,用焊接的方法或用螺栓、铆钉连接而成的结构物,在水利水电工程中常用于闸门、压力钢管、厂房屋架等大型构件。由于钢结构的使用功能及结构组成方式的不同,因此其形式各异,但其都是由钢板和型钢经过加工、组合连接制成,然后将其按一定方式通过焊接或螺栓连接组成结构以满足使用要求。

2. 钢结构的特点

与用其他材料建造的结构相比,钢结构有许多优点,见表 3-22。

表 3-22　　　　　　　　　　钢结构的优点

序号	项目	说明
1	材性好、可靠性高	钢材生产时质量控制严格,材质均匀性好,具有良好的塑性和韧性,比较符合理想的各向同性弹塑性材料,所以目前采用的计算理论能够较好地反映钢结构的实际工作性能,可靠性高
2	工业化程度高、工期短	钢结构具备成批大件生产和成品精度高等特点;采用工厂制造、工地安装的施工方法,能够有效地缩短工期,为降低造价、发挥投资的经济效益创造条件
3	强度高、重量轻	与混凝土、木材相比,钢虽然密度较大,但其强度较混凝土和木材要高得多,其密度与强度的比值一般比混凝土和木材小。因此在同样受力的情况下,与钢筋混凝土结构和木结构相比,钢结构具有构件较小,重量较轻的特点。如在跨度和荷载都相同时,普通钢屋架的重量只有钢筋混凝土屋架的 $1/4 \sim 1/3$,如果采用薄壁型钢屋架,则轻得更多,适宜于建造大跨度和超高、超重型的建筑物。另外,便于运输和吊装,可减轻下部基础和结构的负担

(续)

序号	项目	说明
4	耐热性较好	温度在250℃以内,钢材性质变化很小。当温度达到300℃以上时,强度逐渐下降,600℃时,强度几乎为零,在这种场合,对钢结构必须采取保护措施
5	抗震性能好	由于自重轻和结构体系相对较柔,钢结构受到的地震作用较小,钢材又具有较高的抗拉和抗压强度以及较好的塑性和韧性,因此在国内外的历次地震中,钢结构是损坏最轻的结构,被公认为是抗震设防地区特别是强震区的最合适结构
6	密封性好	钢结构采用焊接连接后可以做到安全密封,能够满足要求气密性和水密性好的高压容器、大型油库、气柜油罐和管道等
7	材质均匀	钢材的内部组织均匀,接近于各向同性体,在一定的应力范围内,属于理想弹性工件,符合工程力学所采用的基本假定

但是钢结构的下列缺点也会影响其应用。

(1)耐锈蚀性差。一般钢材在湿度大和有侵蚀性介质的环境中容易锈蚀,须采取除锈刷油漆。新建造的钢结构一般隔一定时间都要重新刷涂料,维护费用较高。目前国内外正在发展各种高性能的涂料和不易锈蚀的耐候钢,有望解决钢结构耐锈蚀性差的问题。

(2)钢材价格相对较贵。采用钢结构后结构造价会略有增加,但实际上结构造价占工程总投资的比例不是很大。因此,结构造价单一因素不应作为决定采用何种材料的主要依据。综合考虑各种因素,尤其是工期优势,钢结构将日益受到重视。

(3)耐火性差。钢结构耐火性较差,在火灾中,未加防护的钢结构一般只能维持20min左右采取防火措施,如在钢结构外面包混凝土或其他防火材料,或在构件表面喷涂防火涂料等。

3. 钢结构制图一般规定

钢结构图是表达钢结构物形状和构造要求的图样。钢结构可采用布置图、单线图、视图、剖视图和详图画法。具体应遵守以下规定:

(1)钢结构及节点图中应对每一个构件进行编号,且应符合下列要求:

1) 构件编号应编在可见构件的视图中,并宜编在主视图中。

2) 构件号的指示线应用细实线绘制。

3) 指引线成斜向,彼此不得相交,也不能与剖面线平行,且不宜与其构件的轮廓线相交。

(2) 构件明细表。钢结构总图应列构件(零部件)明细表,其内容和格式如图 3-80 所示。

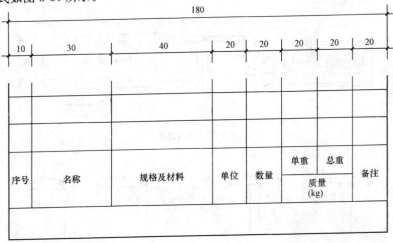

图 3-80 构件明细表

二、钢结构连接

钢结构连接通常采用焊接连接、螺栓(或铆钉)连接和拼装连接。钢结构连接包括平接、搭接、T 形连接和角接连接四种形式,如图 3-81～图 3-84 所示。

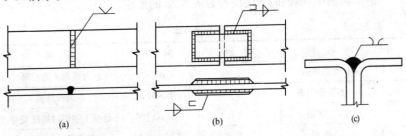

图 3-81 平接连接

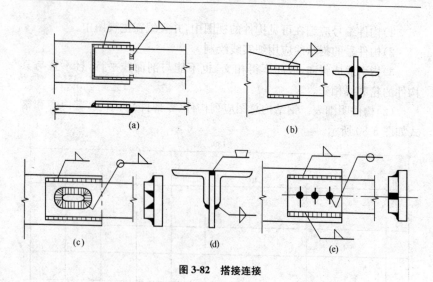

图 3-82 搭接连接

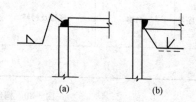

图 3-83 T形连接　　图 3-84 角接连接

(一)型钢与螺栓的表示方法

1. 型钢的标注方法

钢结构图中,型钢的标注应符合表 3-23 的规定。

表 3-23　　　　　　　　型钢标注方法

序号	名 称	截 面	标 注	说 明
1	等边角钢	∟	∟$b \times d$	b 为肢宽 d 为肢厚
2	不等边角钢	∟	∟$B \times b \times d$	B 为长肢宽
3	工字钢	I	IN,QIN	轻型工字钢时加注 Q 字
4	槽钢	[	[N,Q[N	轻型槽钢时加注 Q 字

(续)

序号	名　称	截　面	标　注	说　明
5	方钢		□b	
6	扁钢		$-b \times t$	
7	钢板	—	$-t$	
8	圆钢		ϕd	
9	钢管		$\phi d \times t$	t 为管壁厚
10	起重机钢轨		QU××	××为起重机钢轨型号
11	轻轨和钢轨		××kg/m 钢轨	××为轻轨和钢轨型号

2. 螺栓、孔、电焊铆钉的表示方法

螺栓、孔、电焊铆钉的表示方法应符合表 3-24 的规定。

表 3-24　　　　　螺栓、孔、电焊铆钉的表示方法

序号	名　称	图　例	序号	名　称	图　例
1	永久螺栓		6	工厂连接的正背两面半圆头铆钉	
2	高强螺栓		7	工厂连接的正面埋头铆钉	
3	安装螺栓		8	工厂连接的背面埋头铆钉	
4	螺栓、铆钉的圆孔		9	工厂连接的正背两面埋头铆钉	
5	椭圆形螺栓孔		10	现场连接的正背两面半圆头铆钉	

(续)

序号	名称	图例	序号	名称	图例
11	现场连接的正面埋头铆钉		13	现场连接的正背两面埋头铆钉	
12	现场连接的背面埋头铆钉				

注:1. 细"+"线表示定位线;
2. 必须标注孔、螺栓、铆钉的直径;
3. 孔、螺栓、铆钉均以图例为主。

(二)焊缝的表示方法

1. 焊缝符号的表示方法

在钢结构图中,焊缝符号的表示方法应按《建筑结构制图标准》(GB/T 50105—2010)及《焊缝符号表示法》(GB/T 324—2008)执行。

焊缝符号一般由指引线与基本符号组成,必要时还可加上辅助符号、补充符号和焊缝尺寸符号。对于图形符号的比例、尺寸和在图纸上的位置,应符合技术制图有关规定。

钢结构常用焊缝符号及符号尺寸应符合表 3-25 的规定。当需要标注的焊缝能够用文字表述清楚时,也可采用文字表达的方式。

表 3-25 建筑钢结构常用焊缝符号及符号尺寸

序号	焊缝名称	形式	标注法	符号尺寸/mm
1	V形焊缝	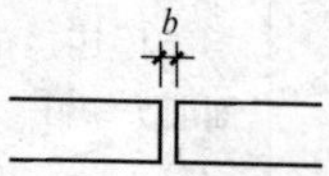	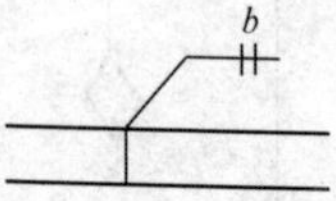	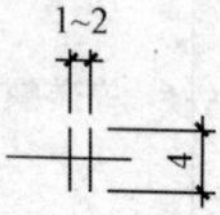 1~2
2	单边V形焊缝	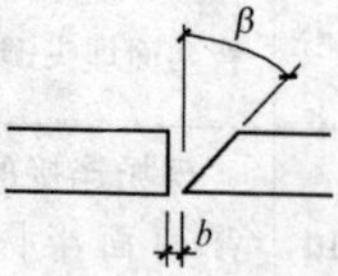	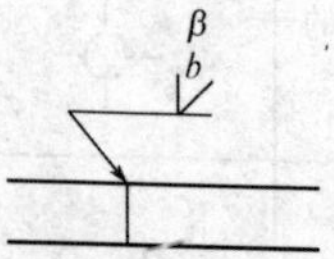 注:箭头指向剖口	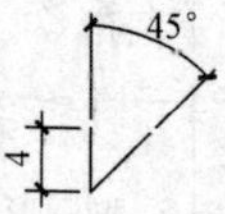 45°

(续)

序号	焊缝名称	形 式	标注法	符号尺寸/mm
3	带钝边单边V形焊缝			45° 3
4	带垫板带钝边单边V形焊缝		注：箭头指向剖口	3 7
5	带垫板V形焊缝			60° 4
6	Y形焊缝			60° 3
7	带垫板Y形焊缝			—
8	双单边V形焊缝			—
9	双V形焊缝			—

(续)

序号	焊缝名称	形式	标注法	符号尺寸/mm
10	带钝边U形焊缝			
11	带钝边双U形焊缝			—
12	带钝边J形焊缝			
13	带钝边双J形焊缝			—
14	角焊缝			
15	双面角焊缝			—
16	剖口角焊缝			
17	喇叭形焊缝			

(续)

序号	焊缝名称	形式	标注法	符号尺寸/mm
18	双面半喇叭形焊缝			
19	塞焊			

2. 焊缝的标注方法

焊接钢结构的焊缝应采用"焊接代号"的方法标注。焊接代号主要由图形符号、辅助符号和引出线等部分组成。标注方法应按现行国家标准执行。钢结构连接焊缝标注应符合下列要求：

(1) 单面焊缝的标注。当箭头指在焊缝所在的一面时，应将图形符号和尺寸标注在引出线横线的上方。当剪头指在焊缝所在的另一面（相对应的那边）时，应将图形符号和尺寸标注在横线的下方，如图 3-85 所示。

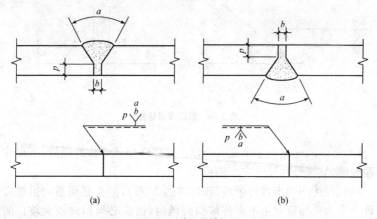

图 3-85 单面焊缝标注

(2)双面焊缝的标注。应在引出线横线的上下方都标注符号和尺寸,上方表示箭头一面的符号和尺寸,下方表示箭头另一面的符号和尺寸。当两面尺寸相同时,只需在横线上方标注尺寸,如图3-86所示。

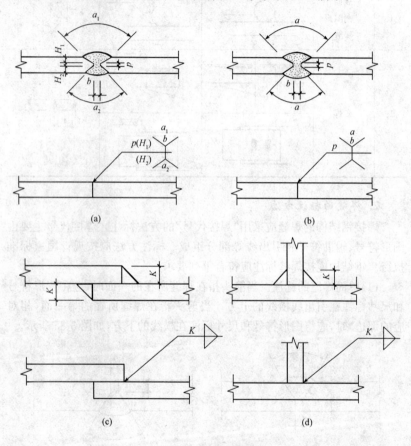

图3-86 双面焊缝标注

(3)互焊的标注。三个或三个以上的焊件相互焊接的焊缝,不得作为双面焊缝,其符号和尺寸应分别标注。

相互焊接的两个焊件带坡口时(单边V形),箭头必须指向带坡口的焊件。当为单面带双边不对称坡口焊缝时,箭头必须指向较大坡口的焊件,如图3-87所示。

第三章　水利水电工程水工建筑图识读　　　　·163·

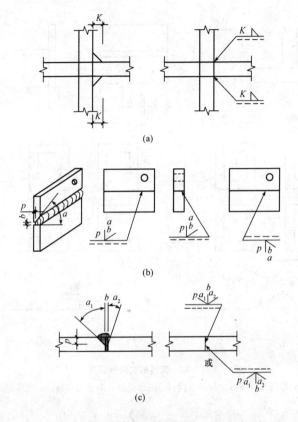

图 3-87　互焊标注

(4) 其他形式焊缝标注。熔透角焊缝、局部焊缝、三角焊缝、三面焊缝、现场焊缝标注方法如图 3-88 所示。

(5) 相同焊缝符号按下列方法表示。在同一图形上,当焊缝形式、剖面尺寸和辅助要求均相同时,可只选择一处标注代号,并加注"相同焊缝符号",在同一图形上,当有数种相同焊缝时,可将焊缝分类编号标注,在同一类焊缝中可选择一处标注代号,分类编号采用 A、B、C…,当焊缝分布不规则时,在标注焊缝代号的同时,宜在焊缝处加粗线(表示可见焊缝)或栅线(表示不可见焊缝),如图 3-89 所示。

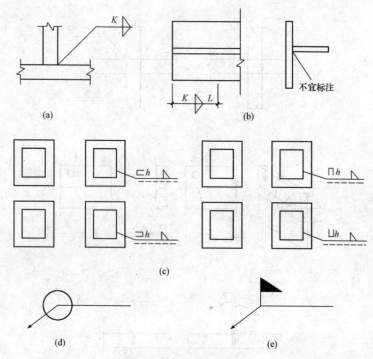

图 3-88 其他形式焊缝标注
(a)熔透角焊缝;(b)局部焊缝;(c)三角焊缝;(d)三面焊缝;(e)现场焊缝

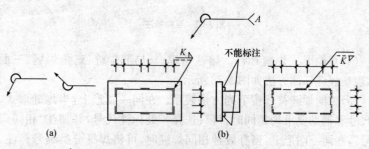

图 3-89 相同焊缝与不规则焊缝标注
(a)相同焊缝标注;(b)不规则焊缝标注

(6)手工电弧焊对接接头标注方法,见表 3-26。

表 3-26　　　　　　　　手工电弧焊常用焊接对接接头标注　　　　　　　　mm

序号	适用厚度	基本形式	焊缝形式	标注方法
1	1~3		$s \geq 0.7\delta$	$s\|b$
	3~6			b
2	6~26	$50°\pm5°$	$s \geq 0.7\delta$	$s \times p$　$a\atop b$
				p　$a\atop b$
3	3~26	a		p　$a\atop b$
				p　$a\atop b$
4	20~60	$10°\pm2°$		$P \times R$　$\alpha_1\atop b$
				$P \times R$　$\alpha_1\atop b$
5	12~40	$50°\pm5°$ / $50°\pm5°$		p　$\alpha\atop b$

(续)

序号	适用厚度	基本形式	焊缝形式	标注方法
6	12~60	60°±5°, δ, b, 60°±5°		$p \overset{\alpha}{\underset{b}{\times}}$
				$p \overset{b}{\underset{H}{\times}}$

(7) 手工电弧焊角接接头标注方法,见表 3-27。

表 3-27　　　手工电弧焊常用焊接角接接头的标注　　　mm

序号	适用厚度 (mm)	基本形式	焊缝形式	标注方法
1	2~8	δ, b, δ_1	≥0.7δ	$S|b|$
			K	$K \overset{b}{\diagup}$
2	4~30	δ, b, δ_1	K, K	$K \triangle$
			K, K_1, K_1	$\overset{K}{\underset{K_1}{\triangle}}$

(续)

序号	适用厚度 (mm)	基本形式	焊缝形式	标注方法
3	6～30		$s \geq 0.7\delta$	$s \times p$
				p / k
4	12～30		$s \geq 0.7\delta$	$s \times p$
				p / K
5	20～40			p
6	1～2			$H \times R \mid b \mid$

(三)钢结构节点的表示方法

钢结构节点图反映各构件连接关系。节点板中被遮挡的轮廓线用虚线绘制。必要时可在该构件的延长线上绘出各构件的截面形式。

1. 节点图的标注

(1)节点图应注明节点板的尺寸,各构件螺栓中心尺寸、端距,构件端部至几何中心点的距离(退距),并对节点各型钢进行标注。节点图中还应标注构件轴线(重心线)到型钢底边的距离(背距),如图 3-90 所示。

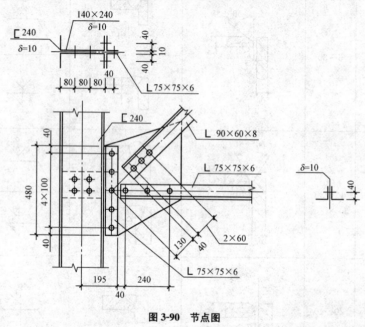

图 3-90 节点图

(2)双型钢组合截面构件,应在节点图中注明联结板的数量和尺寸,其形式如图 3-91 所示。

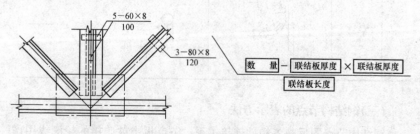

图 3-91 双型钢组合截面节点图

(3) 非焊接的节点板，应注明节点板尺寸和螺栓孔中心与几何中心线交点的距离，如图 3-92 所示。

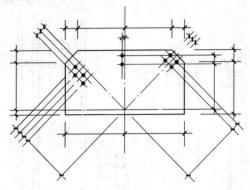

图 3-92 非焊接的节点板

2. 钢结构构件节点构造

(1) 柱节点构造。常见柱节点构造包括柱牛腿节点、柱肩梁节点、柱脚节点等，其构造示例如图 3-93～图 3-96 所示。

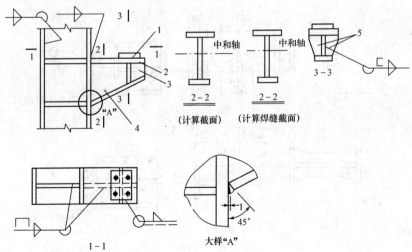

图 3-93 实腹式柱上支承吊车梁牛腿节点
1—牛腿垫板；2—牛腿上盖板；3—牛腿腹板；4—牛腿下盖板；5—牛腿加劲肋

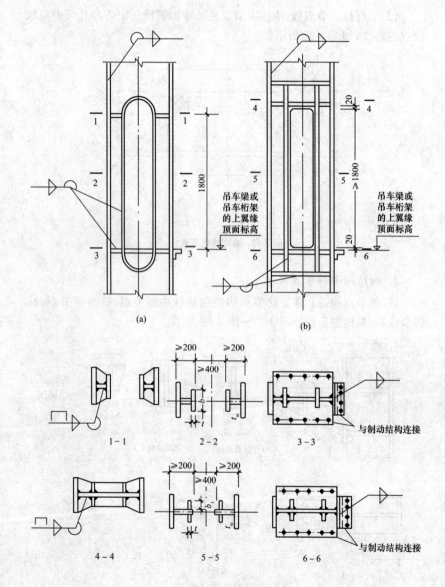

图 3-94 柱过人孔节点

第三章 水利水电工程水工建筑图识读

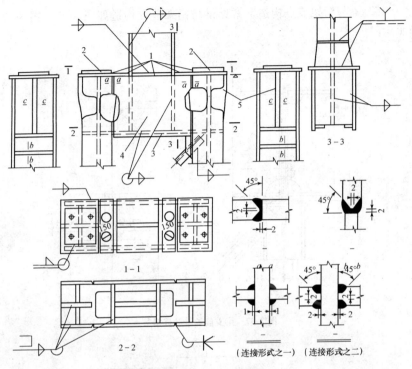

图 3-95 中列柱的单腹板式肩梁节点
1—肩梁垫板；2—肩梁上盖板；3—肩梁腹板；4—肩梁下盖板

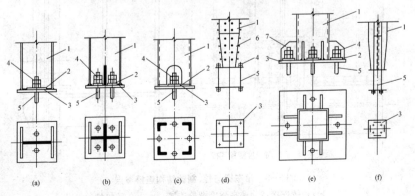

图 3-96 铰接柱脚节点
1—柱；2—垫板；3—底板；4—双螺母；5—锚栓；6—圆柱头焊钉；7—加劲肋

(2)梁与桁架节点构造。常见梁与桁架节点构造如图 3-97～图 3-99 所示。

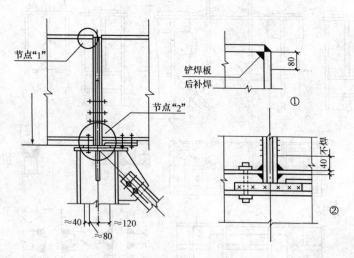

图 3-97 梁支座加劲肋连接节点

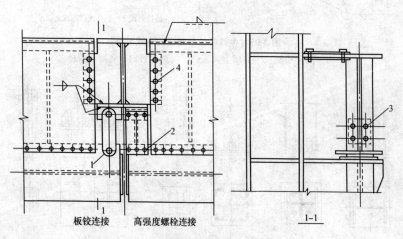

图 3-98 吊车梁与柱、制动结构连接节点
1—板铰连接；2、4—高强度螺栓连接；3—永久防松螺栓

第三章 水利水电工程水工建筑图识读

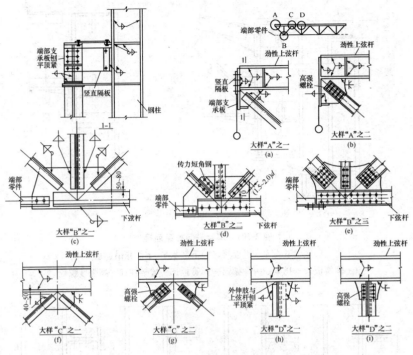

图 3-99 吊车桁架连接的节点

(a)焊接；(b)铆接或高强度螺栓连接；(c)焊接；(d)铆接或高强度螺栓连接（用于一般桁架）；
(e)铆接或高强度螺栓连接（用于重型桁架）；(f)焊接；(g)铆接或强度螺栓连接；
(h)焊接；(i)铆接或高强度螺栓连接

（3）墙架连接节点。常见墙架连接节点如图 3-100～图 3-102 所示。

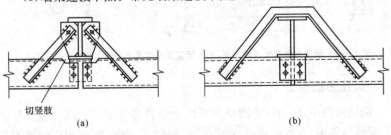

图 3-100 墙横梁与角隅撑连接

(a)支托朝下,横梁槽口向下；(b)支托朝上,横梁槽口向下

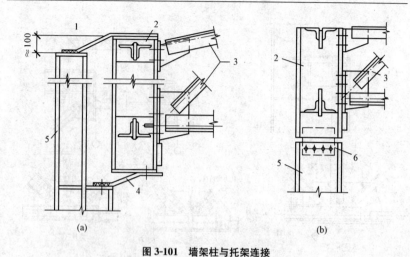

图 3-101 墙架柱与托架连接

(a)上、下均为水平连接;(b)下部水平、上部悬吊连接

1—弹簧板;2—托架;3—屋架;4—弹簧板;5—墙架柱;6—高强度螺栓

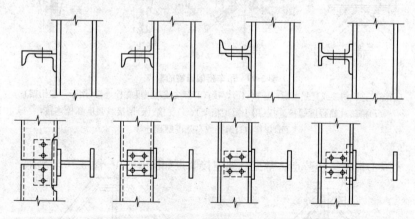

图 3-102 横梁与墙架柱连接节点(横梁可采用冷弯薄壁卷边 C 形钢和 Z 形钢)

三、压力钢管图

钢结构图中,压力钢管图应包括压力钢管布置图、管节布置图、岔管图、安装埋件图、弯管展开图、支座详图、凑合节、伸缩节、预留环缝详图及附件详图等。

1. 压力钢管布置图

压力钢管布置图如图3-103所示,应对下列内容进行标注。

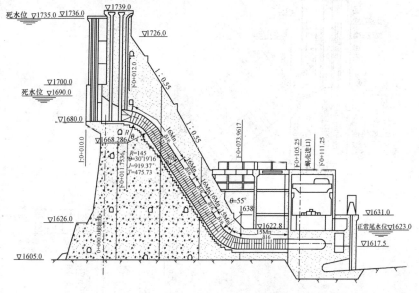

图3-103　压力钢管布置图(沿钢管中心线剖面)

(1) 作用水头(设计水头 H 和最大水头 H_{max})。
(2) 钢管内径(D_{max}、D_{min})。
(3) 管壁厚度(t_{max}、t_{min})。
(4) 钢管长度。
(5) 管型(A—明管,B—地下埋管,C—坝内埋管,BA—坝后背管)。
(6) 钢管钢种。
(7) 总工程量的工程特性表。

2. 管节布置图

压力钢管管节布置图如图3-104所示。

3. 安装埋件图

压力钢管安装可分为全埋式和浅埋式两种,如图3-105所示。

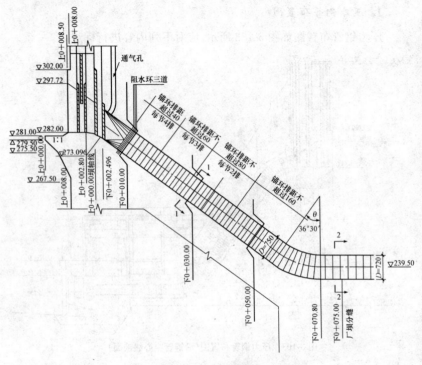

图 3-104 管节布置图

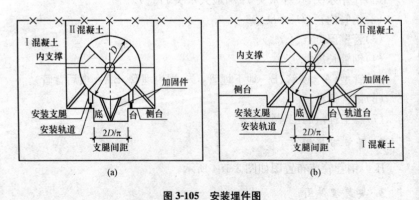

图 3-105 安装埋件图
(a)全埋式钢管安装图；(b)浅埋式钢管安装图

4. 凑合节贴角焊缝、伸缩节、预留环缝详图

(1) 凑合节贴角焊缝(图 3-106)。

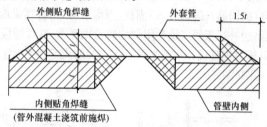

图 3-106　凑合节贴角焊缝

(2) 伸缩节(图 3-107)。

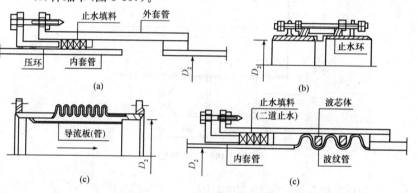

图 3-107　伸缩节图
(a)套筒式伸缩节；(b)压、盖式限位伸缩节；
(c)波纹管伸缩节；(d)波纹密封套筒式管伸缩节(或带波芯体)

(3) 预留环缝(图 3-108)。

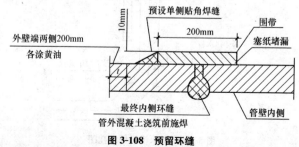

图 3-108　预留环缝

5. 附件图

压力钢管图的构件图包括：阻水环、排水槽（及排水孔）、支承环、加劲环、止推环、锚筋环（或锚筋）、进人孔、锚固板、阻滑板等，岔管腰梁或 U 形梁、月牙肋、补强环、贴边补强板等。这些附件均应绘出详图，其焊缝应按焊缝标注要求及《水电站压力钢管设计规范》(DL/T 5141)的规定分类标注。

(1) 阻水环图（图 3-109）。

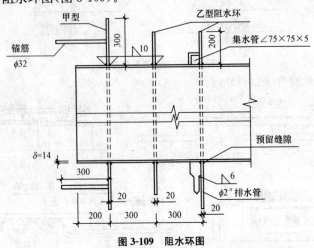

图 3-109 阻水环图

(2) 排水槽及排水孔图（图 3-110）。

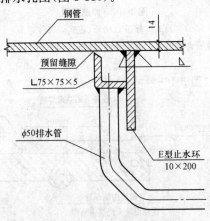

图 3-110 排水槽及排水孔图

(3) 锚筋环图(图 3-111)。

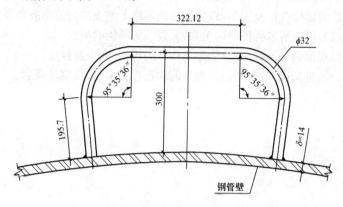

图 3-111　锚筋环图

(4) 贴边岔管补强板剖面图(图 3-112)。

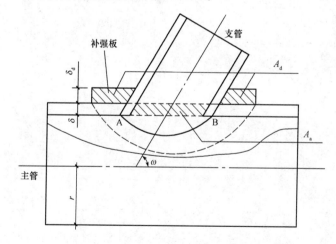

图 3-112　贴边岔管补强板剖面图

四、钢结构图识读

阅读钢结构图时,除应具备一定的读图知识外,还需要懂得各种符号的意义及标注规则。阅读重点在于弄懂杆件形状、组成、连接关系和连接

方法。具体识读方法与步骤如下:

(1)阅读标题栏及说明,以便尽可能多地了解该结构的功能和要求。

(2)通过分析各视图间的关系,大致了解结构的组成。

(3)根据编号及标注,弄清楚各构件的规格、大小及数量。

(4)通过阅读详图,理解各构件间的连接关系,形成整体概念。

第四章 水利水电工程地质图识读

第一节 概　　述

一、地质图的概念

地质图是一种将地面起伏的形态，组成的岩石及其年代，构造特征等用规定的符号、色谱、花纹予以表示的图件。地质图不仅反映野外各种地表地质现象，还将区内地层、岩石、构造和矿产等方面形成、发展的一定时间、空间规律反映出来，包括能反映地下一定深度的地质构造。

二、地质图的内容及编制要求

水利水电工程地质图主要包括综合地层柱状图，区域构造纲要地质图、区域构造纲要图，水库区综合地质图，坝址工程地质图等各类图件，对各类图件的编制应符合下列要求：

（1）各类图件的内容应符合《水利水电工程地质勘察规范》（GB 50287—2006）的要求。编制图件所应用的各项资料应经过系统整理、综合分析和全面校核。

（2）各类图件的内容不得互相矛盾，并应与工程地质勘察报告正文相互印证。凡正文中提到的建筑物都应用轴线或轮廓线在图件中标出。

（3）各类图件的内容应实用，主题突出，图面布置紧凑、协调、清晰，线条主次分明，字体端正清楚。

（4）各类图件的精度应符合《水电水利工程地质测绘规程》（DL/T 5185—2004）的要求。

（5）各类图件的编制内容和详细程度，应根据各工程的具体地质条件以及勘察设计阶段的工程地质勘察要求而定。

(6)地质平面图应标明经纬度或坐标网,并宜以正上方为北方向。当严重影响图件内容布置时,可斜置,但应标出正北方向。

(7)地质剖面图的绘制方向应以水流方向为准。顺水流的剖面图应由上游至下游从左到右绘制;跨水流的剖面图应面向下游自左向右绘制;对与水流无关或平面图上附的地质剖面图,其方向应与平面图协调。

(8)地质剖面图的纵横比例尺宜一致。当确需放大纵向比例尺时,不宜大于横向比例尺的5倍,平面地区可适当放宽。

(9)各类图件的图名宜置于正上方,平面图图名下方应绘线段比例尺。

(10)各类图件的软弱夹层、岩脉、断层、节理裂隙、滑坡、崩塌、喀斯特洞穴、泥石流、泉、井、地质点、勘探点、测试点、取样点、岩土体位移观测点、地下水动态观测点以及地质剖面线等,均应分别统一编号。

(11)各类图件中的图例编排,应按地层(从新到老)、构造、地貌、喀斯特、物理地质现象、水文地质、工程地质和各种勘察符号依次排列。

三、地质图的阅读方法和步骤

(1)阅读图名、比例尺、图例和地层柱状图。可以了解图幅区的地理位置、范围大小和制图精度。特别是可了解本区有哪些时代的地层、岩石类型、岩性特点、地层接触关系,即对地质图幅有一总体的概念。

(2)读图框内的内容。一幅地质图反映了该地区各方面地质情况。读图时一般要分析地层时代、层序和岩石类型、性质和岩层、岩体的产状、分布及相互关系。对于分析地质构造方面主要是褶皱的形态特征、空间分布,组合和形成时代;断裂构造的类型、规模、空间组合、分布和形成时代或先后顺序;岩浆岩体产状和原生及次生构造以及变质岩区所表现的构造特征等等。读图分析时,可以边阅读,边记录,边绘示意剖面图或构造纲要图。

(3)综合归纳和提出问题。通过对地质现象逐一的分析之后。应该进一步找出这些地质现象之间的内在联系。分析它们是怎样演变发展成现在所见的情况,即综合本区的地质发展概况,然后提出问题。

第二节 地质图符号

一、岩石和年代的符号

(一)沉积岩及其符号

沉积岩是在地表不太深的地方,将其他岩石的风化产物和一些火山喷发物,经过水流或冰川的搬运、沉积、成岩作用形成的岩石。沉积岩可分为碎屑岩类、黏土岩类、化学和生物岩类。

1. 沉积岩代号

沉积岩代号应符合表 4-1 的规定。

表 4-1　　　　　　　　　沉积岩代号

岩石名称	代　号	岩石名称	代　号
砾　岩	Cg	卵　石	Cb
砂砾岩	Scg	砾	G
砂　岩	Ss	砂	S
粉砂岩	St	砂砾石	Sgr
黏土岩	Cr	粉　砂	Sis
页　岩	Sh	粉　土	M
泥灰岩	Ml	黏　土	C
石灰岩	Ls	黄　土	Y
白云岩	Dm	淤　泥	Sil

2. 沉积岩花纹

(1)碎屑岩类花纹应符合表 4-2 的规定。

表 4-2　　　　　　　　　碎屑岩类花纹

岩石名称	花纹	岩石名称	花纹
砾岩		石英砂岩	

(续)

岩石名称	花纹	岩石名称	花纹
角砾岩	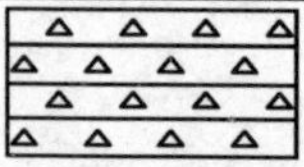	硬砂岩	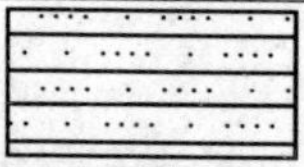
砂砾岩	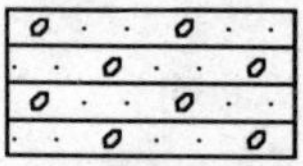	铁质砂岩	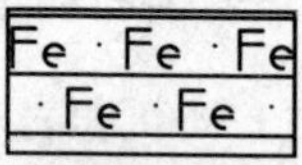
砂质砾岩	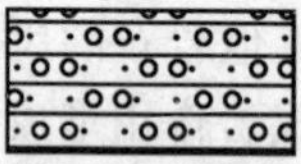	长石砂岩	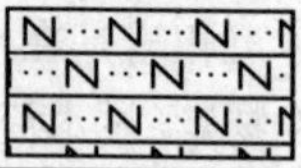
钙质砾岩	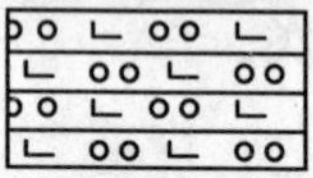	泥质粉砂岩	
硅质砾岩	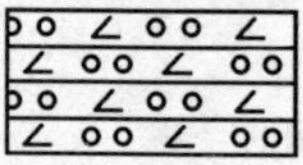	凝灰质粉砂岩	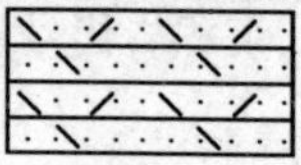
砂岩	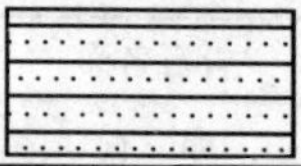	钙质砂岩	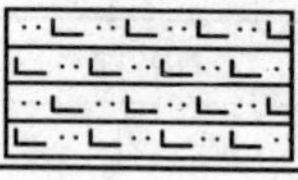

(2)黏土岩类花纹应符合表 4-3 的规定。

表 4-3　　　　　　　　黏土岩类花纹

岩石名称	花纹	岩石名称	花纹
黏土岩（或泥页岩）		铝土页岩	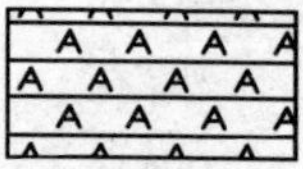
砂质黏土岩		灰质页岩	
硅质黏土岩	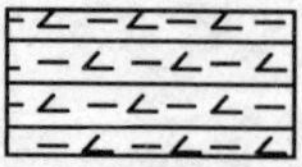	油页岩	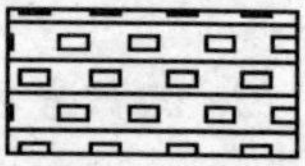
页岩	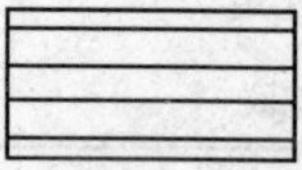	硅质页岩	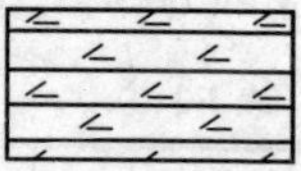
凝灰质页岩	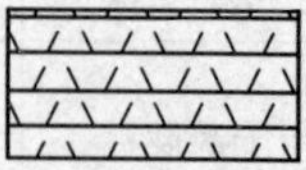	砂质页岩	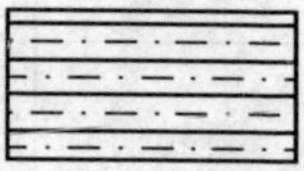

(3) 化学岩和生物岩类花纹应符合表 4-4 的规定。

表 4-4　　　　　　　　　化学和生物岩类花纹

岩石名称	花纹	岩石名称	花纹
石灰岩		硅质条带状灰岩	
泥质灰岩		竹叶状灰岩	
砂质灰岩		瘤状灰岩	
硅质灰岩		鲕状灰岩	
结晶灰岩		碎屑状灰岩	
沥青质灰岩		角砾状灰岩	
生物灰岩		砾状灰岩	
炭质灰岩		页状灰岩	
含圆藻硅质灰岩		豹皮状灰岩	
硅质结核灰岩		薄层灰岩	
含燧石结核灰岩		白云质灰岩	
泥灰岩		铝土层	
砂质泥灰岩		锰矿层	

(续)

岩石名称	花纹	岩石名称	花纹
硅质泥灰岩	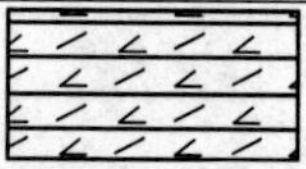	黄铁矿	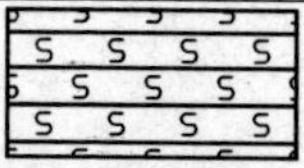
白云岩	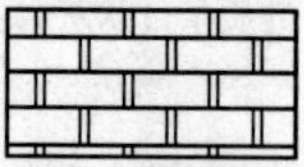	铁质层	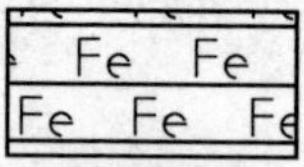
泥质白云岩	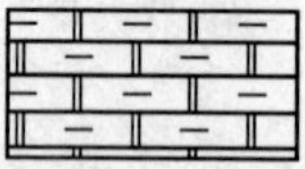	煤层	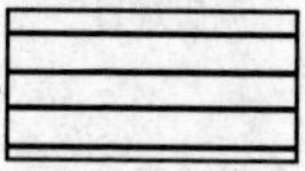
石灰华		石膏层	
磷块层	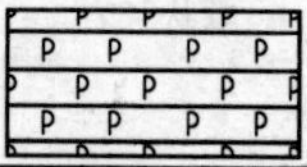	岩盐	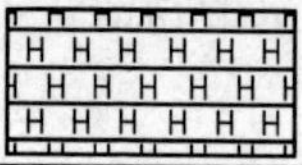

(4)松散沉积物花纹应符合表 4-5 的规定。

表 4-5　　　　松散沉积物花纹

岩石名称	花纹	岩石名称	花纹
孤石	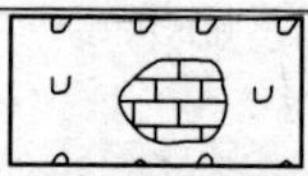	碎石	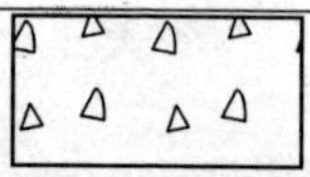
漂石		砾石	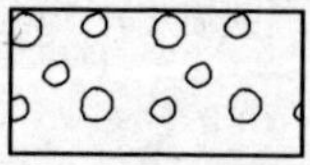
块石	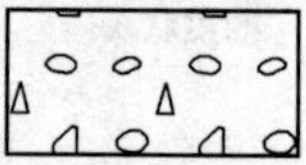	角砾	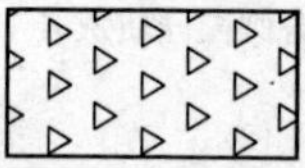
卵石	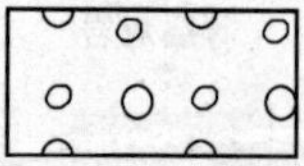	砾质土	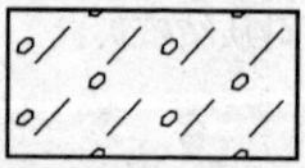
砂卵(砾)石	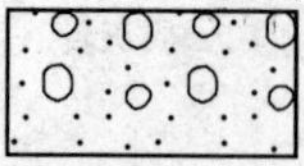	砂	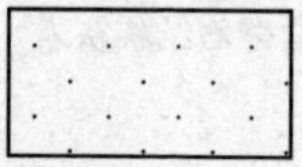
粉土	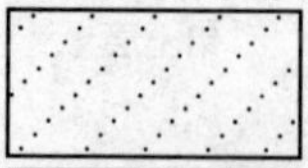	钙质结核	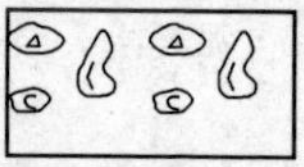
黄土	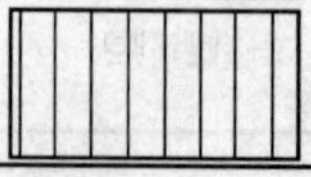	腐殖土	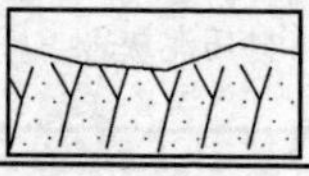

(续)

岩石名称	花纹	岩石名称	花纹
黏土	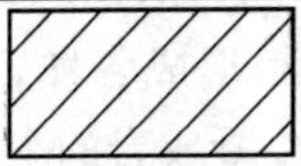	填筑土	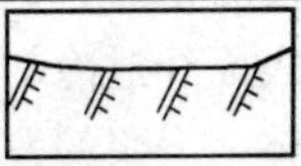
淤泥	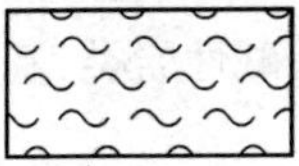	淤泥质黏土	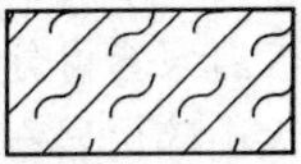
盐渍土	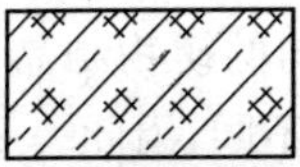	冰川泥砾	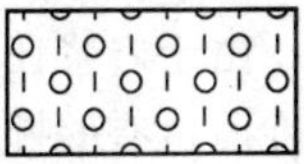
泥炭	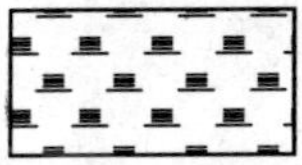	冰水沉积层	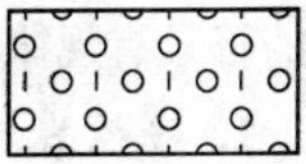
古土壤	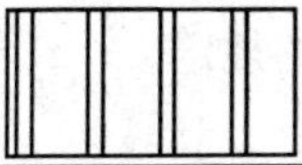		

3. 岩石符号

沉积岩岩石构造及性质符号应符合表 4-6 的规定。

表 4-6　　　　　岩石构造及性质符号

	名称	符号		名称	符号
构造	层状	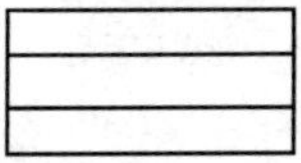	岩性	炭质	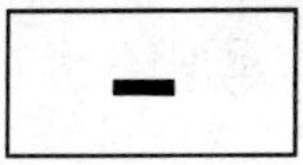
	交错层理			粉质	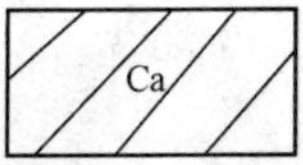 Ca
	透镜体	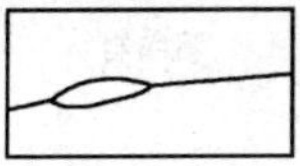		淤泥质	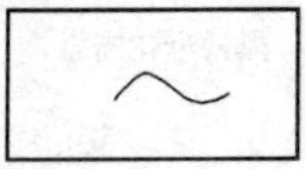
岩性	泥质	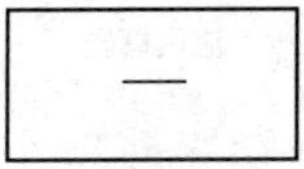		硅质	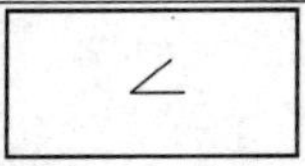
	铁质	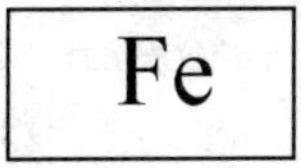 Fe		凝灰质	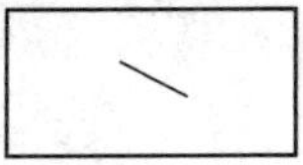
	沥青质	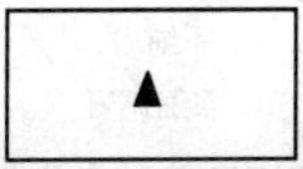 ▲			

(二)岩浆岩及其符号

岩浆岩,又称火成岩,是由地球内部的岩浆侵入到地壳中或喷发到地球表面经过冷却、凝固后而形成的。它是形成各种岩浆岩和岩浆矿床的母体。岩浆的发生、运移、聚集、变化及冷凝成岩的全部过程,称为岩浆作用。岩浆岩可分为酸性岩类、中性岩类、碱性岩类、基性岩类、超基性岩类和火山碎屑岩石类。

由于岩浆在冷却凝结时会形成不同的矿物结晶,并且岩浆本身的化学性质也有酸性、中性、基性、超基性等不同,因此表示岩浆岩时需要用不同的符号有规律的排列来表示这一特性。

1. 酸性岩类代号及花纹

酸性岩类代号、花纹应符合表 4-7 的规定。

表 4-7　　　　　　　　酸性岩类代号、花纹

岩石名称	代号	花纹	岩石名称	代号	花纹
未区分的酸性侵入岩（花岗岩类岩石）	Γ		花岗细晶岩	γ_1	
花岗岩	γ		花岗伟晶岩	$\gamma\mu$	
花岗斑岩	$\gamma\pi$		未区分的酸性喷出岩（以凝灰质为主）	Λ	
黑云母花岗岩	$\gamma\beta$		流纹岩	γ	
二长花岗岩	$\gamma\mu$		流纹斑岩	$\lambda\pi$	
二长岩	η		流纹凝灰岩	λt	
钾长花岗岩	$\epsilon\gamma$		霏细岩、霏细斑岩	$\nu\pi$	

第四章 水利水电工程地质图识读

(续)

岩石名称	代号	花纹	岩石名称	代号	花纹
斜长花岗岩	γ_0		黑锰岩	$\nu\gamma$	
白岗岩	$\gamma\nu$				

注：含不同矿物的酸性岩，可在未区分酸性岩花纹基础上附加矿物符号。

2. 中性岩类代号及花纹

中性岩类代号及花纹应符合表 4-8 的规定。

表 4-8　　　中性岩类（中酸性、中碱性）的代号、花纹

岩石名称	代号	花纹	岩石名称	代号	花纹
未区分的中性侵入岩	Δ		花岗闪长岩	γ_δ	
闪长岩	δ		石英闪长斑岩	$\gamma_{o\pi}$	
未区分的中性喷出岩（以凝灰质为主）	Λ		英安岩	ξ	
安山岩	α		安山凝灰岩	αt	

注：含不同矿物的中性岩，可在未区分中性岩花纹基础上附加矿物符号。

3. 碱性岩类代号及花纹

碱性岩类代号、花纹应符合表 4-9 的规定。

表 4-9　　　　碱性岩类的代号、花纹

岩石名称	代号	花纹	岩石名称	代号	花纹
未区分的碱性侵入岩	E		未区分的碱性喷出岩	θ	
霞石正长岩	ε		粗面岩	τ	

(续)

岩石名称	代号	花纹	岩石名称	代号	花纹
霞石正长斑岩	επ		粗面斑岩	τπ	
正长岩	ξ		响岩	ν	
石英正长岩	ξo		碱性玄武岩	χβ	
正长斑岩	ξπ				

注：含不同矿物的碱性岩，可在未区分碱性岩花纹基础上附加矿物符号。

4. 基性岩类代号及花纹

基性岩类代号、花纹应符合表 4-10 的规定。

表 4-10　　　　基性岩类的代号、花纹

岩石名称	代号	花纹	岩石名称	代号	花纹
未区分的基性侵入岩	N		未区分的基性喷出岩（以碱性为主）	B	
辉长岩	γ		玄武岩	β	
苏长岩	γo		辉斑玄武岩	βρ	
煌斑岩	X		凝灰玄武岩	βτ	
蛇纹岩	φ		安山玄武岩	αβ	
辉绿岩（玢岩）	γπ		细碧岩	βπ	

注：含不同矿物的基性岩，可在未区分基性岩类花纹基础上附加矿物符号。

5. 超基性岩代号及花纹

超基性岩代号、花纹应符合表4-11的规定。

表4-11　　　　　　　　　超基性岩类的代号、花纹

岩石名称	代号	花纹	岩石名称	代号	花纹
未区分的超基性侵入岩	Σ		辉岩	ψ_i	
纯橄榄岩	ψ		未区分的超基性喷出岩（以凝灰质为主）	Ω	
橄榄岩	σ		苦橄岩	ω	
角闪岩	ψo				

注：含不同矿物的超基性岩，可在未区分基性岩类花纹基础上附加矿物符号。

6. 火山碎屑岩类代号及花纹

火山碎屑岩类代号、花纹应符合表4-12的规定。

表4-12　　　　　　　　　火山碎屑岩类的代号、花纹

岩石名称	代号	花纹	岩石名称	代号	花纹
集块熔岩	AL		熔结角砾岩	Ib	
角砾熔岩	BL		熔结凝灰岩	It	
集块角砾熔岩			集块岩	A	
凝灰熔岩	TL		火山角砾岩	B	
熔集块岩	La		凝灰岩	T	

(续)

岩石名称	代号	花纹	岩石名称	代号	花纹
熔角砾岩	Lb		岩屑凝灰岩		
熔凝灰岩	Lt		沉集块岩	Ba	
熔角砾凝灰岩			沉火山角砾岩	Bb	
熔结集块岩	Ia		沉凝灰岩	Bt	

7. 岩脉、矿脉代号

岩脉、矿脉代号应符合表 4-13 的规定。

表 4-13　　岩脉、矿脉的代号

岩石名称	代号	岩石名称	花纹
石英脉	q	结晶岩脉	τ
酸性岩脉	γ	伟晶岩脉	p
中性岩脉	δ	超基性岩脉	Σ
基性岩脉	N	碱性岩脉	k
煌斑岩脉	X	蛇纹岩脉	φω
玢岩脉	μ	方解石脉	Ca
辉长岩脉	V	矿脉	Au

注：字母为代号，数字为编号，如需绘花纹时，可参照各类侵入岩花纹。矿脉的代号以元素符号表示。

(三)变质岩及其符号

变质岩是指受到地球内部力量(温度、压力、应力的变化、化学成分等)改造而成的新岩石。固态的岩石在地球内部的压力和温度作用下,发生物质成分的迁移和重结晶,形成新的矿物组合。

按变质作用类型和成因,把变质岩分为下列岩类。

(1)区域变质岩类,由区域变质作用所形成。

(2)热接触变质岩类,由热接触变质作用所形成,如斑点板岩等。

(3)接触交代变质岩类,由接触交代变质作用所形成。

(4)动力变质岩类,由动力变质作用所形成,如压碎角砾岩、碎裂岩、碎斑岩等。

(5)气液变质岩类,由气液变质作用形成,如云英岩、次生石英岩、蛇纹岩等。

(6)冲击变质岩类。由冲击变质作用所形成。

1. 变质岩矿物的符号及代号

变质岩矿物的符号、代号应符合表 4-14 的规定。

表 4-14　　　　变质岩矿物的符号、代号

矿物名称	矿物符号	代号	矿物名称	矿物符号	代号
方柱石		Sc	锂辉石		Spo
方解石		Cal	蓝闪石		Gl
绿泥石		Chl	直闪石		Ant
磁铁矿		Mt	云母		Mc
黄铜矿		Cp	黑云母		Bi
石英		Qz	白云母		Ms
钾长石	K	Po	绢云母		Ser
正长石	T		金云母		Phl
斜长石	N	Pl	锂云母		Lit

(续)

矿物名称	矿物符号	代号	矿物名称	矿物符号	代号
辉石		Pr	橄榄石		Ol
紫苏辉石		Hy	电气石		Tou
透辉石		Di	蓝晶石		Ds
十字石		Sfa	硅灰石		Wo
尖晶石		Sd	滑石		Tc
角闪石			叶蜡石		Pyl
透闪石		Ho	蛇纹石		Ser
次闪石			堇青石		Cor
阳起石		Ac	霓石		
红柱石			硅线石		
霞石			符山石		Vl
帘石			磷灰石		Ap
绿帘石		Ep	石墨		Ghp
石榴石		Gr	刚玉		Ads

2. 变质岩的代号

变质岩的代号应符合表 4-15 的规定。

表 4-15　　　　　　变质岩的代号

岩石名称	代号	岩石名称	花纹
片麻岩	Gn	麻粒岩	Gg
片岩	Sc	变质火山碎屑岩	Mv
千枚岩	Ph	变粒岩	Gr

(续)

岩石名称	代号	岩石名称	花纹
板岩	Sl	变质砂岩	Mss
石英岩	Qu	云英岩	Gs
矽卡岩	Sh	大理岩	Mb
角页岩	Hor	混合岩	Mi
角岩	Hs	混杂岩	Hr

3. 变质岩的花纹

变质岩的花纹应符合表 4-16 的规定。

表 4-16　　　　变质岩的花纹

岩石名称	花纹	岩石名称	花纹
混合岩	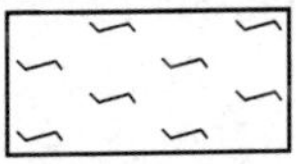	混合片麻岩	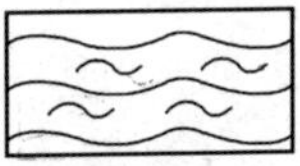
斑点状混合岩	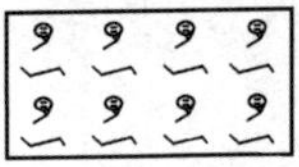	片麻岩	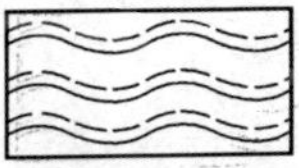
眼球状混合岩	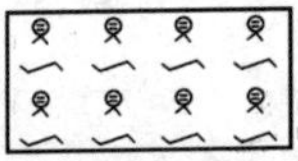	花岗片麻岩	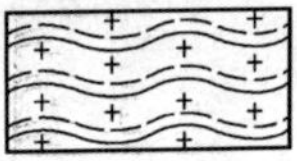
香肠状混合岩	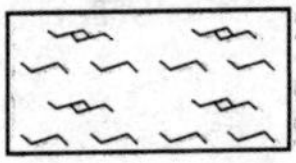	黑云片麻岩	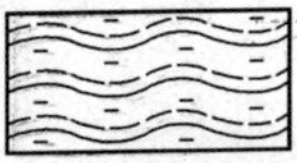
条纹(痕)状混合岩	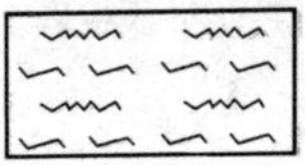	斜长片麻岩	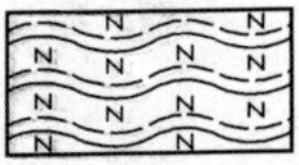
分枝状混合岩	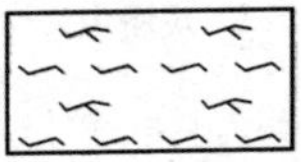	二长片麻岩	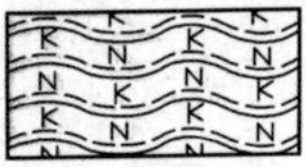
角砾状混合岩	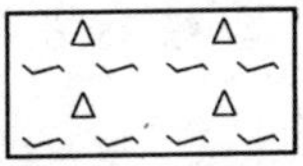	黑云钾长片麻岩	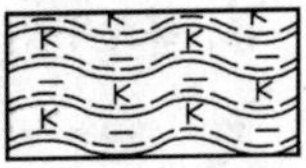
雾迷状混合岩	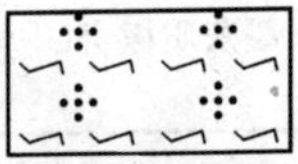	角闪斜长片麻岩	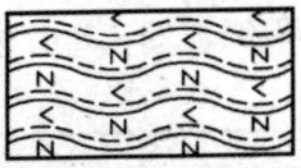

(续)

岩石名称	花纹	岩石名称	花纹
混合花岗		二云钾长片麻岩	
角闪雾迷状混合岩		片岩	
斜长角闪均质混合岩		石英片岩	
条带状混合质二云片岩		角闪片岩	
云母片岩		绢云绿泥千枚岩	
绿泥片岩		板岩	
蓝闪片岩		钙质板岩	
滑石片岩		硅质板岩	
石榴片岩		砂质板岩	
角闪石英片岩		炭质板岩	
斜长绿泥片岩		绿泥板岩	
角闪石榴云母片岩		凝灰质板岩(中性)	

(续)

岩石名称	花纹	岩石名称	花纹
千枚岩		麻粒岩	
钙质千枚岩		辉石麻粒岩	
石英千枚岩		紫苏麻粒岩	
绢云母千枚岩		变粒岩	
绿泥千枚岩		角闪变粒岩	
黑云变粒岩		绿帘石大理岩	
斜长角闪变粒岩		石榴石辉大理岩	
变质砂岩		矽卡岩	
石英岩		透辉石矽卡岩	
长石石英岩		硅灰石矽卡岩	
变流纹岩		透辉石石榴石矽卡岩	
变安山岩		内矽卡岩（原岩为闪长岩）	
变玄武岩		方柱石矽卡岩	

(续)

岩石名称	花纹	岩石名称	花纹
大理岩		方柱石石榴石矽卡岩	
白云质大理岩		角岩	
白云石大理岩		斑点角岩	
含石英大理岩		石英角岩	
蛇纹石大理岩		绢云母角岩	
矽线石角岩		电气石岩	
堇青石角岩		硅化	
红柱石黑云母角岩		高岭土化	
闪长质混杂岩		大理岩化	
围岩蚀变(用于平面图)绿泥石化		矽卡岩化	
绿帘石化		角岩化	
绢云母化			

注:在各类变质岩,如片麻岩(未分)、片岩(未分)等的基础上,附加矿物符号或其他特别符号,则可对它们进一步分类。

(四)构造岩及其符号

构造岩是由于变形作用使岩石的结构和构造,甚至矿物成分发生变化,形成一种组构、矿物成分与原岩不同的新类型岩石。

按组构特征及其形成过程中物质运动的性质,构造岩可划分为两个基本类型:

(1)S构造岩。以面型(S面)组构要素为特征的岩石。S面泛指由颗粒边界的优选方位或由矿物形成的成分层而显现的一些面状构造。在S面构造岩形成过程中,沿S面发生剪切滑动,其运动形式具有单斜对称性,并导致矿物晶格或形态定向排列,产生某种组构。

(2)B构造岩。以线型(线理)组构要素为特征的岩石。B代表变形主轴(变形椭球体的中轴)或旋转轴。由于构造变动的复杂性,自然界中常见的是一些复合的构造岩。

构造岩的花纹应符合表 4-17 的规定。

表 4-17　　　　　　　　　构造岩的花纹

岩石名称	花纹	岩石名称	花纹
断层泥		千糜岩	
超糜棱岩		断层角砾岩	
糜棱岩		构造状片岩	
压碎岩		碎裂岩	
碎块岩		玻状岩	

(五)第四系地质及其符号

第四系地质一般是指覆盖在地表上最新形成的地质内容,主要是残坡积物、冲洪积物。它们的质地很疏松,成分不复杂,分布在一定的位置上,厚度一般不很大,通常为沙、砾石、腐殖物沉积构成。

在地质图上,当基岩被第四纪地层覆盖时,就需要将这些疏松沉积物所造成的原因、它们的物质和年代表示出来。在一般情况下,表示年代和成因是用文字符号或者用颜色标出,而被说明的物质是用线划符号。

第四纪堆积物成因类型的代号应符合表 4-18 的规定。

表 4-18　　　　第四纪堆积物成因类型的代号

成因类型	代号	成因类型	代号
冲积	Q^{al}	残坡积	Q^{edl}
洪积	Q^{pl}	崩积	Q^{col}
冲洪积	Q^{pal}	地滑堆积	Q^{del}
残积	Q^{el}	湖积	Q^{l}
坡积	Q^{dl}	沼泽堆积	Q^{f}
湖沼堆积	Q^{fl}	海陆交互堆积	Q^{mc}
冰川堆积	Q^{gl}	生物堆积	Q^{b}
冰水堆积	Q^{fgl}	化学堆积	Q^{ch}
火山堆积	Q^{V}	人工堆积	Q^{s}
风积	Q^{eol}	洞穴堆积	Q^{ca}
海积	Q^{ml}	泥石流堆积	Q^{sef}

注:对复合成因类型的代号,采用相应成因类型代号相加。

(六)地质的年代和代号

地质年代是指地球上不同时期的岩石和地层,在形成过程中的时间(年龄)和顺序。它包含两方面含义:一是指各地质事件发生的先后顺序,称为相对地质年代;二是指各地质事件发生的距今年龄,由于主要是运用同位素技术,称为绝对地质年代。

第四章　水利水电工程地质图识读

地质年代是研究地壳地质发展历史的基础，也是研究区域地质构造和编制地质图的基础。

1. 地层划分

地层划分单位及术语应符合表4-19的规定。

表4-19　　　　　　地层划分单位及术语一览表

使用范围	地层类别				
	年代地层单位	岩石地层单位	生物地层单位	地质年代单位	其他类地层
国际性的	宇 界 系 统		生物带 组合带 时限带 极顶带	宙 代 纪 世	矿物的、沉积环境的、地震波的、地磁的
全国性或大区域性的	（统） 阶 带			（世） 期 时	
地方性的		群 组（岩组）① 段（岩段） 层	间隔带 其他种类的 生物带	时（时代、 时期）	矿物的、沉积环境的、地震波的、地磁的
地方性的 （辅助性 地层单位）		杂岩 亚群、亚组			

① 中深变质岩地区，在未查清地质年代的情况下，可先建立岩组、岩段的相对层序，其命名可用地方性代表性剖面的地理名称或加有关岩性名称。

2. 地质年代代号

(1)年代地层单位代号应符合表4-20的规定。

表 4-20　　年代地层单位代号(界、系、统的代号)

界	系		统		距今年龄(百万年)
新生界 Kz	第四系 Q		全新统 Q_4		0.012
			更新统 Qp	上更新统 Q_3	
				中更新统 Q_2	
				下更新统 Q_1	2 或 3
	第三系 R	上第三系 N	上新统 N_2		12
			中新统 N_1		25
		下第三系 E	渐新统 E_3		40
			始新统 E_2		60
			古新统 E_1		70
中生界 Mz	白垩系 K		上　统 K_2		
			下　统 K_1		137
	侏罗系 J		上　统 J_3		
			中　统 J_2		
			下　统 J_1		195
	三叠系 T		上　统 T_3		
			中　统 T_2		
			下　统 T_1		230
古生界 Pz	上古生界 Pz_2	二叠系 P	上　统 P_2		
			下　统 P_1		285
		石炭系 C	上　统 C_3		
			中　统 C_2		
			下　统 C_1		350
		泥盆系 D	上　统 D_3		
			中　统 D_2		
			下　统 D_1		405
	下古生界 Pz_1	志留系 S	上　统 S_3		
			中　统 S_2		
			下　统 S_1		440
		奥陶系 O	上　统 O_3		
			中　统 O_2		
			下　统 O_1		500
		寒武系 ϵ	上　统 ϵ_3		
			中　统 ϵ_2		
			下　统 ϵ_1		570
元古界 Pt	上元古界 Pt_3	震旦系 Z	南方: 震旦系 上统 Zb	北方: 震旦系上统 Z_3	
				震旦系中统 Z_2	
			震旦系下统 Za	震旦系下统 Z_1	1100
	中元古界 Pt_2				1700
	下元古界 Pt_1				2500
太古界 Ar			上太古界 Ar_2		3500
			下太古界 Ar_1		4500

注:1. 前寒武系 $An\epsilon$、前震旦系 Anz。

2. Z_1、Z_2、Z_3 适用于三分法区域,Za、Zb 适用于两分法区域。

3. 时代不明的变质岩 M。

4. 涉外工程可采用当地的地层单位代号。

(2) 地质体年代单位代号的注记应符合表 4-21 的规定。

表 4-21　　　　　　　地质体年代单位代号的注记

名称	代号	说　明
界 亚界 系 统	Pz Pz_1 Q J_1	均采用国际通用名称，不另命名。亚界及统的数字为正等线体，数字中线与界、系、统代号底边平
阶	$\epsilon_3 b$	在统的代号后加阶名汉语拼音第一个字母小写正体。如同一统内阶名第一个字母重复，则时代较新的阶名在第一个字母之后，再加最近一个正体子音字母
群		在界、系或统的代号后加群名两个汉语拼音字母小写斜体，第一个是拼音的头一个字母，第二个是拼音最近的子音字母。字母底边与界、系代号在同一水平线上
组	$\epsilon_2 d$	在系或统的代号后，加组名汉语拼音头一个小写任何字母。如同一个统或系内组名第一个字母有重复，则年代较新的组在头一个字母之后再加上最接近的一个小写斜体子音字母，字母的底边与系、统的代号在同一水平线上
段	$\epsilon_3 f^1$	段的代号在阶或组的代号右上角注以数字正等线体，数字上边与系上边在同一水位线上
层	$\epsilon_1 m^{1-2}$	层的代号在段的代号右上角加连接号注以正等线体

注：1. 各处代号在用外文和汉语拼音字母表示时，第一字为正体大写，第二字为同级小写。

2. 跨统、跨系和时代不确定的地层单位代号对于两个时代相邻而未划分清楚的地方性地层用"－"号，如未划分的侏罗系中、上统用 J_{2-3}，合并两统的符号用"＋"号，如侏罗系中、上统合并时为 J_{2+3}。在时代上可能属于上统，也可能属于中统则用"/"号表示，如 D_2/D_3 表示泥盆系中统或泥盆系上统。

(3) 岩浆岩年代单位代号应符合表 4-22 的规定。

表 4-22　　　岩浆岩年代单位代号(以花岗岩为例)

新生代花岗岩 γ_6	晚第三纪 γ_6^3		喜山期	晚期 中期 早期
	早第三纪	γ_6^2 γ_6^1		
中生代花岗岩 γ_5	白垩纪 γ_5^3		燕山期	晚期 早期
	侏罗纪 γ_5^2			
	三叠纪 γ_5^1		印 支 期	
古生代花岗岩 γ_{3+4}	晚生古代花岗岩 γ_4	二叠纪 γ_4^3	华力西期	晚期 中期 早期
		石炭纪 γ_4^2		
		泥盆纪 γ_4^1		
	早生古代花岗岩 γ_3	志留纪 γ_3^3	加里东期	晚期 中期 早期
		奥陶纪 γ_3^2		
		寒武纪 γ_3^1		
前寒武纪花岗岩 γ_{1+2}	元古代花岗岩 γ_2	晚元古代 γ_2^3	晋宁期	
		中元古代 γ_2^2		
		早元古代 γ_2^1		
	太古代花岗岩 γ_1	晚太古代 γ_1^2		
		早太古代 γ_1^1		

(七)色标

地质图色标是印制地质图件的依据和色相标准。地质图色标也是地质体年代符号的补充,地质体年代和地层单位的划分,可以从图上的不同色相得到体现。地质图的用色应统一色标,按地层自老至新,岩浆岩由超基性至酸性,色标由深至浅的原则。大比例尺地质图的用色,可根据实际情况按上述原则编制,但同一工程的地质图用色应纯正,对不利的工程地质现象,应采用醒目的颜色表示。

1. 全国统一地质图色标

全国统一地质图色标应符合表 4-23 的规定。

第四章 水利水电工程地质图识读

表 4-23 地质图色标

名 称	色 标	色 号
第四系 全新统	Q_4 ⎫	1～2
第四系 上更新统	Q_3 ⎬ 浅黄	3～4
第四系 中更新统	Q_2 ⎬	5～7
第四系 下更新统	Q_1 ⎭	8～9
		10
第三系 上第三系	N ⎫ 中黄	11～17
第三系 下第三系	E ⎭	18～26
		27
白垩系 上统	K_2 ⎫ 草绿	28～31
白垩系 下统	K_1 ⎭	32～35
		36
侏罗系 上统	J_3 ⎫	37～41
侏罗系 中统	J_2 ⎬ 天蓝	42～46
侏罗系 下统	J_1 ⎭	47～51
		52
三叠系 上统	T_3 ⎫	53～56
三叠系 中统	T_2 ⎬ 紫红	57～59
三叠系 下统	T_1 ⎭	60～65
		66
二叠系 上统	P_2 ⎫ 土黄	67～70
二叠系 下统	P_1 ⎭	71～78
		79

(续)

名 称	色 标	色 号
石炭系 上统	C_3 ⎫	80～83
石炭系 中统	C_2 ⎬ 灰棕	84～87
石炭系 下统	C_1 ⎭	88～93
		94
泥盆系 上统	D_3 ⎫	95～100
泥盆系 中统	D_2 ⎬ 棕	101～103
泥盆系 下统	D_1 ⎭	104～109
		110
志留系 上统	S_3 ⎫	111～114
志留系 中统	S_2 ⎬ 草绿	115～118
志留系 下统	S_1 ⎭	119～122
		123
奥陶系 上统	O_3 ⎫	124～127
奥陶系 中统	O_2 ⎬ 深绿	128～131
奥陶系 下统	O_1 ⎭	132～135
		136
寒武系 上统	ϵ_3 ⎫	137～140
寒武系 中统	ϵ_2 ⎬ 墨绿	141～144
寒武系 下统	ϵ_1 ⎭	145～148

第四章 水利水电工程地质图识读

(续)

名　称		色　标		色　号
震旦系	上统	Z_3		149～150
	中统	Z_2	枯黄	151～154
	下统	Z_1		155～156
元古界		Pt_3		157～164
		Pt_2	深黄	165～172
		Pt_1		173～178
太古界		A_r	红黄	179～190

2. 岩石性质分层色标

岩石性质分层色标应符合表 4-24 的规定。

表 4-24　　　　　　　　岩石性质分层色标

色标		色号	色标		色号
蓝紫色	泥质沉积岩	65	蓝色	中性火山岩	260～262
蓝色	钙质沉积岩	65	绿色	基性火山岩	260～262
棕色	砂质沉积岩	65	桔红色	碱性火山岩	260～262
黄—桔红色	酸性火山岩	65	未变质前颜色	变质岩	

3. 岩浆岩色标

岩浆岩色标应符合表 4-25 的规定。

表 4-25　　　　　　　　岩浆岩色标

名称		色标		色号
侵入岩	酸性	γ	大红	214
	中酸性		棕红	222
	中性	δ	棕黄	234
	碱性	E	桔黄	256
	基性	N	深绿	239
	超基性	Σ	紫玫瑰	247

4. 岩浆岩分层色标

岩浆岩分层色标应符合表 4-26 的规定。

表 4-26　　　　　　　　　　岩浆岩分层色标

名称		色标		色号
深成侵入岩	花岗岩	γ	大红	214
	闪长岩	δ	橙红	193
	正长岩	ε	橙色	256
	碱性岩	κ	桔黄	255
	基性岩	ν	深绿	239
	超基性岩	ψ	玫瑰	246
喷出岩	粗面岩	τ	橙色	266
	流纹岩	λ	橙红	259
	安山岩	α	蓝	262
	玄武岩	β	绿	265

注：各类岩浆岩上色，均按由老到新，颜色由深至浅，不分侵入岩、喷发岩，色标同一，注明代号以示区别。

二、地质构造符号

一幅地质图上，除了画上地形的起伏形态和岩石的分布以外，还要说明这些岩石是否经历过造山运动和造陆运动，以致发生褶曲、断层和不整合等现象，并应该用各种符号来表示这些构造的性质和分布。

1. 地层、岩层分界线符号

地层、岩层分界线符号应符合表 4-27 的规定。

第四章 水利水电工程地质图识读

表 4-27　　　　　　　　地层、岩层分界线符号

名称	符号	名称	符号
实测地层界线（正常）		部分地段整合部分地段不整合界线	
推测地层界线（正常）		接触性质不明	
实测地层不整合界线		交代侵入接触	
推测地层不整合界线		混合侵入接触	
实测平行不整合界线		侵入岩与围岩接触面产状	50°
推测平行不整合界线		实测岩层界线（平面图）	
构造不整合界线		推测岩层界线（平面图）	
火山喷出不整合界线		实测岩层界线（剖面图）	
平行不整合界线		推测岩层界线（剖面图）	

2. 层理、片理等的产状要素符号

层理、片理等的产状要素符号应符合表 4-28 的规定。

表 4-28　　　　　　　层理、片理等的产状要素符号

名称	符号	名称	符号
岩层产状	66°	倾斜片理具流线及流线的倾向	40°
直立岩层产状		倾斜流面构造	20°
倒转岩层产状		水平流面构造	◆
层面带擦痕（擦痕倾斜方向）		垂直流面构造	◆

(续)

名称	符号	名称	符号
层面带擦痕（擦痕方向平行岩层走向）	←┼→	倾斜流面具流线及流线的倾向	40°
层面带擦痕（擦痕方向垂直岩层走向）	↑	水平流线构造	
片理叶理及片麻理走向、倾向、倾角	35°	倾斜流面构造	
水平片理及片麻理	◇	垂直流线构造	←┼
垂直片理及片麻理	◈		

3. 褶皱符号

褶皱符号应符合表 4-29 的规定。

表 4-29　　　　　　　　褶皱符号

| 名称 | 符号 | | 名称 | 符号 | |
	小比例尺	中比例尺		小比例尺	中比例尺
背斜轴线			倾伏的背斜轴线		
向斜轴线			倾伏的向斜轴线		
倒转背斜轴线			短轴背斜		
倒转向斜轴线			短轴向斜		
隐伏（推测）背斜轴线			穹隆构造		
隐伏（推测）向斜轴线			盆地构造		

4. 断层符号

断层符号应符合表 4-30 的规定。

表 4-30　　　　　　　　　　　断层符号

名称	符号 平面	符号 剖面	名称	符号 平面	符号 剖面
实测正断层	↓50°		推测逆掩断层	↓20°	
推测正断层	↓50°		活动断层	60°	
实测逆断层	↓40°		实测断层线		
推测逆断层	↓40°		推测断层线	- - -	
实测平移断层		│	掩埋断层		
推测平移断层		│	断层影响带	✕✕✕	
实测逆掩断层	↓20°		断层破碎带		

5. 节理、裂隙、劈理符号

节理、裂隙、劈理符号应符合表 4-31 的规定。

表 4-31　　　　　　　　　　　节理、裂隙、劈理符号

名　称	符　号	名　称	符　号
倾斜节理、裂隙	35°	泥质充填节理裂隙	Jn5 60°
水平节理、裂隙		铁锰质充填节理裂隙	Jt4 60°
垂直节理、裂隙		石英或硅质充填节理裂隙	Jq11 60°

(续)

名称	符号	名称	符号
柱状节理	⬡ 70°	方解石或钙质充填节理裂隙	Jf9 60°
节理、裂隙面带倾斜擦痕	30°	绿色矿物充填节理裂隙	JL10 60°
节理、裂隙面带倾斜擦痕		节理密集带	
张节理、裂隙	Jz3 60°	劈理	
剪节理、裂隙	Jj15 60°	层面裂隙	
碎石充填节理裂隙	Js8 60°		

6. 地质力学符号

地质力学常用符号应符合表 4-32 的规定。

表 4-32　　　　地质力学常用符号

名称	符号	名称	符号
压性断裂或冲断裂（带齿盘为上冲盘）		张扭性旋扭断裂（齿与弧线所夹锐角示所在盘相对运动反方向）	
张性断裂（带齿盘为下落盘）		性质不明断裂	
扭性断裂（齿与主断裂呈锐角指向，齿示主断裂呈锐角指向，齿示所在盘相对扭动方向）		性质不明推测断裂 挤压破碎带	
压扭性断裂（齿示向所在盘相对斜冲方向）		千枚岩糜棱岩带	
张扭性断裂（齿示向所在盘相对斜落方向）		构造角砾岩碎裂岩带	
		背斜轴	

第四章 水利水电工程地质图识读

(续)

名称	符号	名称	符号
压扭性旋钮断裂(齿与弧线所夹锐角示所在盘相对运动反方向)		倒转背斜轴	
倒转向斜轴		向斜轴	
锐近槽地或盆地(晚第三纪~第四纪)		"S"形构造	
白垩纪槽地或盆地		反"S"形构造	
隆起岩块		莲花状构造	
坳陷岩块		涡轮状构造	
"多"字形构造		连环状构造	
"山"字形构造		环状构造	
压扭性帚状构造(箭头表示外旋层相对扭动方向)		棋盘格式构造	
张扭性帚状构造(箭头表示外旋层相对扭动方向)		"入"字形构造	

7. 构造体系符号

构造体系符号应符合表4-33的规定。

表4-33　　　　构造体系符号

构造体系	构造形迹					
	压性断裂	压扭性断裂	张性断裂	张扭性断裂	复背斜复向斜	背斜向斜
纬向构造体系						

(续)

构造体系			构造形迹					
			压性断裂	压扭性断裂	张性断裂	张扭性断裂	复背斜复向斜	背斜向斜
径向构造体系								
扭动构造体系	近华夏系							
	新华夏系	晚期						
		晚期						
扭动构造体系	华夏系							
	河西系							
	西域系							
	山字形							
	巨型"S"反"S"形							
	旋扭构造							
未归属构造系	弧形							
	北东东向							
	古北东向							
	北西向							
	其他							

第四章 水利水电工程地质图识读

8. 板块构造符号

板块构造符号应符合表 4-34 的规定。

表 4-34　　　　　　　　板块构造符号

名称	符号	名称	符号
蛇绿岩带	OP	活动的扩张脊及转换断层	
混杂堆积	M	不活动的扩张脊	
高压低温变质带		板块的缝合线	
板块俯冲带		裂谷	
板块逆冲带		深断裂	

9. 地震符号

地震符号应符合表 4-35 的规定。

表 4-35　　　　　　　　地震符号

名称	符号	名称	符号
震中及强度 $\frac{震级}{发震时间}$	$\frac{7.5}{1976}$	地震烈度(度)	Ⅶ
古地震及震级	7	地震动加速度区划线	0.03g　0.015g

三、地貌符号

地貌是指地球表面的高低起伏状态,如陆地上的山地、平原、河谷、沙丘,海底的大陆架、大陆坡、深海平原、海底山脉等。根据地表形态规模的大小,有全球地貌,有巨地貌,有大地貌、中地貌、小地貌和微地貌之分。

大陆与洋盆是地球表面最大的地貌单元,较小的地貌形态如有在流水和风力作用下形成的沙垄和沙波等。地貌是自然地理环境的重要要素之一,对地理环境的其他要素及人类的生产和生活具有深刻的影响。

1. 河谷、湖泊、海洋地貌符号

常见河谷、湖泊、海洋地貌符号应符合表 4-36 的规定。

表 4-36　　　　　　常见河谷、湖泊、海洋地貌符号

名　称	符　号	说　明
"V"形谷		
"U"形谷、箱形谷		
不对称河谷		
缓坡谷	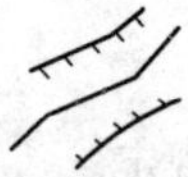	
水流切割悬谷		
侵蚀阶地	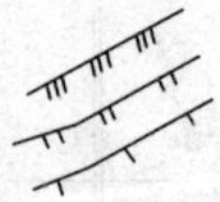	
堆积阶地		绘于阶地的前缘 齿数表示阶地的级数
侵蚀堆积不分阶地		

(续)

名　称	符　号	说　明
滑坡阶地		
河岸天然堤		
牛轭湖		
湖泊及聚水池		
普通湿度的沼泽		
河岸和漫滩		
裂点		
冲积扇		
冲积锥		
洪积扇		
分水岭界线		1—不对称；2—对称

(续)

名　称	符　号	说　明
海堆积阶地		
离堆山		
古河道		如为埋藏或推测的两边线用虚线表示
湖堆积阶地		数字为相对高度(m)
湖蚀、海蚀阶地		
间歇河		
瀑布		
决口口门		
冲沟		
谷底冲刷		

2. 构造剥蚀地貌符号

常见构造剥蚀地貌符号如图 4-1 所示。

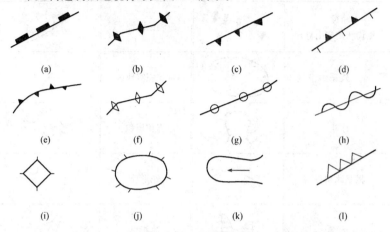

图 4-1　常见构造剥蚀地貌符号

(a)断层阶地;(b)窄陡山脊;(c)断层崖;(d)单斜山;
(e)锯齿状山脊;(f)尖顶山脊;(g)圆顶山脊;(h)平缓山脊;
(i)方山;(j)剥蚀残山;(k)谷中谷;(l)断层三角面

3. 火山地貌符号

火山地貌符号如图 4-2 所示。

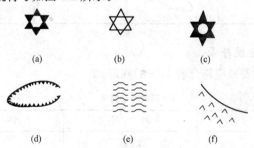

图 4-2　火山地貌符号

(a)死火山;(b)活火山;(c)火山口、火山锥;
(d)火山通道;(e)熔岩流;(f)火山堆积阶地

4. 冰川地貌符号

冰川地貌符号应符合表 4-37 的规定。

表 4-37　　　　　　　　　冰川地貌符号

名称	符号	名称	符号
鳍脊（锯齿状陡窄山脊）		剥蚀阶地	
鼓丘		常年积雪地区	
冰斗		终积尾积	
槽状冰川谷		蛇形丘	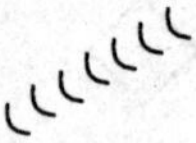
悬谷		冰积阜	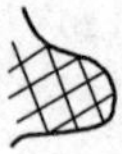
悬谷口的阶梯	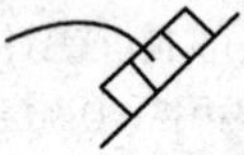	冰川堆积阶地	 数字为相对高度(m)
羊背石		冰水堆积阶地	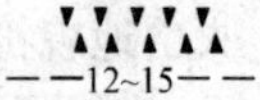 —–12~15—–

5. 风成地貌符号

风成地貌符号应符合表 4-38 的规定。

表 4-38　　　　　　　　　风成地貌符号

名　称	符　号	说　明
风蚀残丘		
风蚀阶地		

(续)

名　称	符　号	说　明
风蚀盆地或泽地		
沙堆沙丘		
垅岗沙丘		箭头指向移动方向
新月沙丘		箭头指向移动方向
风沙堆积阶地	5~10	数字为相对高度(m)

6. 人工地貌符号

人工地貌符号如图 4-3 所示。

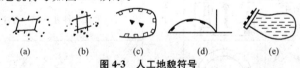

(a)　　(b)　　(c)　　(d)　　(e)

图 4-3　人工地貌符号

(a)废矿堆；(b)废矿井；(c)采石场；(d)古墓；(e)水库及大坝

四、喀斯特和物理地质现象符号

(一)喀斯特符号

喀斯特(KARST)即岩溶,是水对可溶性岩石(碳酸盐岩、石膏、岩盐等)进行以化学溶蚀作用为主,流水的冲蚀、潜蚀和崩塌等机械作用为辅的地质作用,以及由这些作用所产生的现象的总称。由喀斯特作用所造成地貌,称喀斯特地貌(岩溶地貌)。喀斯特地貌分布在世界各地的可溶性岩石地区。

喀斯特符号应符合表 4-39 的规定。

表 4-39　　　　　　　　　　喀斯特符号

名称	符号 平面	符号 剖面	说　明
溶洞	(符号 30°)	可按实际形状绘出	斜线和数字为溶洞的倾斜方向和倾角。埋藏溶洞以虚线表示,有水者加"~",有充填者即在符号内绘类似充填物符号或花纹
溶斗或漏斗	(符号)		有水者在符号内加"~",有充填物的则注上充填物符号或花纹
天然井	(符号)		平面图上,有水者在符号内加"~",有充填物的则注上充填物符号或花纹,剖面上有水的以"▼"表示
落水洞	(符号)		
溶蚀洼地	(符号)		
溶蚀侵蚀洼地	(符号)		
石笋、钟乳石、石柱	(符号 1 2 3)		1—石笋;2—钟乳石;3—石柱
天生桥	(符号)		
伏流	(符号)		水流隐没或水流开始漏失的地点
溶沟或溶槽	(符号)		
暗河入口流向出口	(符号)		
盲谷	(符号)		
地下干谷	(符号)		

(二)物理地质现象符号

1. 风化带分界线符号

风化带分界线符号应符合表 4-40 的规定。

表 4-40　　　　　　　风化带分界线符号(适用于剖面图)

名　称	符　号	名　称	符　号
全风化带下限	—××××	弱风化带下限	—××
强风化带下限	—×××	微风化带下限	—×

2. 其他物理地质现象符号

其他物理地质现象符号应符合表 4-41 的规定。

表 4-41　　　　　　　　其他物理地质现象符号

名称	符号	名称	符号
草地沼泽		停止发展的滑坡体界限	
泥炭沼泽		湿陷	
变形体		岩锥	
滑坡		雪崩	
正在发展的滑坡体界限		卸荷裂隙	
盐渍化		多年冻土	
崩塌		季节性冻土	
陡岸及崩塌堆积[①]		岩石倾倒体	

（续）

名称	符号	名称	符号
陡岸及崩塌堆积②		坐落体	
泥石流			

① 适用大比例尺。
② 适用小比例尺。

五、水文地质符号

水文地质是指自然界中地下水的各种变化和运动的现象。

1. 岩石含水类型代号

岩石含水类型代号应符合表 4-42 的规定。

表 4-42　　　　　岩石含水类型代号

类　型	代　号	类　型	代　号
孔隙性含水层	$K\omega$	孔隙—裂隙性含水性	$K\text{-}L\omega$
喀斯特含水层	$G\omega$	相对隔水层或不透水层	$Ge\omega$
裂隙性含水层	$L\omega$		

2. 岩石富水性花纹

岩石富水性花纹见表 4-43。

表 4-43　　　　　岩石富水性花纹

名　称	花　纹	名　称	花　纹
富水性极弱的		富水性强的	
富水性弱的		富水性极强的	
富水性中等的			

3. 岩土体渗透性分级花纹

岩土体渗透性分为强透水、中等透水、弱透水、微透水和极微透水五个级别，在绘制其花纹的同时还应注明岩石的含水类型。岩土体渗透性分级花纹应符合表 4-44 的规定。

表 4-44　　　　　　　　　岩土体渗透性分级花纹

范围	渗透性分级	花纹	渗透性界限（下限）
岩石	强透水		
	中等透水		
	弱透水		
	微透水		
	极微透水		
	极强透水		
	强透水		
	中等透水		
	弱透水		
	微透水		
	极微透水		

4. 地下水化学特性花纹及符号

地下水化学特性花纹及符号应符合表 4-45 的规定。

表 4-45　　　　　　　地下水代号特性花纹及符号

地下水名称	用于分区或分带的花纹	用于水文点符号		
		泉	井	钻孔
淡水		○	井字	◎
微咸水	V V V	⊙	井字(点)	⊙
半咸水		◐	井字(半)	◐
咸水	T T T	●	井字(实)	⦿

5. 水文地质现象和水文地质试验符号

水文地质现象和水文地质试验符号应符合表 4-46 的规定。

表 4-46　　　　　水文地质现象和水文地质试验符号

名称	符号		说明
	平面	剖面	
承压水水位高度	52.4 / 40.85	ZK7 承压水水位 52.40 76.11测量日期 承压水顶板高程 40.86	平面:分子为承压水。水位:分母为承压水。顶板高程(m)
潜水位	15.0	▽713.0潜水位 76.1.1测量日期	平面:分母为潜水位(m)
地下水等水位(压)线	-44- -42-	1 ▽▽▽ 2 ▽	1—预测的;2—天然的

第四章 水利水电工程地质图识读

(续)

名称	符号 平面	符号 剖面	说明
地下水流向	↘		
河床漏水区段	$Q_0=53$		Q_0 表示漏水量,单位为 L/s
地下水分水岭			
承压含水层边界	+++++++++		
下降泉	编号 涌水量 高程 1 2		1—淡水泉; 2—矿化泉
上升泉	1 2		
湿地泉	333		
悬挂泉			
季节泉			
间歇泉			
喀斯特泉	1 2		
温泉	76℃		
地震后流量减少的泉			

(续)

名称	符号		说明
	平面	剖面	
地震后干枯的泉			
地震后出现的泉			
地震后流量增加的泉			
自流水钻孔			
导水断层	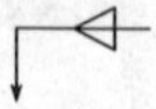		
地下水横越断层	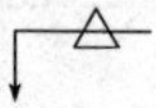		
阻水断层	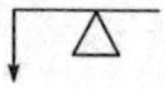		
单孔抽水试验		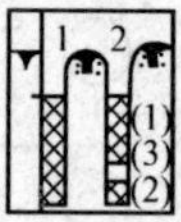	剖面为钻孔过滤器。 1. 水情观察过滤器。 2. 抽水过滤器。 (1)过滤器; (2)沉淀器; (3)止水设备
群孔抽水试验	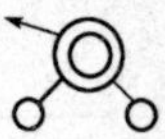		
钻孔注水试验			小比例尺剖面图中钻孔可用单线表示,岩芯获得率或RQD(左)透水率或渗透系数(右)
单孔压水试验			

(续)

名称	符号		说明
	平面	剖面	
群孔压水试验	⊙→		
水井抽水试验	↑□		
探坑抽水试验	↑▱		
探坑注水试验	TK4 ▨ 0.001/4.0 2.5		渗透系数(m/d) 坑深(m) 水位埋深(m)
连通试验	⊙		

6. 渗透性指标代号

渗透性指标代号应符合表 4-47 的规定。

表 4-47　　　　渗透性指标代号

名称	代号	单位	名称	代号	单位
水位	H	m	渗透速度	v	m/d
水位降深	S	m	渗透速度	v_{kp}	m/d
渗透系数	K	m/d	实际渗透速度	u	m/d
平均渗透系数	K_p	m/d	水力坡度	I	
单位涌水量	q	L/(s·m) 或 t/(h·m)	影响半径	R	m
涌水量	Q	L/s 或 t/h	给水度	μ	
透水率	q	Lu	矿化度	M	g/L

六、工程地质现象符号

工程地质现象是指由于人类在工程建设活动中所引起的地质环境改

变而产生的地质现象。如果这类地质现象严重,则会威胁工程建设的安全及场地的利用,所以必须预测工程地质现象的发生、发展,以便采取相应的防治措施,是工程地质学的主要任务之一。

1. 节理、裂隙统计符号

节理、裂隙统计符号应符合表 4-48 的规定。

表 4-48　　　　　　　　　节理、裂隙统计符号

名　称		符号
极点图用	闭合裂隙	●
	张开裂隙	○
	含充填物的裂隙	△
	5～10 条同类裂隙	◎
	10 条以上同类裂隙	◉
裂隙频率(条数/m^2) 裂隙率(裂隙面积/m^2)		○ $\frac{11}{0.025}$

2. 水利工程地质现象符号

水利工程地质现象符号应符合表 4-49 的规定。

表 4-49　　　　　　　　　水利工程地质现象符号

名　称	符　号	说　明
渗漏区	$Q=1.2$	$Q=1.2$ 为渗透量 单位:L/s
涌水区	$Q=3.5$	$Q=3.5$ 为涌水量 单位:L/s
浸没区		
滴水区	$Q=1.5$	$Q=1.5$ 为涌水量 单位:L/s

第四章 水利水电工程地质图识读

(续)

名　称	符　号	说　明
滴水处		
管涌		
与地基有关的建筑物的变形		
错断		
边坡坍塌		
下沉		
崩塌堆积		
层状崩塌堆积		
隧洞顶板塌陷(冒顶)		
隧洞底板隆起		
洞口塌落		

名 称	符 号	说 明
隧洞底板塌陷		
隧洞边帮塌落		
隧洞涌水		
边坡变形的渠道		
滑坡裂隙		

3. 岩土物理力学性质参数代号

岩土物理力学性质参数代号应符合表 4-50 的规定。

表 4-50　　　　　岩土物理力学性质参数代号

名　称	代号	单位	名　称	代号	单位
崩解量	A_c	%	相对密度	D_r	%
曲率系数	C_c		孔隙比	e	
不均匀系数	C_u		最大孔隙比	e_{max}	
最小孔隙比	e_{min}		水下状态天然休止角	α_w	(°)
土粒比重	G_s		压缩系数	α_v	MPa^{-1}
毛管水上升高度	H_k	m	黏聚力	C	MPa
耐崩解性指数	I_d	%	抗剪断黏聚力	C'	MPa
液限指标	I_L		承载比	CBR	%
塑限指标	I_p		压缩指数	C_c	

第四章 水利水电工程地质图识读

(续)

名 称	代号	单 位	名 称	代号	单 位
渗透系数	K	cm/s 或 m/d	回弹指数	C_s	
粒度模数	M		固结系数	$C_v g$	cm^2/s
孔隙率	n	%	弹性模量	E	MPa
膨胀压力	p_s	MPa	动弹性模量	E_d	MPa
透水率	q	Lu	变形模量	E_o	MPa
饱和度	S_r	%	回弹模量	E_e	MPa
岩石径向自由膨胀率	V_D	%	压缩模量	E_s	MPa
岩石轴向自由膨胀率	V_H	%	割线模量	E_{s0}	MPa
岩石侧向约束膨胀率	V_{Hp}	%	摩擦系数	$f\mathrm{tg}\phi$	
含水率	ω	%	抗剪断摩擦系数	f	
吸水率	ω_a	%	岩石坚固系数	f	
液限	ω_L	%	剪切模量	G	
塑限	ω_p	%	点荷载强度	I_s	MPa
缩限	ω_n	%	临界水力比降	J_{cr}	
最优含水率	ω_{op}	$	弹性抗力系数	K	MPa
饱和吸水率	ω_{sa}	$	单位弹性抗力系数	K_0	MPa/m
密度	ρ	g/cm^3	冻融系数	K_{fm}	
膨胀率	δ_e	%	岩体完整性系数	K_v	
线缩率	δ_o	%	单轴抗压强度	R	MPa
体缩率	δ_v	%	允许承载力	$[R]$	MPa
干燥状态天然休止角	α_c	(°)	岩体应力	τ	MPa
围岩强度应力比	S		岩石抗拉强度	σ_τ	MPa
灵敏度	S_t		湿陷性系数	δ_s	
泊桑比	μ		总湿陷量	Δ_s	m
纵波速度	ν_p	m/s	侧压力系数	λ	
横波速度	ν_s	m/s	内摩擦角	ϕ	
固结度	υ		抗剪断强度	τ'	MPa
抗剪强度	τ	MPa			

4. 工程地质分区界线符号

工程地质分区界线符号应符合表 4-51 的规定。

表 4-51　　　　　　　　　工程地质分区界线符号

名称	符号	名称	符号
工程地质区界线	——	工程地质区编号	Ⅰ
工程地质亚区界线	——	工程地质亚区编号	Ⅰ1
工程地质地段界线	——	工程地质地段编号	Ⅰ1-A

七、其他勘察符号与代号

1. 其他勘察符号

其他勘察符号应符合表 4-52 和表 4-53 的规定。

表 4-52　　　　　　　　　其他勘察符号(1)

名　称	符　号	说　明	名　称	符　号	说　明
地质点及编号	D11	D11-代号及编号	裂隙统计点	L10	L10-代号及编号
观察路线	D1 D2 D3 D4		摄影地点		
动物化石产地		据化石类型特征来绘	钻孔摄影		
植物化石产地			钻孔电视		
非金属矿产产地			静力载荷试验		
金属矿产产地	Fe2	Fe2-矿产代号及矿点号	岩体直剪试验	2	2-编号
天然气产地			承压板变形试验	E2	E2-代号及编号

第四章 水利水电工程地质图识读

(续)

名称	符号	说明	名称	符号	说明
天然建材产地		适用于小比例尺图,符号为建材种类	振动试验点		
正在开采的矿山			自重湿陷试验点		
废弃的矿山			载荷试验点		
废弃的矿洞			物探点		
水样采取地点		5—编号	管涌试验点		
岩样取样地点			灌浆试验		1—直线灌浆;2—连续灌浆
土样取样地点		1—扰动样;2—原状样	地钻钻孔		1—已完成的;2—计划的

表 4-53　　其他勘察符号(2)

名称	符号		说明
	平面	剖面	
钻孔	ZK1 $\frac{831.4}{221}$ (10)	ZK1 $\frac{831.4}{221}$　ZK1-1　ZK1-2	1—已完成的;2—计划的编号 $\frac{地面高程(m)}{孔深(m)}$ 覆盖层厚度(m)
斜钻孔	80°		箭头表示倾斜方向,数字为倾角
静力触探试验孔			

(续)

名称	符号		说明
	平面	剖面	
动力触探试验孔	▽(圆内)		
钎探或轻便触探试验孔	↓(圆内)		
标准贯入试验孔	↓(圆内带十字)		
十字板剪力试验孔	⊕		
横压试验孔	←●→(圆内)		
采取岩土样钻孔	⊝(横纹圆)	ZK8 ZK8-1 ZK8-2 ZK8-3 ZK8-4	取样位置及编号
平硐	PD05 $\frac{765.00}{54.30}$	PD05 $\frac{765.00}{54.30}$	编号$\frac{高程(m)}{硐深(m)}$
竖井	SJ4 $\frac{656.5}{25.5}$	SJ4 $\frac{656.5}{25.5}$	编号$\frac{高程(m)}{井深(m)}$
探槽	TC12 $\frac{656.5}{1.6}$	TC12 $\frac{656.5}{1.6}$	编号$\frac{高程(m)}{深度(m)}$
探坑	1 ☐ 2 ◨ TK4 $\frac{4.0}{}$ 2.5	TK4 221 坑号/高程	平面 1—无水；2—有水 $\frac{编号}{深度(m)}$水位埋深(m)

(续)

名　　称	符　　号	说　明	名　　称	符　　号	说　明
试验基坑			地基沉陷观测点		可分别编号
孔内回水消失			气象观测点		
孔内孔壁掉块			测施堰		
孔内孔壁崩塌			水文站		
滑坡长期观测点			水位站		
风化速度长期观测站			建筑物轮廓		
河流冲刷长期观测剖面线			建筑物轴线		
地下水动态长期观测井		可分别编号	正常蓄水位线	⊢ 57.3 ⊣	正常蓄水位：NTL
地下水动态长期观测孔			建议开挖界线		
地下水动态长期观测泉			重要工业区		
构造长期观测点			地质剖面线	1　　1′	

2. 其他勘察代号

其他勘察代号应符合表 4-54 的规定。

表 4-54　其他勘察代号

名称	代号	名称	代号
钻孔	ZK	裂隙	L
大口径钻孔	ZKd	地质点	D
平硐	PD	综合试样	ZH
竖井	SJ	直剪试样	KJ
探槽	TC	抗压试样	KY
探坑	TK	原状试样	YZ
泥化夹层	NJ	扰动试样	RD
断层	F 或 f	水样	SY
节理	J	物探	WT

第三节　水利水电工程地质图识读

一、综合地层柱状图识读

综合地层柱状图是研究区域地层形成年代、岩性岩相特点和区域构造的主要图件，如图 4-4 所示。综合地层柱状图应包括地层系统、代号、柱状图、厚度、地（岩）层描述和主要地质特征等栏目。

1. 综合地层柱状图的编制要求

(1) 地层系统栏中地层单位的划分应根据地质测绘比例尺和具体需要而定。编排顺序自上而下，从新到老。

(2) 柱状图栏中比例尺的选择，应以能清晰反映描述内容为准。对厚度比较小的软弱夹层、喀斯特化岩层、相对隔水层等，应扩大比例尺或以符号突出表示。

(3) 在柱状图栏中应反映各地层单位的岩性、厚度、接触关系、岩浆岩侵入情况和化石等。

(4) 厚度栏中地层厚度应按柱状图比例尺绘制，并标注数值。当同一地层厚度不一时，应写出厚度区间值；当地层厚度过大时，可用折断划法表示。

第四章 水利水电工程地质图识读

××工程
综合地层柱状图

地层系统					代号	柱状图比例1:10000	地层厚度 m	地层描述及主要地质特征	备注
界	系	统	阶(组)	段	层				
新生界 K_z	第四系 Q	全新统				Q_4		0~130		
	第三系 R	上第三系 N	××组			N_2		85~140		
		下第三系 E				E_{2-3}		56~85		
中生界 M_z	侏罗系 J	上统 J_3	××组			J_3b		120~145		
		中统 J_2	××组	上段	3	J_2b^{2-3}		135~173		
					2	J_2b^{2-2}		85		
					1	J_2b^{2-1}		110		
				下段	2	J_2b^{1-2}		130~170		
					1	J_2b^{1-1}		100		
		下统 J_1	××组			J_1y		145~150		
	三叠系 T	上统 T_3	××组	上段	2	T_3g^{2-2}		82.00		
					1	T_3g^{2-1}		93~114		
				下段	2	T_3g^{1-2}		66		
					1	T_3g^{1-1}		95~102		
			××组	上段		T_3x^3		70		
				中段		T_3x^2		110		
				下段		T_3x^1		64		
		中统 T_2	忙怀组			T_2m		360~485		
上古生界 P_{z2}	二叠系 P	上统 P_2	玄武岩组	上段		$P_3\beta^3$		70		
				中段		$P_3\beta^2$		115		
				下段		$P_3\beta^1$		62		
		下统 P_1	茅口组			P_1m		>200		

审查		校核		制图		图号	

注：本图若与平面地质图合绘，可删去签字栏。

图 4-4 综合地层柱状图

(5)地层描述栏中,可按下列顺序进行描述:

1)名称、颜色、结构和构造、矿物成分。

2)沉积岩的成层状态、胶结类型、胶结物性质、胶结程度、相变情况和化石名称等。对第四纪地层,还应说明成因类型和物质成分。

3)岩浆岩的生成顺序、产出形式及与围岩的接触关系。

4)变质岩的岩性、变质程度、变质类型以及变质相带。

5)软弱岩层、软弱夹层、喀斯特化岩层等工程地质性质不良岩层。

6)水文地质特性等。

2. 综合地层柱状图的编制方法与步骤

(1)整理该区地层资料。地层资料可通过搜集或实测而获得,研究地层层位、厚度、岩性特征及其变化,作好并层和统一进行编号等工作。

(2)选取比例尺。根据工作的精度和地层总厚度,选择适当的比例尺。再按工作任务定出应表示的内容栏目,在方格纸上设计表格宽度,画好图框、表格纵线和图头。

(3)柱状图长度确定。根据地层总厚度按比例尺截取柱状图的长度,再从上至下或从下至上,逐层按累加厚度进行分层,并标注各单层厚度。此时,应考虑到需省略、夸大与合并等地层的位置。

(4)接触关系确定。用规定符号在柱状图上表示各地层不同类型的接触关系。

(5)花纹图案。用规定的花纹和符号在柱状图上逐层填注其岩性与化石。

(6)标注与描述。标注地层年代、地层名称、地层代号、岩性描述等栏目。岩性描述一栏要求简要地描述岩石特征,包括颜色、层厚、岩石名称、结构、构造和化石、矿产等。

(7)其他。标注图名与比例尺,置于图框正上方。在图框右下方绘制责任表,注明资料来源、编图者名称和编图日期等。

二、区域地质图识读

区域地质图是根据较大范围内的地质、地形、地貌调查资料编制而成,研究区域地质背景的主要图件,对其进行识读的主要内容如下:

(1)区域地貌形态类型、地貌单元、水系变迁情况,与现代构造活动有关的洪积扇、阶地。

(2)区域内岩浆岩、变质岩和沉积岩的分布、范围。

(3)区域地质构造基本情况。

(4)区域水文地质情况。

(5)工程场地位置等。

三、区域构造纲要图识读

区域构造纲要图是进行区域构造稳定性分析的主要图件,如图 4-5 所示。一般要求用醒目的方法表达各类型、各级别的褶皱、断裂和其构造形迹在时间上分布规律,及其对岩浆岩和矿床的控制作用。

阅读区域构造纲要图时应主要注意以下内容:

(1)区域构造格架展布、区域性大断裂、活断层、发震断裂及其产状和性质,地热(温泉、热海及其温度)。

(2)历史中、强震震中分布等。

四、水库综合地质图识读

水库区综合地质图是研究和评价水库区工程地质条件的主要图件,如图 4-6 所示。

阅读水库区综合地质图时应主要注意以下内容:

(1)地貌形态:河流阶地、阶级,古河道、埋藏谷、洼地等。

(2)地层岩性:地层、年代、岩性、岩相及接触关系。

(3)地质构造:岩层产状,褶皱形态,断层和破碎带及其产状、性质、延伸情况。

(4)喀斯特和物理地质现象:喀斯特形态的分布与规模,滑坡体、崩塌体、坍滑体、采空区、塌陷区、潜在不稳定岩土体等。

(5)水文地质、工程地质:井、泉及其类型、高程、流量或水位(注明观测日期);渗漏或可能渗漏的地段和渗漏方向;坍岸和浸没的预测范围,以及库岸稳定性分段。

(6)其他:勘探点,岩土体位移监测点,地下水动态观测点,地质剖面线,坝轴线,正常蓄水位线及高程,与水库工程有关的城镇、厂、矿以及交通线路等。

五、坝址及其他建筑物区工程地质图识读

坝址及其他建筑物区工程地质图,是评价坝址及其他建筑物区工程地质条件,研究建筑物类型、总体布置和加固处理措施的主要图件,如图4-7所示。

阅读坝址及其他建筑物区工程地质图时除应包括地形地貌、地层岩性、地质构造等一般地质现象外,还应包括下列内容:

(1)岩基中的软弱岩层、软弱夹层、易风化岩层、石膏夹层、喀斯特化岩层、岩脉等;土基中的软土、膨胀土、湿陷性黄土、冻土、有机质土、粉细砂和架空结构等。

(2)活断层、顺河断层、缓倾角断层及其他缓倾角结构面、节理裂隙密集带、蚀变带、卸荷带,以及倒转褶皱和叠瓦式构造等。

(3)滑坡体、崩塌体、坐落体、泥石流、古河道和河床深潭等。

(4)潜在不稳定岩土体或不稳定岩坡。

(5)各类喀斯特形态、喀斯特渗透通道等。

(6)水文地质现象。

(7)岩土体工程地质分类或分区。

(8)勘探点、地质剖面线、建筑物轮廓线或轴线、正常蓄水位线等。

六、喀斯特区水文地质图识读

喀斯特区水文地质图,是研究喀斯特区水库与其他建筑物地段水文地质工程地质条件的主要图件,如图4-8所示。喀斯特水文地质图是论证设计方案和防渗处理措施的重要依据。

阅读喀斯特区水文地质图时应重点包括以下内容:

(1)地貌形态:与喀斯特发育有关的地形地貌要素,如河谷裂点、阶地、侵蚀面、剥蚀面、古河道、地形分水岭、低邻谷等。

(2)地层岩性:可熔岩与非可熔岩界线,突出表示强喀斯特化岩层。

(3)地质构造:岩层产状、褶皱形态、断裂构造的产状、性质、延伸情况等。

(4)喀斯特现象:各种喀斯特形态的分布、高程、规模、延伸连通情况,地下洞穴和暗河应投影表示。

(5)物理地质现象:滑坡体、崩塌体、坍滑体、潜在不稳定岩土体、蠕变

体、泥石流等。

(6)水文地质：含水层或透水层，相对隔水层，地下水露头点及其性质、高程、流量，地下水流向，地下水分水岭及其高程，渗透通道等。

(7)喀斯特渗透程度分区(段)，并附喀斯特水文地质剖面图。

(8)其他：勘探点、地下水动态观测点、连通试验地段、建议防渗处理范围、地质剖面线、主要建筑物轮廓线、正常蓄水位线等。

七、天然建筑材料产地分布图识读

天然建筑材料产地分布图是反映天然建筑材料产地分布、数量、质量和运输条件的主要图件，如图 4-9 所示。

阅读天然建筑材料产地分布图时主要应包括以下内容：

(1)料场名称、编号、种类(砂砾料、土料、石料、掺和料)、范围。

(2)主要建筑物、交通线、居民点。

(3)各产地概况一览表，内容包括材料种类、料场名称、分布高程、勘察级别、料场面积、无用层与有用层平均厚度、无用层体积、有用层储量及质量，以及距坝址(或主要建筑物)距离、开采与运输条件等。

八、天然建筑材料料场综合地质图识读

天然建筑材料料场综合地质图，是反映各料场地质条件、储量、计算范围和质量分区的主要条件，对其进行阅读时应主要注意以下内容：

(1)地形地貌、河流阶地。

(2)土层成因类型，岩层岩性、产状。

(3)主要断层、节理裂隙密集带的分布及产状。

(4)耕地、林场范围及其他标志。

(5)储量计算范围线及储量计算汇总表。

(6)各料场试验成果汇总表。

(7)质量分区界线。

(8)勘探点(线)位置及编号、孔坑深度、取样点位置及编号、地质剖面线等。

九、实际材料图识读

实际材料图是反映实际完成各种地质勘察工作的图件，对其进行识

读时,主要内容如下:
(1)不同比例尺工程地质测绘的范围、地质点、地质剖面线及其编号。
(2)物探点、物探剖面线及其编号。
(3)钻孔、平洞、竖井、坑、槽及其编号、高程。
(4)取样点、测试点、标本和化石采集点及其编号。
(5)岩土体位移监测点、地下水动态观测点、摄影或录像点及其编号。
(6)主要建筑物轴线或轮廓线。
(7)钻孔、平洞等勘探点情况汇总表,以及勘察工作量统计表。

十、坝址及其他建筑物工程地质剖面图识读

坝址及其他建筑物工程地质剖面图,是坝及其他建筑物地段的工程地质条件在垂直和水平方向综合反映的主要图件,也是分析评价工程地质条件和研究加固处理措施的基本资料,如图 4-10 所示。

阅读坝址及其他建筑物工程地质剖面图时应主要包括以下内容:
(1)"坝址及其他建筑物区工程地质图"的相关内容。
(2)综合反映岩体风化分带、卸荷带、喀斯特形态及充填物、河水位、地下水位、岩体工程地质分类(级),坝址轴线剖面图应有岩体渗透性分级界线和建议防渗帷幕范围线。
(3)主要工程地质剖面图宜有简要的工程地质说明。

十一、土基工程地质剖面图识读

工程地质剖面图是依一定比例尺和图例表示某一方向垂直切面上的工程地质现象的图件。土基工程地质剖面图如图 4-11 所示,对其进行识读时应主要阅读以下内容:
(1)地貌形态:河流阶地的类型、阶级。
(2)地层岩性:土层名称、性质、分层厚度、岩相及其变化。土层突出反映软土;砂砾石土层突出反映粉细砂和架空结构。
(3)地质构造:微层理结构,第四纪以来断层活动迹象。
(4)水文地质:透水层、相对隔水层、河水位、地下水位(注明观测日期和高程)。
(5)勘探点、取样点、测试点及各种原位测试的成果曲线。

(6)主要建筑物轴线或轮廓线、正常蓄水位线。

(7)工程地质说明或工程地质分段,建议防渗或加固处理的范围和深度。

十二、坝(闸)址渗透剖面图识读

坝(闸)址渗透剖面图,是反映岩土体渗透特性,评价渗漏条件,计算渗漏量,研究防渗处理措施的主要图件,如图4-12所示,对其进行识读时,应主要阅读以下内容:

(1)一般地质现象。

(2)强透水层和相对隔水层的分布、地下水与河水的补排关系、岩土体渗透性分级。

(3)潜水位、承压含水层顶板及其稳定水位、河水位(注明观测日期)、正常蓄水位线。

(4)可能产生的管涌、潜蚀、软化、液化等现象,应用特殊符号表示。

(5)水文地质说明,必要时附渗漏计算表和计算公式。

十三、钻孔柱状图识读

钻孔柱状图是反映地下地质情况的主要图件,也是编制综合性地质图件和评价工程地质问题的基本图件,对其进行识读时,应主要阅读以下内容:

(1)钻孔柱状图宜包括地层单位、层底高程、层底深度、层厚、柱状图及钻孔结构、岩心采取率、RQD、裂隙密度、风化特性、地质描述、透水率或渗透系数、不同含水层的地下水位及观测日期、承压水的初见水位和稳定水位及其观测日期、取样点深度及编号、测试点深度及编号、电阻率、纵波波速、钻孔电视、摄影位置等栏目及文字说明。

(2)柱状图栏中宜表明地层岩性、断层、破碎带、岩脉、蚀变带、岩层接触关系、钻孔各段的孔径、套管下入深度、止水位置等,对软弱夹层、喀斯特洞穴等应突出表示。

(3)地质描述栏中宜说明岩石名称、颜色、成分、结构、构造、软弱夹层的性状,岩石风化和完整程度,断层、破碎带和节理裂隙密集带的宽度、充填物质、胶结情况,喀斯特洞穴的规模和充填情况等;土层名称、颜色、物质成分、结构特征、物理性质、状态、胶结物成分和胶结情况。对土层中的粉细砂、软土和架空结构等应着重予以描述。

(4)文字说明中宜记录钻进方法、钻进情况、回水颜色及水量的突变情况,不良地质因素引起的卡钻、掉钻、坍孔、漏砂等现象和位置等。

(5)土基钻孔柱状图应反映各种原位测试成果。

十四、展示图识读

展示图是反映平洞、竖井、探坑、探槽中地质情况的图件,也是分析评价工程地质问题的基本资料。如图 4-13 所示为平洞展示图,对展示图进行识读时,应重点注意以下内容:

(1)平洞展示图宜绘制洞顶和两壁,采用以洞顶为基准,两壁掀起俯视展示格式。应标明坐标、高程、方向,洞深以洞口洞顶中心线为准。洞口明挖部分应进行描绘,掌子面素描图可根据地质情况选绘。

(2)井展示图宜绘制相邻两壁,平列展开,并注明井壁方向。圆井展示图以 90°等分线剖开,取相邻两壁平列展开。应标明井的坐标、高程,井深以井口某一壁固定桩为准。斜井应注明其斜度。

(3)地层年代,岩土体名称、颜色、成分、结构、构造,岩体完整性,软弱夹层的性状,土层的胶结情况等。

(4)断层及破碎带、挤压带的产状、性质、规模、充填物性质及胶结程度,蚀变带、岩脉的穿插情况。

(5)主要节理裂隙的产状、性质、性状(包括长度、宽度、充填物、壁面的起伏状况、粗糙度等),节理裂隙发育程度分段统计描述并绘制统计图。

(6)岩体风化程度及风化分带、卸荷裂隙的发育深度及充填情况、喀斯特洞穴等。

(7)地下水出露位置、形式、类型、流量、水温。

(8)岩体工程地质分段或围岩工程地质分类。

(9)取样点位置和编号、测试点位置和编号、摄影和录像位置、岩体的测试数值或曲线。

(10)施工开挖过程中有关情况,包括开挖方法、掉块、塌方、涌水、片帮、岩爆发生位置、有害气体、放射性等。

第四章 水利水电工程地质图识读

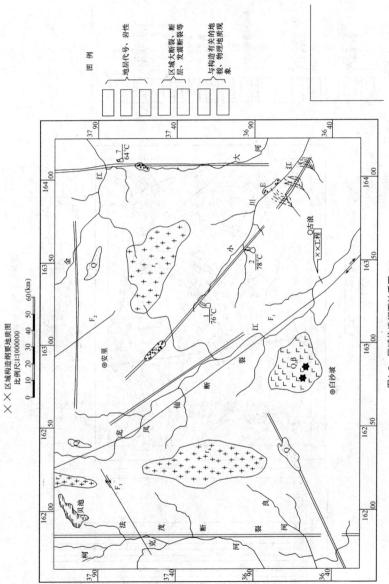

图4-5 区域构造纲要地质图

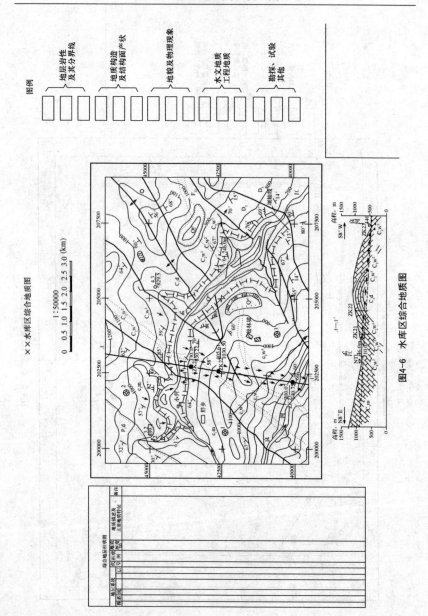

图4-6 水库区综合地质图

第四章 水利水电工程地质图识读

图4-7 坝址工程地质图

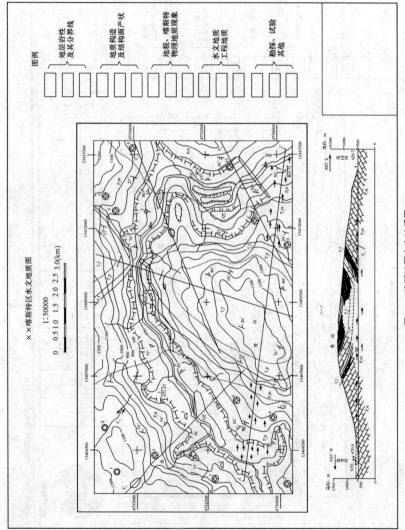

图4-8 喀斯特区水文地质图

第四章 水利水电工程地质图识读

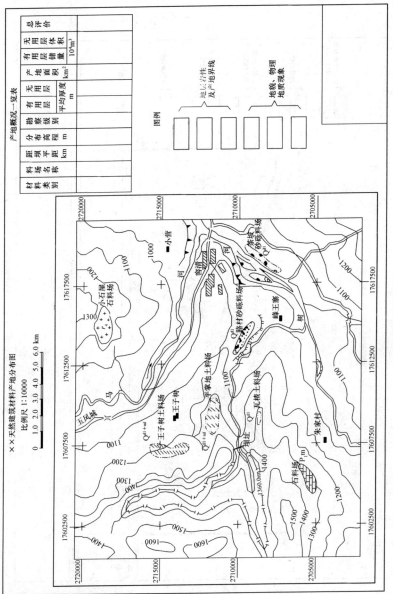

图4-9 天然建筑材料产地分布图

· 252 ·

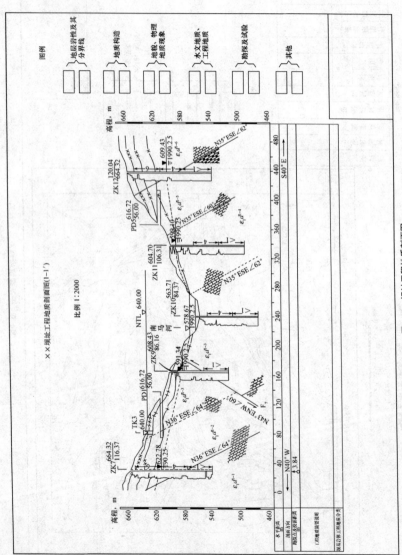

图4-10 坝址工程地质剖面图

第四章 水利水电工程地质图识读

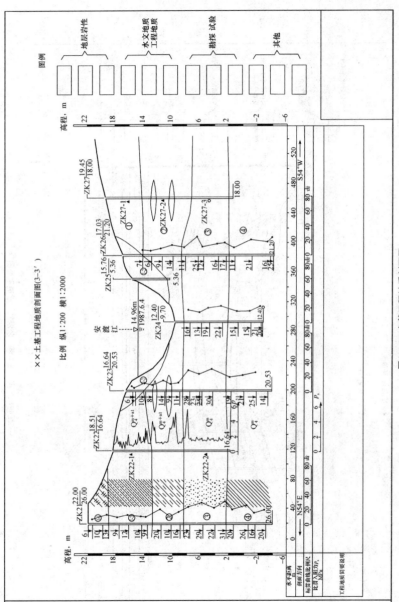

图4-11 土基工程地质剖面图

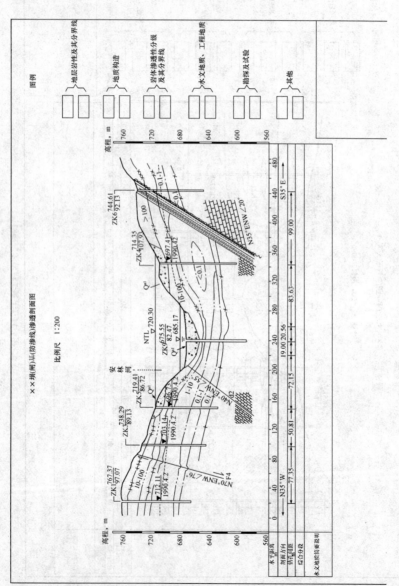

图4-12 坝(闸)基(防渗线)渗透剖面图

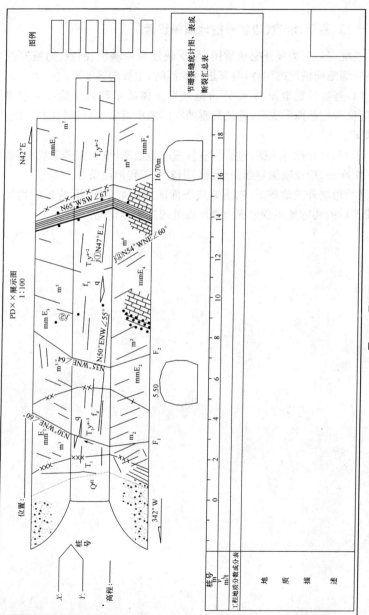

图4-13 平洞展示图

十五、基坑、洞室、边坡开挖地质图识读

基坑、洞室、边坡开挖地质图,是反映建筑物基坑、洞室、边坡开挖后最终断面地质情况的图件,对其进行识读时,主要内容如下:

(1)基坑开挖地质图,是评价地基岩土体质量和地基验收的主要图件,应反映建基面形成后,基坑揭露的实际地质现象和地基加固处理的实际情况。

(2)洞室开挖地质图,包括洞室各壁的地质图(展示图或素描图)和地质平切面图,应反映洞室断面形成后围岩的工程地质条件。

(3)边坡开挖地质图,包括地质平面图或边坡展示图,应反映边坡开挖竣工后的实际地质现象和边坡加固处理的实际情况。

第五章 水利水电工程水力机械图识读

第一节 概 述

一、水力机械图的组成及分类

在水利水电工程中,需要应用大量的水力机械设备。一台机械或设备都是由若干部件组成,部件又是由若干零件按一定的要求装配而成。机械图样主要包括装配图和零件图,表示整个机器和部件的图样称为装配图,表示单个零件的图样称为零件图。

水力机械图通常分为系统图(原理图)、施工图、容器制作图及非标准零部件加工图三大类。

(1)系统图主要用来表示设备、装置、仪器、仪表及其连接管路等的基本组成和连接关系以及系统的作用和状态。常用的系统图有液压操作系统图、油系统图、压缩空气系统图、技术供水系统图、排水系统图、消防给水系统图、水力监视测量系统图等。

(2)施工图主要表达各种设备、管道、土建结构等的相互位置关系和详细尺寸或与土建基础之间的连接关系和安装方式等。施工图主要包括布置图(管路布置图、设备布置图)和设备基础图等。

(3)容器制作图及非标准零件加工图仅在电站施工安装中用于设备或零部件的制作。

二、水力机械图画法

1. 基本规定

(1)通过水轮机中心沿厂房长度方向的轴线为厂房的纵轴线,垂直于厂房的纵轴线的轴线为横轴线。

(2)机组坐标规定为:沿厂房纵轴方向为 X 轴,沿厂房横轴方向为 Y

轴。并规定厂房进水侧为+Y方向。

(3)绘制布置图时,对于机组主要部件(包括压力钢管)按其结构尺寸简化绘制;对于管路,宜采用单线绘制;对于其他元件及设备用符号或简图绘制。

2. 管路绘制

(1)管路用单线绘制时,线条宽度采用(1~2)b。布置图中不同材料、不同管径和去向的管路,一律采用文字或代号标注加以区别。

(2)管路用单线绘制时,应考虑到管路连接件、安装的实际空间位置,以免相互干扰。

1)单线管路中阀门及管路附件、表计等的外形尺寸,应根据其实际尺寸,按比例采用规定的简化画法,一般用实线绘制,如图5-1所示。

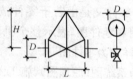

图 5-1 管路单线绘制

2)复杂管路布置图中的局部详图,如管路交叉、管夹、管堵头、取水口等,当采用单线表达不清楚时,可用双线绘制。

(3)管路中断画法应符合下列规定:

1)管路在本图中中断,转至其他图上时,或由其他图转至本图时,其画法,如图5-2(a)所示。

2)当采用去向代号(表5-3)表示管路的明确去向时,其画法采用图5-2(b)所示形式。

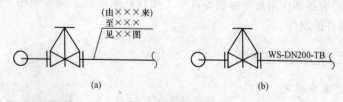

图 5-2 管路中断绘制

3. 设备材料表

水力机械图用设备材料表,布置在标题栏上方,其内容和格式可选用

图 5-3 所示的两种形式。

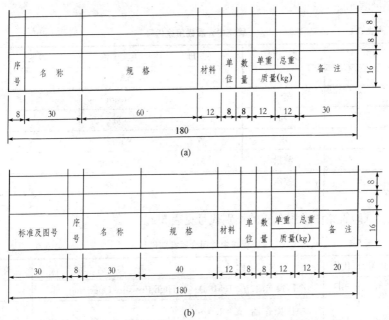

图 5-3 水利水电机械图用设备材料表

三、水力机械图标注

1. 布置图中尺寸基准规定

(1) 主机及其附属设备(调速器、油压装置、高压油顶起装置、防飞逸装置、电制动装置、机组制动盘、进水阀等)的主要尺寸以机组中心线和机组坐标 X、Y 轴为尺寸基准进行标注。

(2) 主、副厂房内的辅助设备(油、气、水、水力监视测量、机修设备等)以该设备所在的房间界线尺寸或相应桩号、高程为尺寸基准进行标注。

(3) 管路布置图中允许用坐标方式标注尺寸,其原点位置规定在某台机组中心海拔零高程。

2. 管路中常用介质类别代号

(1) 管路中介质类别代号用两个英文字母来表示,第一个字母表示介质或用途类型,其英文字母应采用表 5-1 中的规定,未纳入者按其原则派生。第二个字母表示用途方式,用相应的英文名称的第一或第二位大写字母表示。

表 5-1　　　　　　　　　　管路中介质或用途代号

序号	类别	字母	英文名称	说明
1	空气	A	Air	
2	蒸汽	S	Steam	
3	油	O	Oil	
4	水	W	Water	
5	测量	M	Measuring	
6	控制	C	Control	

(2)管路中常用介质的类别代号见表 5-2。

表 5-2　　　　　　　　　　管路中常用介质类别代号

序号	代号	名称	英文名称	说明
1	OH	高压操作油($p \geqslant 10$MPa)	High Pressure Operating Oil	
2	OM	中压操作油($p=1.0\sim 10$MPa)	Medium Pressure Operating Oil	
3	OR	回(排)油	Return Oil	
4	OS	供油	Oil Supply	
5	OL	漏油	Leakage Oil	
6	AH	高压气($p \geqslant 10$MPa)	High Pressure Compressed Air	
7	AM	中压气($p=1.0\sim 10$MPa)	Medium Pressure Compressed Air	
8	AL	低压气($p<1.0$MPa)	Low Pressure Compressed Air	
9	AE	排气	Air Exhaust	
10	WS	技术供水	Technical Water Supply	
11	WF	消防给水	Fire Water	
12	WD	排水	Water Drain	
13	MP	测量管路	Measuring Pipe	
14	CP	控制管路	Control Pipe	

第五章 水利水电工程水力机械图识读

3. 管路去向代号

管路去向代号按表 5-3 中的规定,未列入者可按其原则进行派生。管路去向可直接用文字表示,也可用代号表示。当采用管路去向代号标注管路去向时,其标注形式如图 5-4 所示。

表 5-3　　　　　　　　管路去向代号

序号	去向代号	名 称	英文名称
1	LB	安装场	Loading Bay
2	AC	空气压缩机	Air Compressor
3	AV	储气罐	Air Vessel
4	BC	制动盘	Brake Cabinet
5	BRP	制动环管	Brake Ring Pipe
6	CWD	排水沟	Catch Water Ditch
7	SOT	污油桶	Shabby Oil Tank
8	DPR	排水泵室	Drainage Pump Room
9	DSL	下游水位	Down Stream Water Level
10	GAC	发电机空气冷却器	Generator Air Cooler
11	GGB	发电机导轴承	Generato Guider Bearing
12	GF	发电机层	Generator Floor
13	GFR	发电机消防给水环管	Generator Firefighting Ring Pipe
14	GOF	重力加油箱	Gravity Oil Feed Tank
15	GV	调速器	Governor
16	GP	发电机机坑	Generator Pit
17	FH	消火栓	Fire Hydrant
18	HIC	水力仪表柜	Hydraulic Instrument Cbinet
19	IOS	绝缘油库	Insulating Oil Storage
20	IVC	进水阀控制柜	Inlet Valve Control Cabinet
21	IVG	阀坑(室)	Inlet Valve Gallery
22	IVO	进水阀油压装置	Inlet Valve Oil Pressure Unit
23	LOT	漏油装置	Leakage Oil Tank

(续)

序号	去向代号	名称	英文名称
24	MCG	调速器机械柜	Mechanical Cabinet of Governer
25	MT	主变压器	Main Transformer
26	OC	油冷却器	Oil Cooler
27	OL	油化验室	Oil Laboratory
28	OOT	运行油桶	Operating Oil Tank
29	OPR	油处理室	Oil Purification Room
30	ORI	厂内油库	Oil Storage In Power House
31	ORO	厂外油库	Oil Storage Out Power House
32	OSH	受油器	Oil Supply Head
33	OT	油桶	Oil Tank
34	PG	管路廊道	Pipe Gallery
35	PT	管沟	Pipe Trench
36	PU	泵	Pump
37	SCI	蜗壳进口	Spiral Case Inlet
38	SCF	蜗壳口	Spiral Case Floor
39	SS	轴封	Shaft Seal
40	TA	尾水	Tail
41	TB	推力轴承	Thrust Bearing
42	TF	水轮机层	Turbine Floor
43	TGB	水轮机导轴承	Turbine Guider Bearing
44	TOS	透平油库	Turbine Oil Storage
45	TP	水轮机机坑	Turbine Pit
46	TUR	水轮机	Turbine
47	COT	净油桶	Cleanly Oil Tank
48	VR	通风机室	Ventilation Room
49	WI	取水口	Water Intake
50	WS	集水井	Water Sump
51	WSR	供水泵室	Water Supply Pump Room

第五章　水利水电工程水力机械图识读

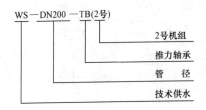

图 5-4　管路去向代号标注形式

4. 管路代号标注

(1)管路代号标注的一般形式如下：

[管中介质代号]-[管路直径]-[管路去向代号]

(2)管中介质代号和管路直径可单独使用。

(3)同一管路，需要在两幅以上图表达时，其管路去向代号应一致，并以管路流向终点的去向代号来表示。

5. 管路直径标注

无缝钢管、焊接钢管、有色金属管等管路，应采用"外径×壁厚"标注，如 $\phi 108 \times 4$，其中"ϕ"允许省略。水、煤气输送钢管、铸铁管、塑料管等应采用公称直径"DN"标注，如图 5-5 所示。

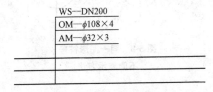

图 5-5　水、煤气输送管的标注

6. 管路标高标注

对于需要规定安装高程的管路，应标注海拔标高，管路标高系指其中心线的高程，以米(m)为单位。管路标高的标注方式如下：

(1)当需要同时表示几个不同的标高时，可按图 5-6 的方式标注。

(2)管路的标高符号采用等腰三角形表示，必要时也可用文字符号 EL 表示。

(3)有坡度要求的管路，应将标高标注在管段的始端、末端或转弯及交点处，如图 5-7 所示。

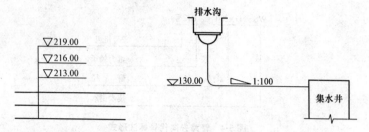

图 5-6　不同标高的标注方式　　　图 5-7　有坡度要求的管路标高标注

四、水力机械图图形符号

1. 图形符号使用规定

水利水电工程水力机械图图形符号的使用应符合以下规定：

(1) 绘图时，图形符号中的文字和指示方向不得单独旋转某一角度。

(2) 用同一图形符号表示的仪表、设备，当其用途不同时，可在图形的右下角用大写英文名称的字头表示，如图 5-8 所示。

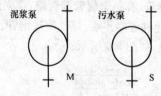

图 5-8　同一图形符号
不同表示方法

(3) 阀类中，常开、常闭是对机组处于正常运行的工作状态而言。

(4) 元件的名称、型号和参数（如压力、流量、管径等），一般在系统图和布置图的设备材料表中表明。

(5) 标准中未规定的图形符号，可根据其说明和图形符号的规律，按其作用原理进行派生，并在图纸上作必要的说明。

(6) 图形符号中的大小以清晰、美观为原则。系统图中可根据图纸幅面的大小变化而定；布置图中可根据设备的外形结构尺寸按比例绘制。

2. 管路图形符号

水力机械图中各类管路的图形符号按表 5-4 的规定绘制。

第五章 水利水电工程水力机械图识读

表 5-4　　　　　　　　　管路的图形符号

序号	名　称	符　号	说　明
1	可见管路　单行 　　　　　双行 　　　　　三行 不可见管路 假想管路	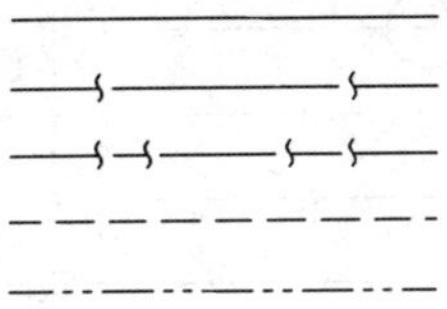	—
2	控制和信号线路		—
3	软管		—
4	保护管	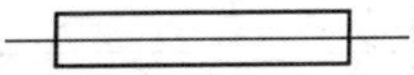	起保护管路的作用,防止撞击、剪切、污染等,如管路过缝处理等
5	保温管		起隔热、防结露作用,如空气冷却器环形水管
6	套管	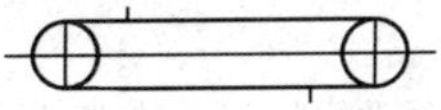	如穿墙、穿楼板套管等
7	多孔管		
8	交叉管	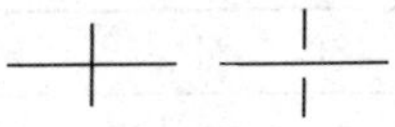	指两管交叉不连接。当需要表示两管路相对位置时,其下方或后方的管路应断开表示
9	相交管	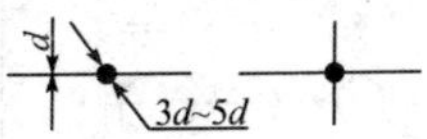 d　　$3d\sim5d$	指两管路相交连接,连接点的直径为所连接管路符号线宽 d 的 3～5 倍
10	带接点和管路	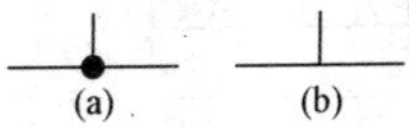 (a)　　(b)	在系统图中宜采用(a)图
11	弯折管	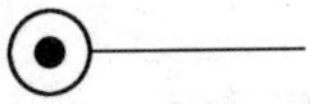	表示管路朝向观察者弯成 90°

(续)

序号	名 称	符 号	说 明
12	弯折管	○—	表示管路背向观察者弯成 90°
13	介质方向	←—	一般标注在靠近阀门的图形符号处
14	坡度	◁ 1:500 ◁ 3°	坡度符号

3. 管路连接符号

水力机械图中常用管路连接符号如图 5-9 所示。

图 5-9 管路连接符号
(a)螺旋连接；(b)法兰连接；(c)承插连接；(d)焊接连接

4. 管路附件图形符号

水力机械图中常用的管路附件主要有管件、伸缩器和管架三大类。它们的图形符号应分别按表 5-5～表 5-7 的规定绘制。

表 5-5　　　　　　　　　　管件图形符号

序号	名 称	符 号	说 明
1	弯管　仰视 　　　主视 　　　俯视		本项只列举了焊接、螺纹连接、法兰连接三种不同连接形式的弯管在三个方向的投影表示方式
2	三通		
3	四通		
4	异径管		

(续)

序号	名称	符号	说明
5	活接头	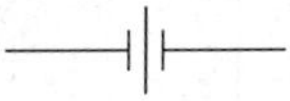	
6	快速接头	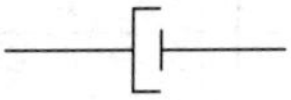	
7	软管接头	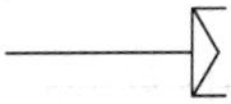	
8	双承插管接头		
9	外接头	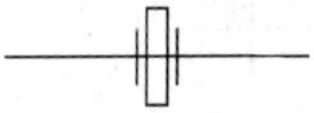	
10	内外螺纹接头	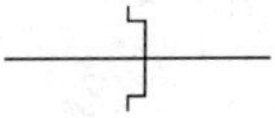	
11	螺纹管帽	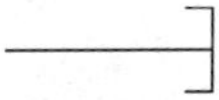	管帽螺纹为内螺纹
12	堵头	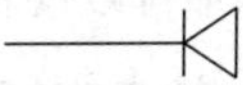	堵头螺纹为外螺纹
13	法兰盖	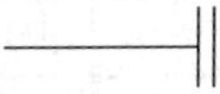	
14	盲板	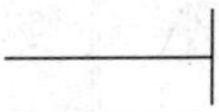	

表 5-6　　　　伸缩器图形符号

序号	名称	符号	说明
1	套筒伸缩器	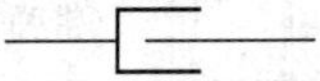	
2	矩形伸缩器		使用时应表示出与管路的连接形式
3	弧形伸缩器		

表 5-7　　　　　　　　　管架图形符号

序号	名称	符号
1	管路支(托)架	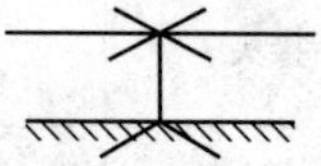
2	管路吊架	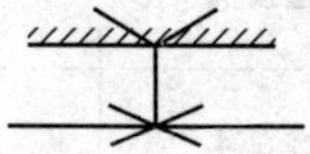
3	水平管架	
4	垂直管架	

5. 控制元件图形符号

水力机械图中控制元件的图形符号按表 5-8 中的规定绘制。

表 5-8　　　　　　　　　控制元件图形符号

序号	名称	符号	序号	名称	符号
1	手动元件	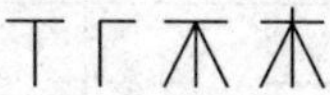	6	电磁元件	
2	弹簧元件		7	薄膜元件(不带弹簧)	
3	重锤元件	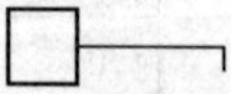	8	薄膜元件(带弹簧)	
4	浮球元件	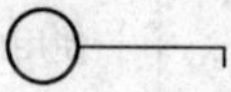	9	电动元件	
5	活塞(液压)元件	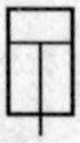	10	遥控	

第五章 水利水电工程水力机械图识读

6. 系统图与综合布置图共同适用的图形符号

水力机械图中,有关油、水、气、阀门、自动化元件及设备图形符号按表 5-9 中的规定绘制。

表 5-9　　　　　　　系统图和综合布置图图形符号

序号	名称	符号	序号	名称	符号
1	闸阀		10	三通旋塞	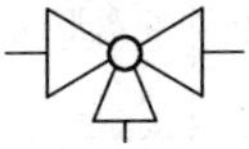
2	截止阀		11	角阀	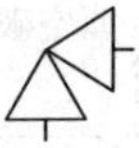
3	节流阀		12	弹簧式安全阀	
4	球阀		13	重锤式安全阀	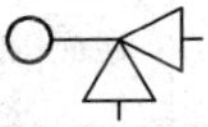
5	蝶阀	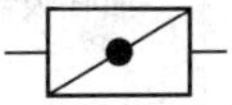	14	取样阀	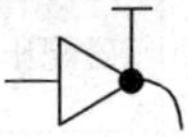
6	隔膜阀		15	消火阀	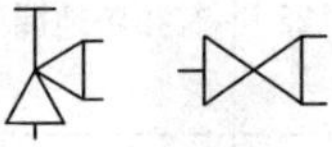
7	旋塞阀		16	减压阀	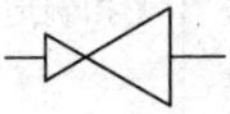
8	止回阀	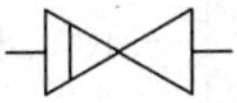	17	疏水阀	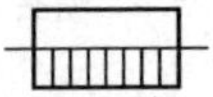
9	三通阀	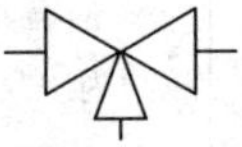	18	有底阀取水口	

(续)

序号	名称	符号	序号	名称	符号
19	无底阀取水口		29	可调节流装置	
20	盘形阀		30	不可调节流装置	
21	真空破坏阀		31	取水口拦污栅	
22	电磁空气阀		32	防冰喷头	
23	立式电磁配压阀		33	水位标尺	
24	卧式电磁配压阀		34	油呼吸器	
25	有扣碗地漏		35	过滤器（油、气）	
26	无扣碗地漏		36	油水分离器（气水分离器）	
27	喷头		37	冷却器（油、气、水）	
28	测点及测压环管		38	油罐（户内、户外）	

第五章 水利水电工程水力机械图识读

(续)

序号	名 称	符 号	序号	名 称	符 号
39	卧式油罐		44	潜水电泵	
40	油(水)箱		45	深井水泵	
41	移动油箱		46	射流泵	
42	压力油罐		47	制动器	
43	储气罐				

注:在需要表示阀门的开启、关闭状态时,在阀门符号的右上角用文字表示,常开阀用"ON"表示;常闭阀用"OFF"表示。表示常开的文字"ON"可省略不标注。

7. 系统图用图形符号

(1)设备及元件的图形符号按表 5-10 的规定绘制。

表 5-10　　　　　设备及元件图形符号

序号	名 称	符 号	序号	名 称	符 号
1	液动滑阀 (二位四通)		2	液动配压阀	

(续)

序号	名称	符号	序号	名称	符号
3	事故配压阀		10	离心水泵	
4	进水阀		11	真空滤油机	
5	滤水器		12	离心滤油机	
6	油泵		13	压力滤油机	
7	手压油阀	MO	14	移动油泵	
8	空气压缩机	气泵可统一用空气压缩机的符号	15	柜、箱(装置)	
9	真空泵				

(2)仪器、仪表的图形符号按表5-11的规定绘制。

表 5-11　　　　　　　　　仪器、仪表的图形符号

序号	名称	符号	序号	名称	符号
1	剪断销信号器	B	11	电极式水位信号器	其电极的长短和数量按需要而定
2	压差信号器	D	12	示流器	→(方框内)
3	单向示流信号器	F →	13	压力传感器	P
4	双向示流信号器	F ↔	14	压差传感器	D
5	浮子式液位信号器	L	15	水位计	◐
6	油水混合信号器	M	16	水位传感器	◑
7	转速信号器	N	17	指示型水位传感器	◐
8	压力信号器	P	18	二次显示仪表	⊛
9	位置信号器	S	19	远传式压力表	↕
10	温度信号器	T	20	压力表	↑

序号	名 称	符 号	序号	名 称	符 号
21	触点压力表	 (↑)	25	压差流量计	 (↑)ˍ
22	真空表	 (↓)	26	温度计	 (•)
23	压力真空表	 (↕)	27	机组效率测量装置	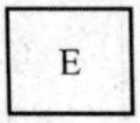 [E]
24	流量计	 (↑)			

8. 仪器、仪表的表达方式

水力机械图中,仪器、仪表可用基本符号与文字符号相配合的方式表达,应按表 5-12~表 5-17 中的规定绘制。仪器、仪表符号示例见表 5-18。

表 5-12　　　　　　　　仪器、仪表基本符号

序号	名 称	符 号	说 明
1	现地装设仪表	[※/R]　(※/R)	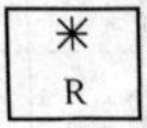  ※代表仪表类型符号: 第一个字母——表示工作原理,见表 5-13; 第二个字母——表示功能一,见表 5-14; 第三个字母——表示功能二,见表 5-15。 R——表示仪表序号
2	机旁盘(柜)上仪表	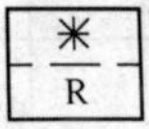 [※/R]　(※/R)	
3	控制室盘(柜)上仪表	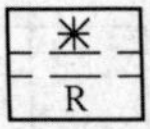 [※/R]　(※/R)	

注:表中符号为圆形时表示表计,为矩形时表示其他自动化元件。

第五章 水利水电工程水力机械图识读

表 5-13　　　　　仪器、仪表种类说明

序号	字母	种类特性	特性举例	
1	A	由部件组成的组合件（规定用其他字母代表的除外）	结构单元 功能单元 功能组件 电路板	控制屏、台、箱 计算机终端 发射/接收器 效率测量装置
2	B	用于将工艺流程中的被测量在测量流程中转换为另一量	传感器 测速发电机 扩音机	压力传感器 电磁流量计 磁带或穿孔读出器
3	G	用于电流的产生和传播	发电机、励磁机 信号发生器	振荡器 振荡晶体
4	J	用于软件	程序 程序单元	程序模块
5	P	测量仪表 时钟 指示器 信号灯 警铃	视频或字符显示单元 压力表 温度计	
6	S	用于控制电路的切换	手动控制开关 过程条件控制开关 电动操作开关 拨动开关	按钮 剪断销信号器 电触点压力表 导叶开度位置触点
7	U	用于流程中其他特性的改变（用 T 代表的除外）	整流器 逆变器 变频器 无功补偿	A/D 或 D/A 变换器 调制调解器 电码变换器 电动发电机组
8	Y	用于机、电元器件的操作	操作线圈 联锁器件 阀门操作	阀门 液压阀 电磁线圈

表 5-14　　　　　　　　仪器、仪表功能一说明

序号	英文代号	类别名称	英文名称
1	A	空气	Air
2	B	断裂	Break
3	D	压差	Difference
4	E	效率	Efficiency
5	E	事故、紧急	Emergency
6	F	流向	Flow
7	L	液面	Level
8	M	油水混合	Mix
9	N	转速	Rate of Rotation
10	P	压力	Pressure
11	Q	流量	Quantity
12	S	摆动	Swing
13	T	温度	Temperature
14	V	振动	Vibration
15	VP	真空压力	Vacuum

表 5-15　　　　　　　　仪器、仪表功能二说明

序号	英文代号	类别名称	英文名称
1	A	报警	Alarm
2	D	双	Dual
3	I	指示	Indicator
4	H	高	Hight
5	L	液动	Liquid-operated
6	L	低	Low
7	M	电磁	Magnetic
8	R	记录	Recorder
9	S	单	Single
10	U	超声波	Ultrasonic

第五章 水利水电工程水力机械图识读

表 5-16　　仪器、仪表管路类别数字

序号	系统代号	系统名称	序号	系统代号	系统名称
1	1	透平油系统	6	6	消防给水系统
2	2	绝缘油系统	7	7	水力监视测量系统
3	3	气系统	8	8	进水阀液压操作系统
4	4	技术供水系统	9	9	机组液压操作系统
5	5	排水系统			

表 5-17　　仪器、仪表文字符号

序号	英文代号	中文名称	英文名称
1	BD	压差传感器	Differential Pressure Transducer (Sensor)
2	BL	液位传感器	Liquid Level Transducer (Sensor)
3	BP	压力传感器	Pressure Transducer (Sensor)
4	BQ	流量传感器	Quantity of Flow Transducer (Sensor)
5	BS	机组摆度传感器	Unit Swing Transducer (Sensor)
6	BV	机组振动传感器	Unit Vibration Transducer (Sensor)
7	SB	剪断信号器	Breaking Pin Switch
8	SN	转速信号器	Rotating Speed Switch
9	SL	液位信号器	Liquid Level Switch
10	SP	压力信号器	Pressure Switch
11	ST	温度信号器	Temperature Switch
12	PP	压力表	Pressure Meter
13	PTR	温度记录仪	Recording Thermometer
14	YVV	真空破坏阀	Vacuum Break Valve
15	YVM	事故配压阀	Emergency Distrbuting Valve
16	YVD	电磁配压阀	Electromagentic Distribution Valve
17	YVL	液压阀	Liquid-operted Valve
18	YVE	紧急停机电磁阀	Emergency Stoping Electromagentic Valves

表 5-18　　仪器、仪表符号示例

序号	符号	示例说明
1	PV11	真空压力指示仪表(真空压力表),透平油系统,序号1,就地安装

(续)

序号	符号	示例说明
2	PP/51	压力指示仪表(压力表),排水系统,序号1,就地安装
3	PTR/19	温度记录仪,透平油系统,序号9,装于控制室表盘上
4	PTA/51	温度报警器,排水系统,序号1,装于机旁盘
5	BP/92	压力传感器,机组液压操作系统,序号2,现地安装
6	SP1/95	压力指示信号器(接点压力表),机组液压操作系统,序号5,现地安装
7	PFD/41	双向示流器,技术供水系统,序号1,现地安装
8	SFD/42	双向示流信号器,技术供水系统,序号2,现地安装
9	SB/94	剪断销信号器,机组液压操作系统,序号4,现地安装
10	SS/91	定位信号器(闸板复位信号器),机组液压操作系统,序号1,现地安装
11	SM/12	油中混水信号器,透平油系统,序号2,现地安装
12	PL/21	液位指示器,绝缘油系统,序号1,现地安装
13	SLA/21	液位报警器,绝缘油系统,序号1,装于机旁盘
14	SPA/91	压力报警器,机组液压操作系统,序号1,装于控制室表盘
15	PD/71	压盖指示器,水力监视测量系统,序号1,装于控制室表盘
16	BD/71	压差传感器,水力监视测量系统,序号1,现地安装

五、水力机械金属结构图

水利水电工程水力机械图中金属结构图应采用视图、剖视图和详图等画法。金属结构图中凡需注明的技术要求和必要的文字说明,均以"说明"标注。

(一)金属结构总图

金属结构总图中每个构件都应编号,编号时应符合下列要求:

(1)构件号应标注在可见构件的视图中,并尽量编在主视图中。

(2)构件号的指引线用细实线绘制,起点处为一小黑点,应放在构件的视图内,末端为一水平短线或圆,所有短线或圆点应排列整齐。在这些短线上或圆内宜自同一方向按顺序写出构件的编号,编号按顺时针或逆时针方向排列,但同一张图中方向应尽量一致,如图 5-10 所示。

(3)指引线成斜向,彼此不得相交,也不能与剖面线平行;并不得与其他构件的轮廓线重合。

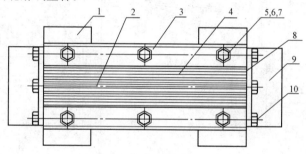

图 5-10 胶木滑道

(二)钢闸门图

1. 闸门启闭机总布置图

闸门启闭机总布置图一般沿过流孔口中心线剖视,剖切到的全部金属结构设备均应反映在总布置图中,移动式启闭机亦应在图中绘出,如图 5-11所示。闸门启闭机总布置图应符合以下要求:

(1)反映水工建筑物体形,闸门及启闭机在水工建筑物中的设置位置,孔口尺寸,闸门和启闭机的形式、数量。

(2)闸门和启闭机的安装高程、桩号,闸门与启闭机的连接方式,启闭机吊点的上、下限位置等。

(3)钢闸门启闭机总布置图中可按需要绘制特性表和材料表。闸门特性表和材料表的尺寸与格式,见表 5-19 和表 5-20。

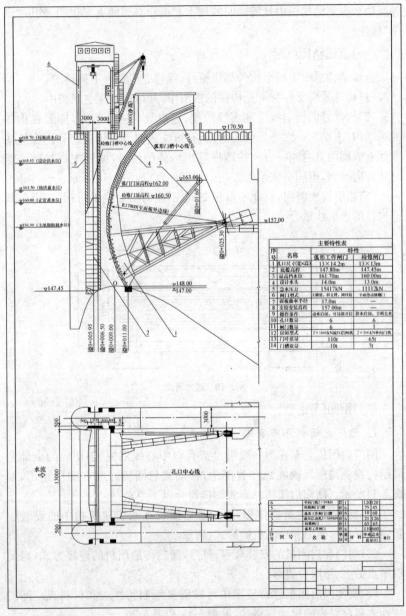

图 5-11 闸门启闭机布置总图

第五章 水利水电工程水力机械图识读

表 5-19　　　　　　　　闸门特性表

序号	名　　称	单位	特性
1	孔口尺寸(宽×高)		
2	底槛高程		
3	最高挡水位		
4	设计水头		
5	总水压力		
6	闸门型式		
7	面板曲率半径		
8	支铰安装高程		
9	操作条件		
10	孔口数量		
11	闸门数量		
12	启闭型式		
13	门叶质量		
14	门槽质量		
15	闸门吊点间距		
16	启闭机容量及型式		

注：本表中所列内容可根据闸门的类型决定取舍。

表 5-20　　　　　　　　材料表

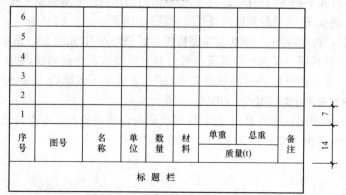

2. 门体总装图

门体总装图中应标出外形尺寸,与启闭设备连接件的相关尺寸,安装焊缝或安装连接螺栓,吊耳尺寸、吊点间距、充水阀尺寸(包括行程)、止水的相关位置、尺寸及预压缩量、顶水封至门叶底缘距离及水封预压缩量、侧支承间距、支承跨度,各零部件之间的装配关系及相关尺寸,门槽门叶关系尺寸等。

门体总装图中应列有部件明细表,闸门主要特性表。根据需要列入会签栏,并应有技术要求的说明(如结构部件有特殊要求的运输单元尺寸和重量,工厂及现场拼装要求、制造标准、防腐要求等)。

3. 门体总图

(1)平面钢闸门门体总图。平面钢闸门门体总图包括主视图、俯视图、侧视图、必要的剖视图及详图,如图 5-12 所示。

1)门叶主视图,一般为反映面板情况的上、下游合成视图,中间用对称线分界。

2)俯视图应反映主支承、侧轮装置等与门槽的关系(门槽轮廓线以双点画线表示),以及面板、隔板、桁架等的结构情况。俯视图可由视图或剖视图构成视向相反的合成视图,中间以对称线为界,如图 5-12 中 Ⅰ—Ⅰ 所示。

3)侧视图一般反映横向隔板、顶止水、底止水、吊耳、充水阀等结构的剖视图和横向桁架的剖视图,如图 5-12 中的 Ⅱ—Ⅱ 所示。

(2)弧形钢闸门门体总图。弧形钢闸门门体总图一般包括主视图、俯视图、侧视图、必要的剖视图及详图,如图 5-13 所示。

1)门叶主视图,一般为反映面板弧形实长的视图,如图 5-13 所示。

2)俯视图一般为平行或沿着闸门上支臂轴线及支铰轴线,并旋转在同一水平面内投影而得的视图或剖视图;支臂以下的结构,无论可见与否,在俯视图中均不绘出,如图 5-13 所示。

3)侧视图一般为上、下游立视图组成的合成视图。弧形面板采用展形画法,如图 5-13 所示为上、下游立视图。

第五章 水利水电工程水力机械图识读

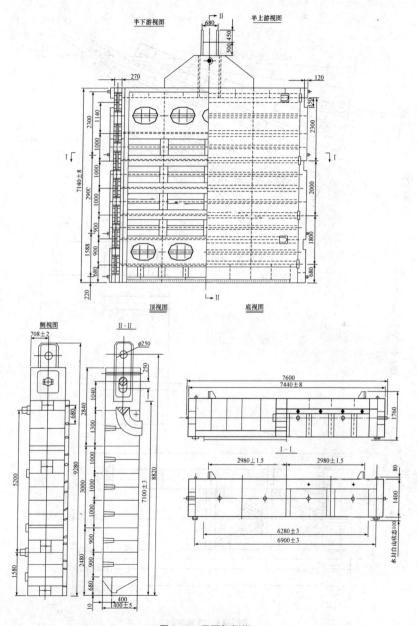

图 5-12 平面钢闸门

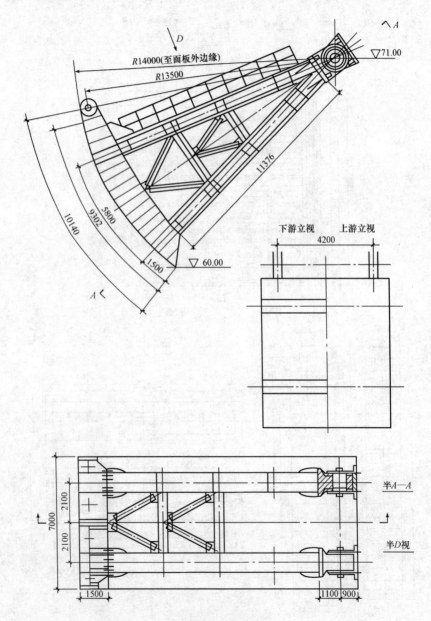

图 5-13 弧形闸门

第五章 水利水电工程水力机械图识读

4. 门叶、支臂等结构图

门叶、支臂等结构图，一般按门体总图划分的部件绘制。图中除标出外形尺寸外，还应标出各结构件的控制尺寸、尺寸公差、加工要求以及结构件之间的焊缝形式、尺寸等，并应列有包括构件的材料、规格尺寸、材质和重量的材料表，以及制造加工技术要求的说明。

5. 门体中的部件图

门体中的部件图（如主轮、侧轮、支铰、止水等），应标注出外形尺寸、与相关部件的连接尺寸，根据需要示出相关连接件的轮廓线（以双点画线表示）。图中应列有零件明细表，并应有简明的技术要求的说明。

6. 闸门门槽总图

(1) 平面闸门门槽总图。平面闸门门槽总图的主视图，一般为左、右门槽高度方向的上、下游合成视图，中间以孔口中心线（对称线）分界。俯视图可由反映主、副轨不同高程的剖视图或视图构成视向相反的合成视图。侧视图的设置应使水流方向为自左向右的流向。

平面闸门门槽总图中应标出门槽中心线及孔口中心线的桩号，底槛高程，孔口高度、宽度，侧水封座板间距，顶水封座面至底槛的距离，主轨间距，侧轨间距，埋件的安装焊缝及安装固定的连接件（包括螺栓、螺母、搭接板、螺杆等），二期混凝土尺寸，一、二期混凝土结合面的插筋位置（以虚线表示），二期混凝土尺寸和一、二期混凝土结合面的插筋位置，应同时反映在水工专业的有关图纸上。

平面闸门门槽总图中应列有零部件明细表、会签栏及简要技术要求的说明。

(2) 弧形闸门门槽总图。弧形闸门门槽总图一般由主视图、俯视图及需要的局部视图组成，主视图的设置应使水流方向从左向右流向。

弧形闸门门槽总图中应标出底槛和支铰的高程及桩号、孔口中心线的桩号，孔口高度、宽度，侧水封座板间距，顶水封座面至底槛的距离，侧轨间距，侧水封座板弧面半径，侧轨弧面半径，埋件安装焊缝及安装固定的连接件（包括螺栓、螺母、搭接板及螺杆等），二期混凝土尺寸，一、二期混凝土结合面的插筋位置（以虚线表示），二期混凝土尺寸和一、二期混凝土结合面的插筋位置，应同时反映在水工专业的有关图纸上。

弧形闸门门槽总图中应列有零部件明细表、会签栏及简要技术要求的说明。

第二节　零件图识读

一、零件图的内容

零件图是指导加工、检验和生产零件的图样，它作为生产加工的依据，表达设计意图的载体，反映了零件的形状、尺寸和各种技术要求的信息。一张完整的零件图应包括以下内容，如图5-14所示。

（1）一组图形。用视图、剖视图、断面图、局部放大图和简化画法等正确、完整、清晰地表达零件的形状和结构。

（2）完整尺寸。确定零件各部分大小和相对位置的全部尺寸。

（3）技术要求。用符号或文字说明零件在制造和检验时应达到的要求，如尺寸公差、表面粗糙度、形状及位置公差、热处理等。

（4）标题栏。说明零件的名称、材料、数量、图号及绘图比例等。

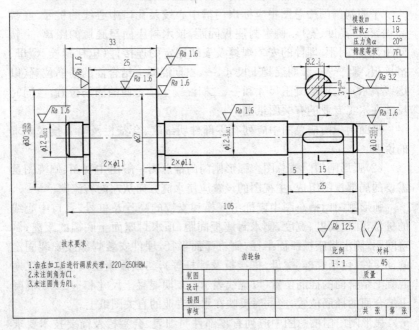

图 5-14　齿轮轴零件图

二、零件图的视图选择

在表达零件之前,要分析零件的结构形状,了解零件在机器或部件中的位置、作用,从便于读图的角度选择一组视图(包括剖视图、断面图等),完整、清晰地表达零件形状。

(1)轴类零件视图选择。轴类零件主要是以同轴圆柱体组合而成,加工时,轴线一般处于水平位置。故选择轴类零件的视图时,一般都把轴线放成水平位置,选一个非圆方向的视图作主视图,再配上剖视图和各断面的断面图。

(2)盘类零件视图选择。盘盖类零件大多是回转体,而且还经常带有各种形状的凸缘、均布的圆孔和肋等结构。所以仅一个主视图还不能完整地表达零件,通常需要配置其他视图。

(3)架座类零件视图选择。架座类零件是用来支承、包容运动零件的。一般这类零件的形状结构较复杂,加工位置变化也多,在选择主视图时,主要从工作位置及形状特征来考虑,采用主视图配置其他视图的方式表达。一般为了便于读图,这类零件的主视图方向,与其在装配图中主视图的方向一致。

三、零件图的尺寸标注

零件图的尺寸标注应正确、完整、清晰,能够合理地标注出制造零件所需的全部尺寸,以便于加工、测量和检查。

1. 尺寸基准的选择

零件图尺寸标注的关键是正确选择尺寸基准。尺寸基准是确定零件上尺寸位置的几何元素,是测量或标注尺寸的起点。零件的长、宽和高三个方向上都各有一个主要尺寸基准,复杂的零件还有辅助基准。主要基准与辅助基准之间应有尺寸联系。

常用的尺寸基准有以下两种:

(1)基准面。一般选底板的安装面、重要的端面、装配结合面、零件的对称面等作为零件的基准面。

(2)基准线。轴、孔的轴线,对称中心线等。

2. 尺寸标注注意事项

对零件图进行尺寸标注时应注意的事项有:确定零件结构的重要尺

寸要直接注出,避免注成封闭尺寸链,尺寸的标注要便于加工和检查。

3. 零件上常见结构尺寸标注

(1)圆角过渡处的尺寸标注。圆角过渡处的有关尺寸,应用细实线延长相交后引出标注(图5-15)。

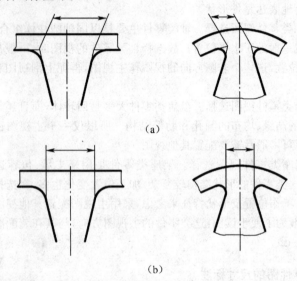

图 5-15　圆角过渡处的尺寸标注

(a)合理;(b)不合理

(2)零件中常见底板的尺寸标注。常见底板尺寸标注的示例如图5-16所示。

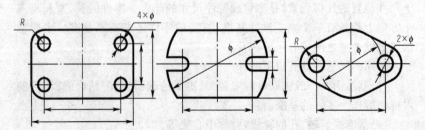

图 5-16　常见底板的尺寸标注

(3) 端面、法兰盘等结构图形的尺寸标注。常见端面、法兰盘尺寸标注的示例，如图 5-17 所示。

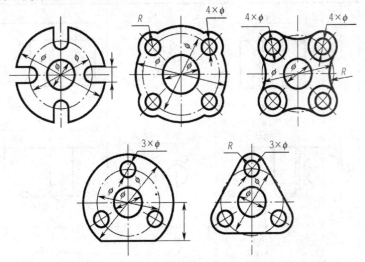

图 5-17 常见端面、法兰盘的尺寸标注

(4) 零件上常见孔的尺寸标注。常见孔的尺寸标注方法，见表 5-21。

表 5-21　　　　　　　　零件上常见孔的尺寸标注

序号	类型		旁注方法		普通标注方法
1	光孔	一般孔	4×φ5▼10	4×φ5▼10	4×φ5，10
2		精加工孔	4×φ5$_{-0}^{-0.012}$▼10　孔▼12	4×φ5$_0^{+0.012}$▼10　孔▼12	4×φ5$_{-0}^{-0.012}$，12，10

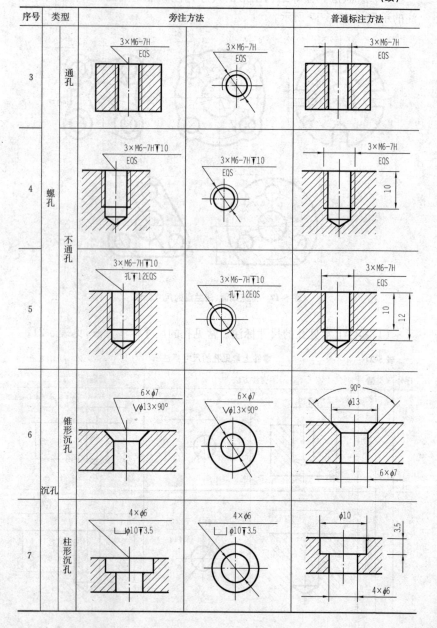

(续)

序号	类型	旁注方法	普通标注方法
8	沉孔 锪平孔	4×φ7 ⌴φ16	φ16⌴ 4×φ7

四、零件图技术要求

零件图的技术要求主要包括:零件表面结构、尺寸及形状位置公差、对材料的热处理和对零件表面处理的要求等。

(一)零件表面结构

零件经过机械加工后的表面看似光滑平坦,但微观上都是有很多高低不平的凸峰和凹谷的,如图 5-18 所示。零件表面具有这种较小间距的峰和谷所组成的微观几何特性,称为零件表面结构。零件表面结构是评定零件表面质量的一项重要的技术指标,反映了零件表面的加工质量,对于零件的配合、耐磨性、抗腐蚀性及密封性都有显著的影响,

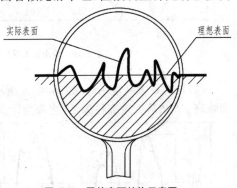

图 5-18 零件表面结构示意图

所以零件表面结构是零件图中不可缺少的一项技术要求。

1. 表面结构参数

国家标准《产品几何技术规范(GPS) 表面结构 轮廓法 术语、定义及表面结构参数》(GB/T 3505—2009)中规定评定零件表面结构的各种参数。

零件表面结构参数有三种,基于轮廓法定义的参数叫轮廓参数,包括 R 轮廓参数(表面粗糙度参数)、W 轮廓参数(表面波纹度参数)和 P 轮廓参数(原始轮廓参数)。这里只简单介绍应用最广的表面粗糙度在图样上的表示法。

表面结构上具有的较小间距和峰谷所组成的微观几何形状特征,称为 R 轮廓(粗糙度)。表面粗糙度(R 轮廓)是评定零件表面结构质量的一项重要技术指标。评定表面粗糙度的高度特性参数有三种:轮廓算术平均偏差 Ra、轮廓最大高度 Rz 和轮廓单元平均线高度 Rc。其中,优先采用轮廓算术平均偏差 Ra 和轮廓最大高度 Rz。

(1)轮廓算术平均偏差 Ra。如图 5-19 所示,轮廓算术平均偏差为在一个取样长度内,被测轮廓线上各点至基准线距离的算术平均值,即纵坐标值 $Z(x)$ 绝对值的算术平均值。

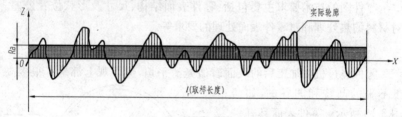

图 5-19 轮廓算术平均偏差(Ra)

(2)轮廓最大高度 Rz。如图 5-20 所示,在一个取样长度内,最大轮廓峰高 Zp 和最大轮廓谷深 Zv 之和为轮廓最大高度。

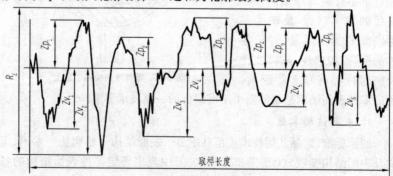

图 5-20 轮廓最大高度 $Rz(Ra)$

表面结构参数值的大小与加工方法、所用刀具以及工件材料等因素有密切关系,表 5-22 给出了常用 Ra 值与加工方法的关系。

表 5-22　　　　　　　　　常用 Ra 值与加工方法

表面特征		示　例	加工方法	适用范围
加工面	粗加工面	$Ra100$　$Ra50$　$Ra25$	粗车、粗铣、粗刨、粗镗、钻、锉	非接触表面,如钻孔、倒角、轴端面等
	半光面	$Ra12.5$　$Ra6.3$　$Ra3.2$	精车、精铣、精刨、精镗、粗磨、细锉、扩孔、粗铰	接触表面:不要求精确定心的配合表面
	光面	$Ra1.6$　$Ra0.8$　$Ra0.4$	精车、磨、刮、研、抛光、铰、拉削	要求精确定心的重要的配合表面
	最光面	$Ra0.2$　$Ra0.1$　$Ra0.05$　$Ra0.025$　$Ra0.012$	研磨、超精磨、镜面磨、精抛光	高精度、高速运动零件的配合
毛坯面	毛坯面		铸、锻、轧制等,经表面清理	无需进行加工的表面

表面粗糙度评定参数 Ra 数值的大小,反映了零件加工后表面应达到的光滑程度。Ra 数值越小,表面结构越趋于光滑平整;反之,表面结构越粗糙。一般接触面 Ra 值取 $6.3\sim3.2\mu m$,配合面 Ra 值取 $0.8\sim1.6\mu m$,钻孔表面 Ra 值取 $6.3\sim3.2\mu m$。

2. 表面结构图形符号

表面结构图形的符号及其意义见表 5-23。

表 5-23　　　　　　　　表面结构图形符号

符　号	说　明
 ∨	基本图形符号。仅用于简化代号标注，没有补充说明时不能单独使用
 ∨ (加横线)	扩展图形符号。在基本符号上面加一横线，表明指定表面是用去除材料的方法获得，如通过车、铣、刨、磨、钻、抛光、腐蚀、电火花等机械加工方法获得的表面
 ∨ (加圆圈)	扩展图形符号。在基本符号上面加一个圆圈，表明指定表面是用不去除材料的方法获得，如通过铸、锻、冲压变形、热轧、冷轧、粉末冶金等方法获得的表面
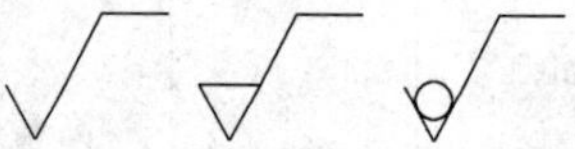 √ ∀ ∀	完整图形符号。当要求标注表面结构特征的补充信息时，在基本图形符号和扩展图形符号的长边上加一横线
(带圆圈的三种符号及立体图)	当在图样某个视图上构成封闭轮廓的各表面有相同的表面结构要求时，应在完整图形符号上加一圆圈，并且标注在图样中工件的封闭轮廓线上，如下图所示 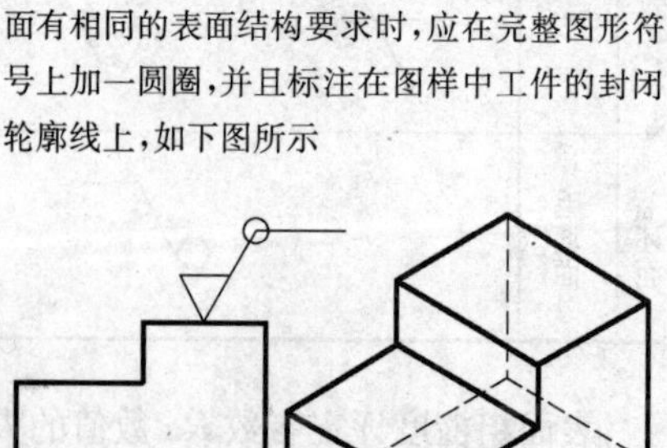

3. 表面结构图形符号的画法

表面结构图形符号的画法,见图 5-21 和表 5-24。

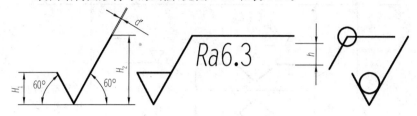

图 5-21　表面结构图形符号的画法

表 5-24　　　　　表面结构的图形符号及附加标注的尺寸

数字和字母的高度	2.5	3.5	5	7	10	14	20
符号线宽 d'	0.25	0.35	0.5	0.7	1	1.4	2
字母线宽 d	0.25	0.35	0.5	0.7	1	1.4	2
高度 H_1	3.5	5	7	10	14	20	28
高度 H_2(最小值)	7.5	10.5	15	21	30	42	60

4. 表面结构要求在图样中的标注

表面结构要求对每一表面一般只标注一次,并尽可能标注在相应的尺寸及其公差的同一视图上。除非另有说明,否则所标注的表面结构要求均是对完工零件表面的要求。

(1)表面结构符号、代号的标注方向。表面结构要求的注写和读取方向应与尺寸的注写和读取方向一致,如图 5-22 所示。

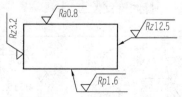

图 5-22　表面结构要求的注写方向

(2)表面结构要求的标注。表面结构要求在图样中的标注位置和方向,见表 5-25。

表 5-25　　表面结构要求在图样中的标注位置和方向

标注位置	标注图例	说明
标注在轮廓线或其延长线上	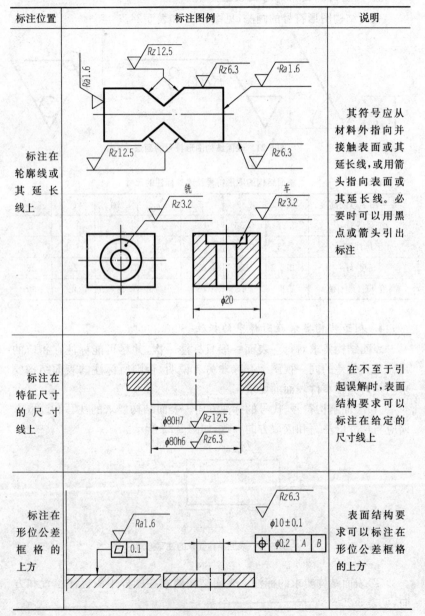	其符号应从材料外指向并接触表面或其延长线,或用箭头指向表面或其延长线。必要时可以用黑点或箭头引出标注
标注在特征尺寸的尺寸线上		在不至于引起误解时,表面结构要求可以标注在给定的尺寸线上
标注在形位公差框格的上方		表面结构要求可以标注在形位公差框格的上方

第五章 水利水电工程水力机械图识读

(续)

标注位置	标注图例	说明
标注在圆柱和棱柱表面上	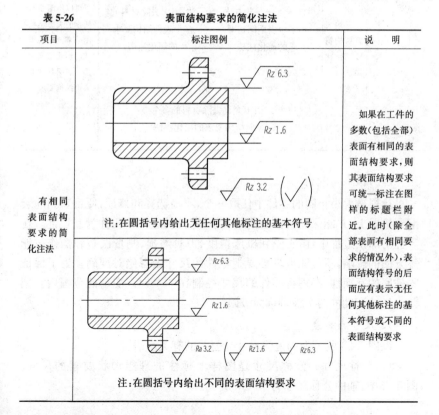	圆柱和棱柱表面的结构要求只标注一次，如果每个表面有不同的表面结构要求，则应分别单独标注

(3)表面结构要求的简化注法。表面结构要求的简化注法，见表5-26。

表5-26　　表面结构要求的简化注法

项目	标注图例	说　　明
有相同表面结构要求的简化注法	注：在圆括号内给出无任何其他标注的基本符号 注：在圆括号内给出不同的表面结构要求	如果在工件的多数(包括全部)表面有相同的表面结构要求，则其表面结构要求可统一标注在图样的标题栏附近。此时(除全部表面有相同要求的情况外)，表面结构符号的后面应有表示无任何其他标注的基本符号或不同的表面结构要求

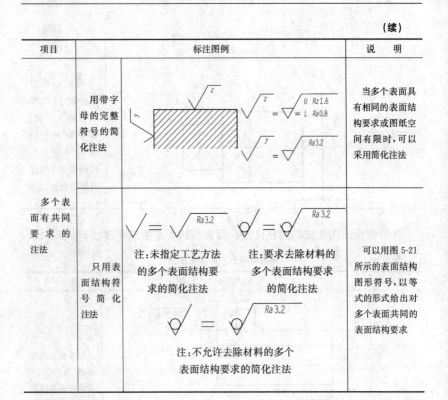

(二)极限与配合

从规格大小相同的零件中任取一个,不经选择和修配,便可顺利地装配到机器上,并能保证机器的使用要求,零件的这种性质称为互换性。在零件的加工过程中,由于受到机床精度、刀具磨损、测量误差和操作技能等方面的影响,不可能也没必要把零件的尺寸做得绝对准确。为了保证零件间的互换性,必须将零件的尺寸控制在一个允许变动的范围内。把允许尺寸变动的两个极端称为极限。

1. 尺寸与公差

以图 5-23 所示为例说明尺寸与公差的有关术语。

(1)公称尺寸。公称尺寸是图样上标注的理想形状要素的尺寸。图 5-23中,轴的公称尺寸为+50mm。

第五章 水利水电工程水力机械图识读

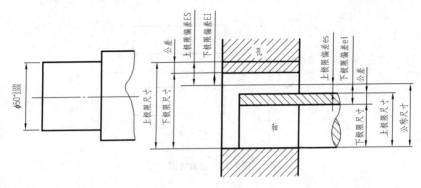

图 5-23 尺寸与公差的术语及定义

(2) 极限尺寸。尺寸要素允许的两个极限,包括上极限尺寸和下极限尺寸。实际尺寸不得超出其限定数值。图 5-23 中,轴的上极限尺寸为 $\phi 50.008$mm,下极限尺寸为 $\phi 49.992$mm。轴合格的条件:$\phi 49.992$mm $\leqslant$ 实际尺寸 $\leqslant \phi 50.008$mm。

(3) 极限偏差。极限偏差是极限尺寸减其公称尺寸所得的代数差,又分为上极限偏差和下极限偏差。孔、轴的上极限偏差分别用 ES 或 es 表示,下极限偏差分别用 EI 或 ei 表示。偏差可为正、负值或零。图 5-23 中,轴的 es=+0.008mm,ei=-0.008mm,轴合格的条件:-0.008mm $\leqslant$ 实际偏差 $\leqslant +0.008$mm。

(4) 尺寸公差(简称公差)。尺寸公差是允许尺寸的变动量。公差等于上极限尺寸减去下极限尺寸,也等于上极限偏差减去下极限偏差。公差为大于零的正数。图 5-23 中,轴的公差为 0.016mm。

(5) 公差带。公差带指由代表上、下极限偏差(或极限尺寸)位置的两条直线所限定的区域。在分析公差时,常需画出公差带图,以便直观地反映公差的大小及公差带相对于零线的位置。

如图 5-24 所示为公差带图,矩形的上边代表上极限偏差,下边代表下极限偏差,矩形的长度无实际意义,宽度代表公差值。

2. 标准公差与基本偏差

国家标准《产品几何技术规范(GPS) 极限与配合 第 2 部分:标准公差等级和孔、轴极限偏差表》(GB/T 1800.2—2009)中规定,公差带是

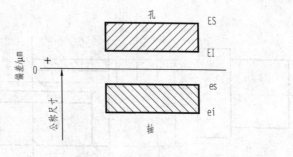

图 5-24　公差带图

由标准公差和基本偏差组成的,标准公差决定公差带的宽度,基本偏差确定公差带相对零线的位置,如图 5-25 所示。

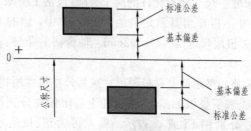

图 5-25　公差带的组成

标准公差是由国家标准规定的公差值。其大小由两个因素决定,一个是公差等级,另一个是公称尺寸。国家标准将标准公差划分为 20 个等级,分别为 IT01、IT0、IT1、IT2、…、IT18,其中 IT01 精度最高,IT18 精度最低。公称尺寸相同时,公差等级越高,标准公差越小;公差等级相同时,公称尺寸越大,标准公差越大。

基本偏差是用以确定公差带相对于零线位置的那个极限偏差,一般为靠零线近的那个极限偏差。通常,当公差带在零线上方时,基本偏差为下极限偏差;当公差带在零线下方时,基本偏差为上极限偏差;当公差带关于零线对称时,上、下极限偏差均可作为基本偏差,如 JS(js)。基本偏差应为代数值。

孔和轴的基本偏差代号各有 28 种,用拉丁字母表示(单、双字母)。孔的基本偏差代号用大写字母表示,轴用小写字母表示,如图 5-26 所示。

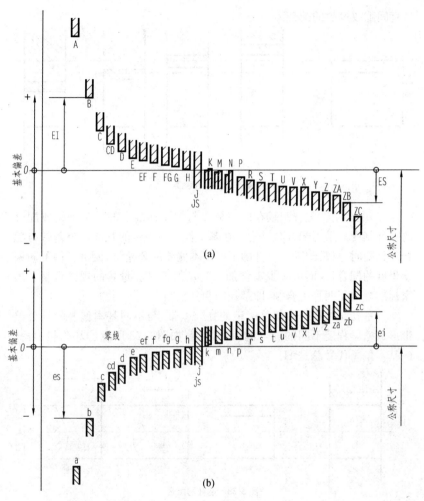

图 5-26 基本偏差系列示意图

3. 配合与配合制

(1) 配合。配合是指公称尺寸相同时,相互结合的轴和孔公差带之间的关系。按配合性质不同,配合可分为间隙配合、过渡配合和过盈配合三类,如图 5-27 所示。间隙配合指具有间隙(包括最小间隙等于零)的配合;过盈配合指具有过盈(包括最小过盈等于零)的配合;过渡配合指可能具有间隙或过盈的配合。

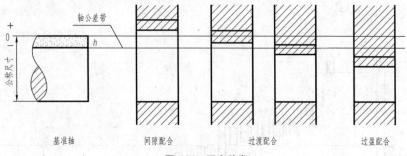

图 5-27　配合种类

(2)配合制。配合制是在同一公差与偏差标准下的孔和轴组成配合的一种制度。采用配合制是为了在基本偏差为一定的基准件公差带与配合件相配时，只需改变配合件的不同基本偏差的公差带，便可获得不同松紧程度的配合，从而可减少零件加工的定值刀具和量具的规格数量。国家标准规定了两种配合制，即基孔制和基轴制。

1)基孔制是指基本偏差一定的孔公差带，与不同基本偏差的轴公差带形成松紧程度不同的配合的一种制度，如图 5-28 所示。基孔制中，孔的基本偏差代号总是 H。

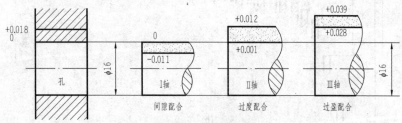

图 5-28　基孔制配合

2)基轴制是指基本偏差一定的轴公差带，与不同基本偏差的孔公差带形成松紧程度不同的配合的一种制度。基轴制中，轴的基本偏差代号总是 h。

因为孔的加工难度比轴大，因此一般情况下，应优先采用基孔制。

4. 公差与配合在图样中的标注

(1)公差尺寸的标注。在零件图上，通常要对重要尺寸标注尺寸公差。线性尺寸的公差有三种标注形式：一是只标注极限偏差；二是只标注公差带代号;三是既标注公差带代号,又标注极限偏差,极限偏差值用括号括起来,如图5-29所示。

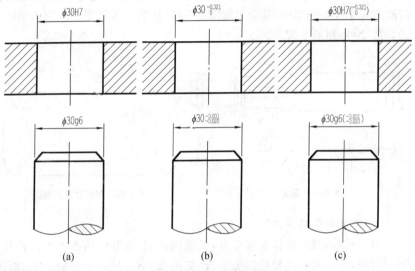

图 5-29 零件图上的公差标注

(2)配合尺寸的标注。在装配图上,对于配合尺寸应标注配合代号。配合代号用分数形式表示,分子为孔的公差带代号,分母为轴的公差带代号,如图5-30所示。

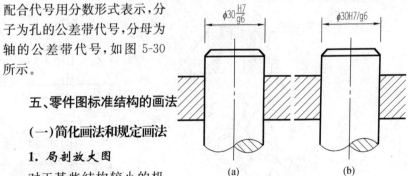

图 5-30 装配图上的公差标注

五、零件图标准结构的画法

(一)简化画法和规定画法

1. 局部放大图

对于某些结构较小的机械零件,如果按原图所用的比例画出,在视图中表达不清楚,或标注尺寸困难时,可采用局部放大图,如图5-31所示。

2. 相同要素的画法

当机械零件具有若干相同的结构(齿、槽),并按一定规律分布时,只需画出几个完整的结构,其余用细实线连接,然后在零件图中注明该结构的总数即可,如图 5-32 所示。

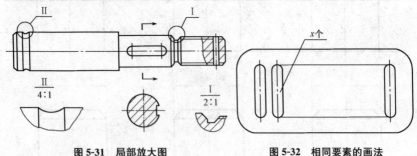

图 5-31 局部放大图　　　　图 5-32 相同要素的画法

3. 肋板和孔的画法

对于机件的肋、轮辐及薄壁等,如纵向剖切,这些结构都不画剖面符号,只用粗实线将与其邻接部分分开,如图 5-33(a)所示;当横向剖切时,这些结构需要画上剖面符号,如图 5-33(b)所示。当零件的回转体上均匀分布的肋、轮辐、孔等结构不处于剖切平面上时,可将这些结构旋转到剖切平面上画出,如图 5-33(a)所示。

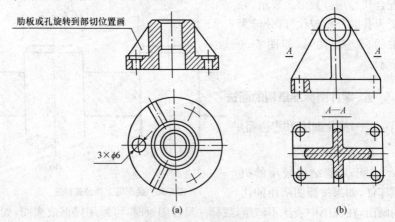

图 5-33 肋板和孔的画法
(a)纵向剖切;(b)横向剖切

4. 折断画法

对于较长的机件（轴、杆、型材、连杆等），当其沿长度方向形状一致，或按一定规律变化时，可断开后缩短画出，但要按实际长度标注尺寸，如图 5-34 所示。

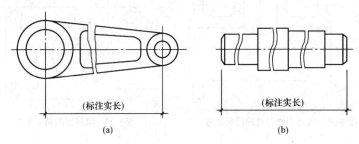

图 5-34　折断画法

5. 回转体机件上平面的画法

当回转体机件上的平面图形不能充分表达时，可用平面符号（相交细实线）表示，如图 5-35 所示。

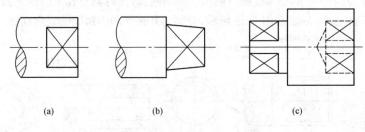

图 5-35　回转体机件上平面的画法

6. 均匀孔的简化画法

圆柱形法兰和类似机件圆周上均匀分布的孔，可采用简化方法绘制，如图 5-36 所示。

7. 倾斜圆的简化画法

与投影面斜角度小于 30° 的圆或圆弧，其投影椭圆或椭圆弧可用圆或圆弧代替，见图 5-37。

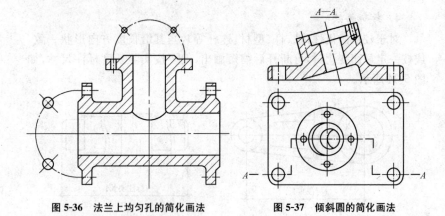

图 5-36　法兰上均匀孔的简化画法　　图 5-37　倾斜圆的简化画法

(二)常用标准结构画法

1. 螺纹的画法

(1)螺纹的牙顶用粗实线表示,牙底用细实线表示,表示牙底的细实线在螺杆的倒角或倒圆部分也应画出。在垂直于螺纹轴线的投影面上的投影,表示牙底的细实线圆只画约 3/4 圈圆弧,此时轴或孔上的倒角圆省略不画,如图 5-38 和图 5-39 所示,分别为外螺纹和内螺纹的规定画法。

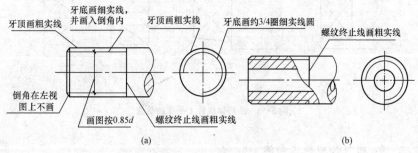

图 5-38　外螺纹的画法

(2)完整螺纹的终止界线(简称为螺纹终止线)用粗实线表示,外、内螺纹的终止线的画法如图 5-38、图 5-39(b)所示。

(3)在剖视图或断面图中,剖面线都必须画至粗实线,如图 5-38 和图 5-39 所示。

第五章 水利水电工程水力机械图识读

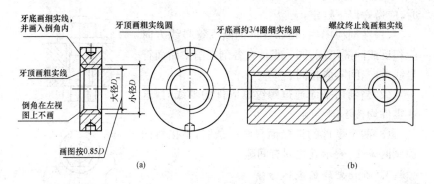

图 5-39 内螺纹的画法

(4) 不可见的内螺纹均用虚线绘制，如图 5-40 所示。

(5) 内、外螺纹连接常用剖视图表示，其旋合部分按外螺纹画法表示，其余部分仍按各自的画法表示，如图 5-41 所示。画螺纹连接图时，表示大、小径的粗、细实线应分别对齐，与倒角的大小无关。

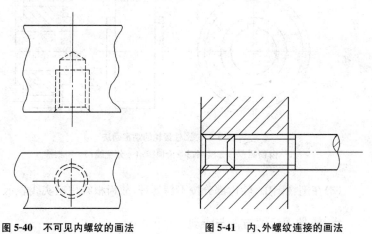

图 5-40 不可见内螺纹的画法　　图 5-41 内、外螺纹连接的画法

2. 螺纹紧固件的画法

为了作图方便，螺纹紧固件在作图时，一般不按实际尺寸作图，而是采用按比例画出的简化画法。即除公称长度 L 以外，其余尺寸都折合成与螺纹大径 d 成一定的比例作图，如图 5-42 所示。画螺栓紧固件连接图

时,应遵守以下规定:

(1)在剖视图中,相邻零件的断面符号线方向应相反或间隔不同,同一零件在各剖视图中断面符号线方向、间隔应相同。

(2)当剖切平面通过螺纹紧固件的轴线时,这些零件均按不剖绘制。

(3)两个零件的接触面只画一条线,不接触的面画两条线,表示其之间有间隙。

3. 圆柱齿轮的表达方法

(1)在外形图中,齿顶圆和齿顶线用粗实线表示;分度线和分度圆用点画线表示;齿根圆和齿根线用细实线表示,也可省略不画,如图5-43所示。

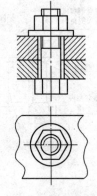

图5-42 螺栓紧固件连接图的简化画法

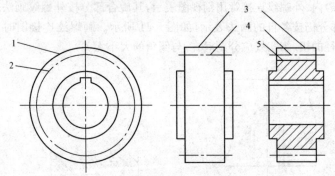

图5-43 圆柱齿轮的规定画法
1—齿顶圆;2—分度圆;3—齿顶线;4—分度线;5—齿根线

(2)在剖视图中,轮齿部分按不剖处理,故齿根线用粗实线表示。

六、零件图识读方法与步骤

要读懂零件图,不但需要具备一定的空间想象能力,熟悉各种表达方法,还要了解一定的工艺结构等知识,了解尺寸公差、表面粗糙度、几何公差等技术要求。如图5-44所示为壳体零件图,下面以本图的识读为例说明零件图的识读方法与步骤。

第五章　水利水电工程水力机械图识读

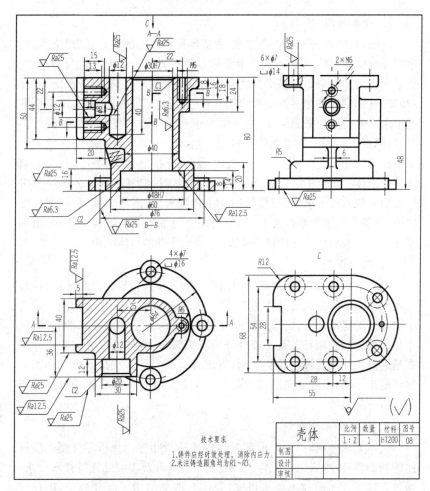

图 5-44　壳体零件图

1. 读标题栏

从标题栏中可以了解到零件的名称、绘图比例等零件的一般情况，结合对全图的浏览，可对零件有初步的了解。明确这个零件属于哪一类零件，在机器中大致起什么作用。从壳体零件图的标题栏可以看出，该零件的名称是壳体，属箱体类零件，其作用是容纳和支承其他零件，绘图比例为 1∶2，材料是 HT200。

2. 读各视图

读图时,应首先分析表达方案,弄清各视图之间的关系,纵观全图,想象零件的整体形状。图 5-44 所示壳体零件图有四个视图,即主、俯、左三个基本视图和一个局部视图。主视图采用全剖视图,用平行于正面、通过 ϕ30H7 孔的轴线的单一剖切平面剖开;俯视图也采用全剖视图,用两个平行于水平面的剖切平面剖开;左视图为了表示小锪平孔而采取了局部剖视,局部视图 C 表示出了壳体的外形。然后再分析零件的类别和它的结构组成,按"先主后次,先大后小,先外后内,先粗后细"的顺序,有条不紊地进行识读。在分析零件各部分的结构形状时,应利用形体分析法将零件假想分解成若干组成部分,然后从主视图入手,围绕主视图,根据投影规律,将各个视图联系起来看,想象出每个组成部分的结构形状,再根据零件图上所表示各部分的位置关系,想象出零件的整体结构。

3. 尺寸分析

尺寸分析时,要明确各部位结构尺寸的大小和位置。读尺寸时,应首先找出三个坐标方向的尺寸基准,然后从基准出发,按形体分析法找出各组成部分的定形尺寸、定位尺寸和总体尺寸,深入了解尺寸基准之间、尺寸与尺寸之间的相互关系。通过分析可以看出,壳体长度方向的尺寸基准是通过主体圆筒轴线的侧平面;宽度方向的尺寸基准是通过主体圆筒轴线的正平面;高度方向的尺寸基准是底板的底面。然后再用形体分析法分析三类尺寸。

4. 技术要求分析

技术要求分析时,应全面掌握零件的质量指标。分析零件图上所标注的表面粗糙度、极限与配合、几何公差、热处理及表面处理等技术要求。通过壳体零件图的技术要求可知,壳体有两处给出了尺寸公差,即尺寸 ϕ30H7 和 ϕ48H7,这两处孔与安装在一起的轴之间有配合要求,且这两个孔都是基准孔,表面结构要求比较高,表面粗糙度 Ra 的值都是 6.3 μm。该零件没有形位公差要求。另外,从技术要求的文字说明中可以看出,壳体铸件应经时效处理,以消除内应力。

5. 归纳总结

通过上述分析,对壳体零件的结构形状、大小有了比较细致的了解和认识,对制造该零件所使用的材料以及所用的技术要求也有了全面的了解,综合归纳总结就可以得出壳体零件的总体概念,并且可以进一步分析零件结构和工艺的合理性,表达方案是否恰当,尺寸标注是否合理以及读图过程中有无读错的地方,以便进一步弄懂零件图。

第三节 装配图识读

一、装配图的内容

装配图是表达整台机器或部件的总体设计意图、制订装配工艺规程、落实装配过程和检验装配结果的依据。一张完整的装配图应包括以下几项内容:

(1)一组图形。表达装配体的结构、工作原理、各零件之间的装配连接关系及主要零件的结构形状。

(2)必要的尺寸。表示装配体的规格尺寸、零件间配合关系的配合尺寸、装配体总体大小的外形尺寸等。

(3)技术要求。用文字或符号说明机器或部件在装配、安装、检验及调试中应达到的要求。

(4)零件序号和明细表。装配图中对每一种零件都需编写序号,并在标题栏上方绘制零件的明细表,在明细表中列出各零件的名称、数量和材料等。

(5)标题栏。标题栏内注写装配体的名称、比例、图号等。

二、装配图的表达方法

装配图的表达方法可分为规定表达方法和特殊表达方法。

1. 装配图的规定表达方法

(1)接触面画法。相邻两零件的接触面或配合面只用一条轮廓线表示,不可画成两条线或画成一条加粗的实线,如图 5-45 所示。对于装配在一起的两个基本尺寸不同的零件,即使间隙很小,也必须画出两条轮廓线,如图 5-45(a)所示。必要时小间隙允许夸大画出。

(2)剖面线画法。对于同一零件的剖面线应在各视图中保持方向相同,间隔一致。相邻两零件的剖面线倾斜方向应相反,或间隔不同。当零件厚度小于 2mm 时,剖切后允许用涂黑代替剖面符号。

(3)实心件和一些紧固件的画法。在剖视图中,对轴、杆、球等实心件和螺栓、垫圈、螺母、键、销等紧固件,当剖切平面通过基本轴线时,这些零、部件都按不剖画出,但当剖切平面垂直于上述零件的基本轴线时,仍应画出剖面线。

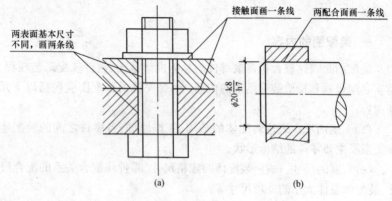

图 5-45 接触面画法

2. 装配图的特殊表达方法

(1)拆卸画法。对于在装配图的某视图上已有表示的某些零件,当这些零件在另外视图中的重复出现有时会影响其他零件表达上的清晰度,或是为了简化绘图工作,则可在该视图中采用拆去这些零件的重复出现部分。这种拆卸画法在装配图中应用较多。

(2)沿结合面剖切。在装配图的某个视图过程中,可假想沿某零件与相邻零件的结合面进行剖切。这样,在剖视图中所表达的结合面上就不再画出剖面线,从而使绘图工作得到简化。

(3)假想画法。为了表示运动零件的极限位置或本部件与相邻零件(或部件)的相互关系,可用细双点画线画其外形轮廓。

(4)夸大画法。在装配图中,对于薄片零件(如垫片等)、细小零件(如紧定螺钉等)以及微小间隙(如键高与键槽深度的间隙等),如按它们的实际尺寸用比例难以画出时,可不按比例而采用适当夸大的画法,对于垫片等一类零件可画成特粗实线以表示其厚度。

三、装配图的尺寸

装配图不是直接用于加工制造零件的,所以不需要将每个零件的尺寸都详细的注出,只需注出与机器(或部件)的装配、检验、安装或调试等有关的尺寸。装配图上常注的尺寸见表 5-27。

表 5-27　　　　　　　　　装配图上常注尺寸

序号	项目	内容
1	性能尺寸	性能尺寸即规格尺寸,是表示机器(或部件)的性能(规格)和特征的尺寸,它在设计时就已经确定,是设计、了解和选用零件(或部件)的依据
2	装配尺寸	装配尺寸表示机器(或部件)各零件之间装配关系的尺寸,通常包括配合尺寸(零件间有公差配合要求的尺寸)和相对位置尺寸(零件右装配时,需要保证的相对位置尺寸)
3	外形尺寸	外形尺寸是指机器(或部件)的外形轮廓尺寸,反映了机器(或部件)的总长、总宽、总高,这是机器(或部件)在包装、运输、安装、厂房设计时所需的依据
4	安装尺寸	安装尺寸是指机器(或部件)安装在地基或其他机器上所需的尺寸
5	其他重要尺寸	其他重要尺寸主要包括在设计过程中经计算或选定,但不包括在上述几类中的一些重要尺寸。如运动零件的极限尺寸、主体零件的重要尺寸等

四、装配图上的序号、明细表和标题栏

装配图中所有零、部件都必须编写序号,并填写明细栏和标题栏,具体应符合以下要求:

(1)零件的序号。在装配图中各零件(或部件)采用指引线进行编号。规格完全相同的每种零件一般只编一个序号。指引线以细实线自所指部分的可见轮廓内引出,并在引出端画一小圆点。在另一端用细实线画一水平线或一圆圈以编写序号。序号字高应比尺寸数字的高度大一号或

大二号。一组紧固件以及装配关系清楚的连接零件组,可采用公共指引线。装配图上的序号应按顺时针或逆时针呈水平或铅直方向排列。

(2)明细表。对有序号的零件、组件或部件均应列入明细表作较详细的说明。明细表一般画在标题栏的上方,零件的序号应由下而上顺序编号。明细表包括序号、零件名称、代号、数量、材料、重量和附注等内容。

(3)标题栏。装配图中,标题栏的内容与零件图的标题栏大致相同。装配图(总装与部装图)的代号在标题栏内注写时,在其末位数后需加00两字。

五、装配图识读方法与步骤

识读装配图的目的,是为了了解机器或部件的工作原理和各零件之间的装配关系,弄清主要零件的基本形状和作用等。识读过程中,应结合装配图画法的一般表达、螺纹连接、键连接、销连接以及齿轮啮合等画法,分析各零件的结构形状以及相邻零件间的关系,然后根据有关提示或说明弄清装配体的工作原理和装配关系,最后找到正确的零件装、拆顺序。如图5-46所示为滑动轴承的装配图,以本图的识读为例说明装配图的具体识读方法与步骤。

1. 概括了解

从标题栏和有关说明书中,了解装配体的名称和大致用途;从明细表中了解零件的名称和数量,并根据零件编号在视图中找出各零件在视图中所在位置;根据图样上所提供的视图、剖视图、断面图的配置和标注,分析各视图之间的投影关系,了解各视图的表达重点,为深入看图作准备。

如图5-46所示,通过对标题栏、明细表等的概括了解可知,该部件为滑动轴承,比例为1∶1,由四种零件组成,整个装置的体积较小,结构比较简单。

2. 分析视图

概括了解之后,可从反映装配体主要装配关系的视图着手,弄清各零件间的装配关系和定位、连接方式,分析其工作原理。

从图5-46中,对视图进行分析可知:该滑动轴承装配图共用主视图、右视图和俯视图三个视图来表达。

(1)主视图。主视图采用了局部剖视,清楚地表达了安装孔的结构,同时也较好地反映了滑动轴承的形状特征。

第五章 水利水电工程水力机械图识读

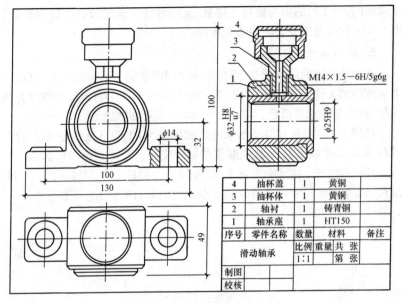

图 5-46 滑动轴承的装配图

（2）右视图。右视图采用了全剖，反映各零件之间的装配连接关系。

（3）俯视图。俯视图补充表达了轴承座的外形。

3. 分析零件

对装配图中零件进行分析，应从主要零件入手，可以利用剖面线的方向，按投影关系找出零件在不同视图中的投影轮廓，想象出各零件的结构形状。

以图 5-46 中零件 2 为例，说明零件的分析方法：从明细表中可知该零件叫轴衬，对照三视图可以想象该零件，上面有一个加油孔。

4. 分析各零件间的装配关系

在对零件进行分析各零件的基础上，进一步弄清各零件之间的连接关系、配合方式及运动情况，这是看懂装配图的重要环节。

从图 5-46 中，可知滑动轴承的装配关系：轴承座 1 和轴衬 2 间是基孔制过盈配合（$\phi 32H8/u7$），工作时它们之间没有相对运动；轴承座 1 和油杯体 3、油杯体 3 和油杯盖 4 之间是通过螺纹来连接的。滑动轴承是用于支承轴的,被支承的轴与轴衬 2 接触,从油杯注入油使轴衬 2 得到润滑。两个 $\phi14$ 的孔是用来安装该装配体的。

5. 归纳总结

在看懂零件的结构形状,弄清各零件间的装配关系和连接方式以后,对装配体的工作原理、装配关系、拆卸顺序及装配图中的各尺寸作综合的总体分析,想象总体形状,以获得一个清晰、完整的概念。

从图 5-46 中,可知滑动轴承的拆卸顺序为:先旋下油杯盖 4,再旋下油杯体 3,最后取出轴衬 2,全部零件拆卸完毕。装配顺序与拆卸顺序相反。所注尺寸中,$\phi25H9$ 为规格、性能尺寸,$\phi32H8/u7$、$M14\times1.5-6H/5g6g$、32 为装配尺寸,$\phi14$、100 为安装尺寸,130、49、100 为外形尺寸。

第六章 水利水电工程电气图识读

第一节 概 述

一、电气图的分类

电气图是指用图形符号、带注释的围框或简化外形表示各种组成部分之间相互关系及其连接关系的一种简图。根据电气技术用文件的编制要求，结合水利水电工程用图的特点，水利水电工程电气图可分为功能关系图、位置关系图和连接关系图三类。

1. 功能关系图

功能关系图是表示功能关系的简图或表图，如系统图或框图、电路图和功能表图、机械操作流程图，见表 6-1。

表 6-1　　　　　　　　　　电气图基本类别

序号	名　称	基本含义
1	系统图或框图	系统图或框图是指用符号或带注释的框，概略表示系统或分系统的基本组成、相互关系及其主要特征的一种简图。一般用于设计初期。电力系统图主要包括电站接入系统图，主接线系统图，厂用电系统图，直流系统图，照明系统图，接地系统图，微波通信系统图，继电保护配置系统图，励磁系统图，电力系统规划图等
2	电路图	电路图是指用图形符号并按工作顺序排列，详细表示电路、设备或成套装置的全部基本组成和连接关系，不考虑其实际位置的一种简图。水电系统称之为"原理图"。主要包括保护电路图（即展开图、原理接线图）、机组操作图、电动机操作图、励磁回路操作图等

(续)

序号	名　称	基本含义
3	功能表图	功能表图是指表示一个供电过程或一个生产过程的控制系统的作用和状态的一种表图。 一个控制系统的功能可划分为三个功能表图组成： (1)被控系统功能表图：描述操作设备的功能，说明它接受什么命令、产生什么信息和动作。 (2)控制系统功能表图：描述控制设备的功能，说明它可以得到什么信息，发出什么命令和其他信息，是常用的一种功能表图。 (3)整个控制系统功能表图。把控制系统作为一个整体来描述，不给出被控和施控系统之间相互作用的内部细节。 功能表图用图形符号或文字叙述相结合的方法表示，全面描述控制系统的控制过程、功能和特性，还可描述系统组成部分的技术特性而不考虑具体执行过程，可用于电气和非电气控制系统

2. 位置关系图

位置关系图是表示位置关系的图或简图，如布置图和安装图。

(1)布置图。布置图是表示发电厂、变电所等各种机械、电气设备布置方式的一种简图。包括照明设备平面布置图、通信设备平面布置图、配电装置布置图、盘面布置图、电缆布置图等。其中布置图(电缆敷图)表示发电厂、变电所等的电力电缆、控制电缆、通信电缆等的敷设位置及其走向或各断面中电缆的分布情况的简图。主要表示单元之间外部电缆的敷设，也可表示线缆的路径情况等。

(2)安装图。安装图是表示发电厂、变电所等的各种机械、电气设备在现场安装时，其埋设部件的埋设方式和安装要求的简图，如盘柜基础图、电缆支架、保护网、接地端子等。

3. 连接关系图

连接关系图是表示连接关系的简图和表格，如接线图(表)、端子图(表)和电缆清册等。

(1)接线图(表)。接线图(表)是表示成套装置、设备和装置的连接关系,用以进行接线和检查的一种简图或表格。

(2)设备元件表或材料表。设备元件表或材料表是指把成套装置、设置和装置中各组成部分和相应数据列成的表格,用以表示各种组成部分的名称、型号、规格和数量等。设备元件主要包括:一次订货图、设备表、设备明细表、设备材料表等。

二、电气图的主要特点

电气图与机械图、建筑图及其他专业技术图相比,具有其自身的一些特点,主要表现为以下几个方面:

(1)电气图的主要表达形式。大部分电气图都是简图,如概略图、功能图和电路图、安装平面简图等。所以,简图是电气图的主要表达形式。但是,简图并不是简略的图,而是一种术语。采用这一术语是为了把这种图与其他的图(如机械图中的各种视图、建筑图中的各种平面布置图等)加以区别。

(2)电气图的主要表达内容。元件和连接线是电气图所描述的主要对象,也是电气图所要表达的主要内容。由于可采用不同的方式和手段对元件和连接线进行描述,电气图具有多样性。例如,在电路图中,元件通常用一般符号表示,而在系统图、框图和接线图中通常用简化外形符号(圆、正方形、长方形)表示。

(3)电气图的布局方法。电气图的布局方法分为功能布局法和位置布局法。功能布局法是指电气图中元件符号的布置,只考虑便于看出它们所表示的元件之间功能关系,而不考虑实际位置的一种布局方法。电气图中的系统图、电路图都是采用这种布局方法。位置布局法是指电气图中元件符号的布置对应于该元件实际位置的布局方法。电气图中的接线图、位置图、平面布置图通常采用这种布局方法。

(4)电气图的基本要素。一个电气系统、设备或装置通常由许多部件、组件、功能单元等组成。这些部件、组件、功能单元等被称为项目。在主要以简图形式表示的电气图中,为了描述和区分这些项目的名称、功能、状态、特征及相互关系、安装位置、电气连接等,没有必要一一画出各种元器件的外形结构,一般是用一种简单的符号表示,这些符号就是图形符号。

三、电气图识读基本要求

(1)应具有电工基础知识。
(2)应熟悉电气工程的相关标准。
(3)应熟悉各种电气图的特点。
(4)应掌握常用的电气图形符号和文字符号。
(5)应清楚电气元件的结构和原理。
(6)应掌握电气图的一般规律。

四、电气图识读基本步骤

由于电气项目类别、规模大小、应用范围的不同,电气图的种类和数量相差很大。因此,电气图的识读应按照一定步骤进行。

1. 详细阅读电气图的各种说明

电气图的说明主要包括:图纸目录、技术说明、元件明细表、施工说明书等。拿到图纸后,首先要仔细阅读图纸的主标题栏和有关说明,理解设计的内容和安装要求,就能了解图纸的大体情况,抓住看图的要点。结合已有的知识,对该电气图的类型、性质、作用有一个明确的认识,从整体上理解图纸的概况和所要表述的重点。

2. 看电气系统或设备的概略图

在详细看电路图之前,能够弄清楚系统中各部分之间的联系是非常必要的。这对后面的读图以及理解系统各个部分的工作原理有着很重要的作用。因此,详细阅读电气图的各种说明后,应该看电气系统或设备的概略图。

3. 熟悉电路图

电路图是电气图的核心,也是内容最丰富但最难识读的电气图。看电路图时,首先要识读有哪些图形符号和文字符号,了解电路图各组成部分的作用,分清主电路和辅助电路、交流回路和直流回路,其次按照先看主电路,后看辅助电路的顺序进行识读图。

4. 对照电路图来看接线图

看接线图时要根据端子标志、回路标号从电源端依次查下去,读懂线路走向和电路的连接方法,理解每个回路是怎样通过各个元件构成闭合回路的。看安装接线图时,先看主电路后看辅助回路。看主电路是从电源引入端开始,顺序经开关设备、线路到负载(用电设备)。看辅助电路时,要从电源的一端到电源的另一端,按元件连接顺序对每一个回路进行分析。接线图中的线号是电气元件间导线连接的标记,线号相同的导线原则上都可以接在一起。由于接线图多采用单线表示,配电盘内外线路相互连接必须通过接线端子板,因此看接线图时,要看清配电盘内外的线路走向,就必须注意看清端子板的接线情况。

第二节　电气图形符号和文字符号

一、电气图用图形符号

图形符号通常用于图样或其他文件以表示一个设备或概念的图形、标记或字符。电气用图形符号一般分为限定符号、一般符号、方框符号以及标记或字符。

(一)图形符号分类

(1)限定符号和常用的其他符号包括电流和电压的种类、特性量的动作相关性、效应或相关性、键盘和传真、机械控制、操作件、非电量控制、接地和接机壳以及其他等。

(2)导线和连接器件图形符号包括导线、端子和导线的连接、连接器件和电缆附件等。

(3)无源元件图形符号包括电阻器、电感器、电容器等。

(4)半导体图形符号包括二极管、晶闸管和光电子、光敏器件等。

(5)电能的发生和转换图形符号包括绕组连接的限定符号、内部连接的绕组,电机部件及类型,变压器、电抗器、消弧线圈、制动电阻、串并补电容,变流器、原电池等。

(6)开关、控制和保护装置图形符号包括触点,开关、开关装置和控制器,非测量继电器及接触器,测量继电器、熔断器、间隙避雷器等。

(7)测量仪表、灯和信号器件图形符号包括指示、积算和记录仪表,遥测器件,电钟,灯、喇叭和电铃等。

(8)电信图形符号包括交换设备、电话机,传输,光纤等。

(9)电力、照明和电信布置图形符号包括发电厂和变电所,电信局和机房设施,线路,配线、电杆及其他、配电、控制和用电设备,插座、开关和照明,照明灯、照明引出线等。

(10)二进制逻辑单元图形符号包括输入、输出符号和组合单元等。

(11)火灾报警图形符号包括火警控制器,专用火警电源,各类火灾探测器、按钮、模块,火警广播、电话等。

(12)工业电视图形符号包括摄像机、云台、视频切换控制器、解码控制器、图像监视器等。

(二)图形符号使用一般规定

(1)所规定的图形符号均按无电压、非激励、无外力、不工作的正常状态示出。例如:继电器和接触器在非激励的状态;断路器和隔离开关在断开位置;带零位手动控制开关在零位置,不带零位的手动控制开关在图中规定的位置;机械操作开关(如行程开关)在非工作的状态;机械操作开关的工作状态与工作位置的对应关系表示在其触点符号的附近;正常状态断开,在外力作用下趋于闭合的触点,称为动合(常开)触点,反之,称为动断(常闭)触点。

(2)在不改变符号含义的前提下,符号可根据图面布置的需要旋转,但文字应水平书写。

(3)使用触点符号时,一般是:当图形符号垂直放置时从左向右,即动触点在静触点左侧时为动合(常开),在右侧时为动断(常闭);当图形符号水平放置时为从下向上,即动触点在静触点上方时为动合(常开),在上方时为动断(常闭)。

(4)图形符号可根据需要缩小或放大。当一个符号用以限定另一符号时,该符号一般缩小绘制。符号缩小或放大时,各符号间及符号本身的比例应保持不变。

(5)有些图形符号具有几种图形形式,使用时应优先采用"优选形"。在同一工程中,只能选用同一种图形形式。图形符号的大小和线条的粗细均要求基本一致。

(6)图形符号中的文字符号、物理量符号等,应视为图形符号的组成部分,须符合《水电水利工程电气制图标准》(DL/T 5350—2006)中有关内容的规定。

第六章 水利水电工程电气图识读

(7) 同一图形符号表示的器件,当其用途或材料不同时,应在图形符号的右下角用大写英文名称的字头表示其区别。

(三) 电气图常用图形符号

1. 电流和电压图形符号

电流和电压图形符号见表 6-2。

表 6-2　　　　　　　　　电流和电压图形符号

图形符号	说　明
——	直流
∼	交流 频率或频率范围以及电压的数值应标注在符号右边,系统类型应标注在符号的左边
≂	交直流
~~	具有交流分量的整流电流①
N	中性(中性线)
+	正极
−	负极

① 当需要与稳定直流相区别时使用。

2. 导线和连接器件图形符号

(1) 导线图形符号。导线图形符号见表 6-3。

表 6-3　　　　　　　　　导线图形符号

图形符号	说　明
——	导线、导线组、电线、电缆、电路、传输通路(如微波技术)、线路、母线(总线)一般符号
	当用单线表示一组导线时,若需示出导线数可加小短斜线或画一条短线加数字表示
—///—	示例:三根导线
—/ 3	示例:三根导线

(续)

图形符号	说　明
	更多的情况可按下列方法表示：
	在横线上面注出：电流种类、配电系统、频率和电压等；
	在横线下面注出：电路的导线数乘以每根导线的截面积，若导线的截面不同时，应用加号将其分开；
	导线材料可用其化学元素符号表示
——110V 2×120mm²Al	示例：直流电路，110V，两根铝导线，导线截面积为120mm²；
3N 50Hz380V 3×120 1×70	示例：三相交流电路，50Hz，380V，三根导线截面积均为120mm²，中性线截面积为70mm²
----------	金属封闭母线
----------	管道母线
—▷—◁—	电缆线路（现有）
-▷---◁-	电缆线路（计划）

(2)端子和导线的连接图形符号。端子和导线的连接图形符号，见表6-4。

表6-4　　　　　　　端子和导线的连接图形符号

图形符号	说　明
●	导线的连接
○	端子
∅	可拆卸的端子
11 12 13 14 15 16	端子板（示出带线端记的端子板）
形式1	导线的连接
形式2	导线的连接
形式1	导线的多线连接
形式2	示例：导线的交叉连接（点）单线表示法

(续)

图形符号	说　明
	示例:导线的交叉连接(点)多线表示法
	导线或电缆的分支和合并
	导线的不连接(跨越) 示例:单线表示法
	示例:多线表示法
	导线的交换(换位)
	相序的变更或极性的反向(示出用单线表示 n 根导线)
L1　L3	示例:示出相序的变更
	多相系统的中性点(示出用单线表示)
3~　GS	示例:每相两端引出,示出外部中性点的三相同步发电机

(3)连接器件图形符号。连接器件图形符号见表 6-5。

表6-5 连接器件图形符号

图形符号		说　明
优选型	其他型	
─(	─Y	插座(内孔的)或插座的一个极
──●	←──	插头(凸头的)或插头的一个极
─(●	─《	插头或插座(凸头和内孔的)
形式1 ─■─	形式2 ─┬─┬─	接通的连接片
═╱═		断开的连接片
□		普通接线端子
⊠		终端端子
▯		试验端子
[∘∘]		试验连接端子
[∘∘]		连接端子

3. 无源元件图形符号

(1)电阻器图形符号。电阻器图形符号见表6-6。

表6-6 电阻器图形符号

图形符号	说　明
优选型 ─▭─ 其他型 ─/\/\─	电阻器一般符号
─⌿▭─	可变电阻器 可调电阻器
─▭⌿─ U	压敏电阻器 变阻器 U 可以用 V 代替

第六章 水利水电工程电气图识读

(续)

图形符号	说明
	热敏电阻器 θ 可以用 $t°$ 代替
	滑线式变阻器
	分路器 带分流和分压接线头的电阻器
	滑动触点电位器

(2)电容器图形符号。电容器图形符号见表 6-7。

表 6-7　　　　　　　电容器图形符号

图形符号	说明
优选型 其他型	电容器一般符号 如果必须分辨同一电容器的电极时,弧形的极板表示： 1. 在固定的纸介质和陶瓷介质电容器中表示外电极； 2. 在可调和可变的电容器中表示动片电极； 3. 在穿心电器中表示低电位电极

(3)电感器图形符号。电感器图形符号见表 6-8。

表 6-8　　　　　　　电感器图形符号

图形符号	说明
	电感器 线圈 绕组 扼流器 1. 如果要表示带磁芯的电感器,可以在该符号上加一条线,这条线可以带注释,用以指出非磁性材料。并且这条线可以断开画,表示磁芯有间隙 2. 符号中半圆数目不作规定,但不得少于三个
	示例：带磁芯的电感器

(续)

图形符号	说　明
	磁芯有间隙的电感器
	带磁芯连续可调的电感器
	有两个抽头的电感器 1. 可增加或减少抽头数目。 2. 抽头可在外侧两半圆交点处引出
	可变电感器

4. 半导体管图形符号

半导体管图形符号见表 6-9。

表 6-9　　　　　　　半导体管图形符号

项　目	图形符号	说　明
半导体二极管		半导体二极管一般符号
		发光二极管一般符号
晶闸管		三极晶闸管 当没有必要规定控制极的类型时，这个符号用于表示反向阻断三极晶闸管
光电子、光敏器件		光敏电阻 具有导电性的光电器件
		光电池
		光电半导体管（示出 PNP 型）
		发光数码管
		光耦合器　光隔离器 （示出发光二极管和光电半导体管）

5. 电能的发生和转换图形符号

(1)电机部件及类型图形符号。电机部件及类型图形符号见表 6-10。

表 6-10　　　　　　　　　电机部件及类型图形符号

图形符号	说　　明
⌒⌒	换向绕组或补偿绕组
⌒⌒⌒	串励绕组
⌒⌒⌒⌒	并励或他励绕组
⊣	集电环或换向器上的电刷①
(✷)	电机一般符号 符号内的星号必须用下述字母代替： C 同步交流机 G 发电机 GS 同步发电机 GD 柴油发电机 M 电动机 MG 能作为发电机或电动机使用的电机 MS 同步电动机 SM 伺服电机 TG 测速发电机 TM 力矩电动机 IS 感应同步器 MG 抽水蓄能机组
(⊙✷)	自整角机、旋转变压器一般符号

① 仅在必要时标出电刷。

(2)变压器、电抗器图形符号。同类型变压器有两种符号形式,第一种形式是用一个圆表示每个绕组,限于单线表示法使用。在这种形式中不用变压器铁芯符号。第二种形式是使用符号表示每个绕组,可改变半圆的数量,以区分某些不同的绕组。

电流互感器和脉冲变压器的符号可用直线表示一次绕组,二次绕组可使用上述任一形式。

变压器、电抗器图形符号见表 6-11。

表 6-11　　　　　变压器和电抗器图形符号

图形符号		说　　明
形式 1	形式 2	
———	———	铁芯
— — —	— — —	带间隙的铁芯
-03	-04 -05	双绕组变压器① 示例：示出瞬时电压极性标记的双绕组变压器流入绕组标记端的瞬时电流产生辅助磁通
-06	-07	三绕组变压器 分裂变压器
-08	-09	自耦变压器
-10	-11	电抗器、扼流圈
-12	-13	电流互感器 脉冲变压器
		接地变压器

① 瞬时电压的极性可在形式 2 中表示。

第六章 水利水电工程电气图识读

(3)变流器图形符号。变流器方框符号见表 6-12。

表 6-12 变流器方框符号

图形符号	说　明
	直流变流器
	整流器
	桥式全波整流器
	逆变器
	整流器/逆变器
	交流稳压器

6. 开关控制和保护装置图形符号

(1) 开关、开关装置和控制器图形符号。

1)单极开关图形符号(表 6-13)。

表 6-13 单极开关图形符号

图形符号	说　明
	手动开关的一般符号
	按钮开关(不闭锁)
	按钮开关(闭锁)

2)位置和限制开关图形符号(表6-14)。

表6-14　　　　　　　位置和限制开关图形符号

图形和合	说　　明
(图形)	位置开关,动合触点 限制开关,动合触点
(图形)	位置开关,动断触点 限制开关,动断触点

3)动力控制器或操作开关图形符号(表6-15)。

表6-15　　　　　　动力控制器或操作开关图形符号

图形符号	说　　明
(图形)	动力控制器 示出有两个无灭弧装置的动断(常闭)触点,四个有灭弧装置的动合(常开)触点和一个有灭弧装置的动断(常闭)触点,共七段电路
(图形)	控制器或操作开关 示出五个位置的控制器或操作开关,以"0"代表操作手柄在中间位置,两侧的数字表示操作数,此数字处亦可写手柄转动位置的角度。在该数字上方可注文字符号表示操作(如向前、向后、自动、手动等)。短划表示手柄操作触点开闭的位置线,有黑点"·"者表示手柄(手轮)转向此位置时触点接通,无黑点者表示触头不接通。复杂开关允许不以黑点的有无来表示触点的开闭而另用触点闭合来表示。多于一个以上的触点分别接于各线路中,可以在触点符号上加注触点的线路号(本图例为4个线路号)或触点号。若操作位置数多于或少于五个时,线路号多于或少于四个时可仿本图形增减。一个开关的各触点允许不画在一起

第六章 水利水电工程电气图识读

(续)

图形符号	说　　　明
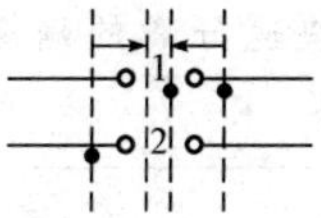 (符号图)	自动复归控制器或操作开关 示出两侧自动复位到中央两个位置时,黑箭头表示自动复归的符号

4)开关装置和控制装置图形符号(表 6-16)。

表 6-16　　　　　开关装置和控制装置图形符号

图形符号	说　　明	图形符号	说　　明
	动合(常开)触点①		自动空气开
	多极开关一般符号 单线表示		手车式抽屉式断路器
	多线表示	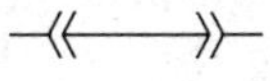	手车式抽屉式隔离开关
	接触器(在非动作位置触点断开)	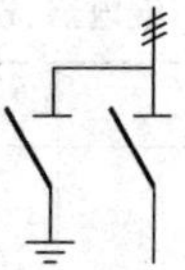	带单侧接地闸刀的隔离开关
	具有自动释放的接触器	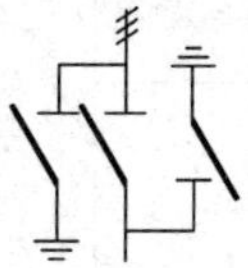	带双侧接地闸刀的隔离开关
	接触器(在非动作位置触点闭合)	 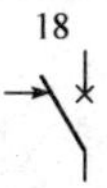 17　　18	短路开关

(续)

图形符号	说明	图形符号	说明
	断路器	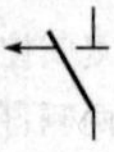	快速分离的隔离开关
	隔离开关		快速接地开关
	具有中间断开位置的双向隔离开关	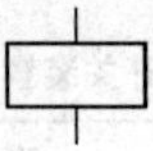	跳(合)闸线圈
	负荷开关(负荷隔离开关)		灭磁开关
	具有自动释放的负荷开关		

① 本符号也可用作开关的一般符号。

(2)继电器、接触器图形符号。

1)机电式非测量的动作继电器:继电器及接触器线圈图形符号(表 6-17)。

表 6-17　　　　继电器、接触器线路图形符号

图形符号	说明
形式1 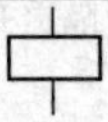 形式2 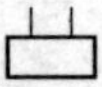	操作器件一般符号①
形式1 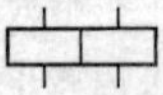 形式2 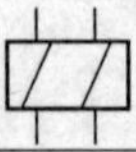	示例:具有两个绕组的操作器件组合表示法
形式1 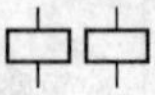 形式2 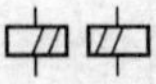	示例:具有两个绕组的操作器件分离表示法

(续)

图形符号	说　　明
形式1 , 　形式2	n 个线圈
	n 个线圈的继电器的电流线圈

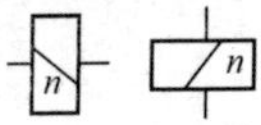

① 具有几个绕组的操作器件,可以由适当数值的斜线或重复符号来表示。

2)测量继电器图形符号(表 6-18)。

表 6-18　　　　　　　　　测量继电器图形符号

图形符号	说　　明
$U\cdot_0$	零电压继电器
$P<$	欠功率继电器
$P\leftarrow$	逆功率继电器
$I>$	延时过流继电器
$U<$ 50…80V	欠压继电器 整定范围为 50~80V
$I\ >5A\ <3A$	大于 5A 小于 3A 动作的电流继电器
$Z<$	欠阻抗继电器
% $I-I$	平衡继电器
$I>$	过电流继电器
$I>$	定时限过电流继电器

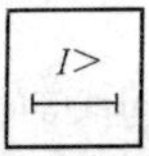

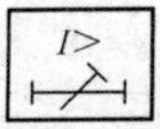

(续)

图形符号	说　　明
f	频率继电器
$f>$	高频继电器
$f<$	低频继电器
S_P	信号继电器
T	温度继电器
I_0	零序电流保护
$I_0 \rightarrow$	零序方向电流保护
$I_2>$	负序反时限过电流保护
I_d *	差动保护（*号代表发电机、变压器、母线等的文字符号）
$I_0 \perp$	零序差动电流保护
$I>$ $m=3$	对称过负荷保护
$I>$ $m\neq 3$	不对称负荷保护
$U/f>$	过励磁保护
$U>$	过电压保护
$U \perp$	接地保护

(续)

图形符号	说明
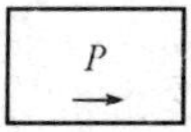 $\boxed{P \rightarrow}$	功率方向保护
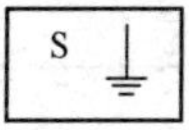 $\boxed{S \perp}$	发电机定子接地保护
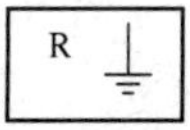 $\boxed{R \perp}$	发电机转子接地保护
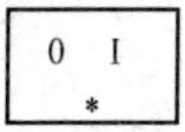 $\boxed{\begin{array}{c}0\ I\\ *\end{array}}$	自动重合闸装置 ＊号填入各种不同装置的文字符号
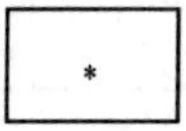 $\boxed{*}$	自动装置和继电保护装置一般符号 ＊号填入各种不同装置的文字符号

(3)保护器件图形符号。

1)熔断器和熔断器式开关图形符号(表 6-19)。

表 6-19　　　　　熔断器和熔断器式开关图形符号

图形符号	说明
	熔断器一般符号
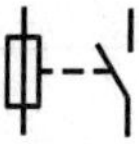	具有独立报警电路的熔断器
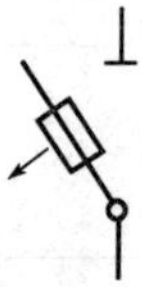	跌开式熔断器
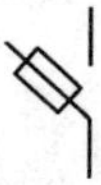	熔断器式开关

(续)

图形符号	说　明
	熔断器式隔离开关
	熔断器式负荷开关
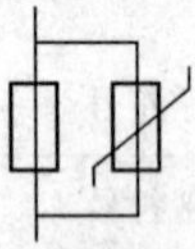	限流熔断器

2) 火花间隙和避雷器图形符号(表 6-20)。

表 6-20　　　　　　　火花间隙和避雷器图形符号

图形符号	说　明
	火花间隙
	避雷器
	消雷器
	击穿保险
	避雷针

7. 测量仪表、灯和信号器件图形符号

(1)测量仪表图形符号(表 6-21)。

表 6-21 测量仪表图形符号

序号	类别	图形符号	说明
1	指示仪表	V	电压表
		A	电流表
		W	功率表
		var	无功功率表
		$\cos\varphi$	功率因数表
		φ	相位表
		Hz	频率表
		(指针符号)	同步表(同步指示器)
		(波形符号)	示波器
		(箭头符号)	检流计
		T	温度表
		n	转速表
		ΣA	和量仪表(示出电流和量)

(续)

序号	类别	图形符号	说明
1	指示仪表	ΣW	有功总加表
		Σvar	无功总加表
		Ω	欧姆表
2	记录仪表	W	W 记录式功率表
		W | var	组合式记录功率表和无功功率表
		∿	记录式示波器
		U	U 记录式电压表
		Hz	Hz 记录式频率表
3	积算仪表	Wh	电能表(瓦特小时计)
		→ Wh	电能表(仅测量单向传输能量)
		varh	无功电能表
		↔ Wh	输入—输出电能表
		Wh	多费率电能表(示出二费率)

(2)灯和信号器件图形符号(表6-22)。

表6-22　　　　　　　　　灯和信号器件图形符号

图形符号	说　　明
⊗	灯一般符号。 信号灯一般符号。 注：1. 如果要求指示颜色，则在靠近符号处标出下列字母： 　　　RD红、BU蓝、YE黄、WH白、GN绿。 　　2. 如要指出灯的类型，则在靠近符号处标出下列字母： 　　　Ne氖、Xe氙、Na钠、Hg汞、I碘、IN白炽、EL电发光、ARC弧光、FL荧光、IR红外线、UV紫外线、LED发光二极管
（单灯图形）	单灯光字牌
（双灯图形）	双灯光字牌
（～符号）	模拟灯（发电机模拟灯）
（电喇叭图形）	电喇叭
（电铃图形）	电铃
（电警笛图形）	电警笛　报警器
（蜂鸣器图形）	蜂鸣器

8. 电力、照明和电信布置图形符号

(1)发电场(站)和变电所图形符号。发电场(站)和变电所图形符号见表 6-23。

表 6-23　　　　　　　发电场(站)和变电所图形符号

序号	项目	图形符号 规划设计的	图形符号 运行的	说明
1	一般符号	□	▨	发电厂(站)
		⊟	▨	热电厂(站)
		○	⦸	变电所(站),配电所
2	特殊符号	◨	◩	水力发电站
		⊟	▨	火力发电站(煤、油、气等)
		⊡	⊘	核能发电站
		▱	▨	地热发电站
		⚡	⚡	太阳能发电站
		⧖	⧗	风力发电站
		🚚	🚚	移动发电站
		◨	▨	抽水蓄能发电站
		⋀	⋀	潮汐发电站

(续)

序号	项目	图形符号		说明
		规划设计的	运行的	
2	特殊符号	○ V/V	⊘ V/V	变电所(示出改变电压)
		(整流符号)	(整流符号)	换流站(示出直流变交流)
		⊖	⊘	地下变电所
		⊘	⊘	开闭(开关)站

(2)机房设备图形符号。机房设备图形符号见表6-24。

表6-24　　　　　　　机房设备图形符号

图形符号	说　明
形式1 ⊔⊔⊔⊔ 形式2 ▭▭▭▭	列架的一般符号①
▯	列柜
▭	人工交换台、班长台、中继台、测量台、业务台等一般符号
⊞	总配线架
▭	保安配线箱
⊞	中间配线架
▦	走线架、电缆走道
▭	电缆槽道(架顶)
明槽 ⊠⊠ 暗槽 ⊠⊠	走线槽(地面)

① 当同时存在单、双面列架时,用它表示单面列架。

(3)线路及配线图形符号。线路及配线图形符号见表 6-25。

表 6-25　　　　　　　　线路及配线图形符号

序号	项目	图形符号	说明
1	线路	———————	导线、电缆、线路、传输通道一般符号
		地下线路符号	地下线路
		水下线路符号	水下(海底)线路
		架空线路符号	架空线路
		管道线路符号	管道线路①
		6孔管道示例	示例:6孔管道的线路
		挂在钢索上的线路符号	挂在钢索上的线路
		- - - - - -	事故照明线
		—·—·—·—	50V 及其以下电力及照明线路
			控制及信号线路(电力及照明用)
		多回路线路符号	用单线表示的多回路线路(或电缆管束)
		母线符号	母线一般符号 当需要区别交直流时: 1. 交流母线。 2. 直线母线
		—— - - ——	滑触线
2	配线	向上配线符号	向上配线
		向下配线符号	向下配线
		上下配线符号	上下配线
		导线由上引来符号	导线由上引来

第六章 水利水电工程电气图识读

(续)

序号	项目	图形符号	说明
2	配线		导线由下引来
			导线由上引来并引下
			导线由下引来并引上
		○	盒(箱)一般符号
			带配线的用户端
		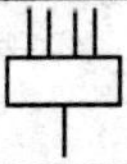	配电中心(示出五根导线管)
			连接盒或接线盒
3	电杆及附属设备	$a\frac{b}{c}Ad$	带照明灯的电杆 1. 一般符号: a——编号;b——杆型;c——杆高; d——容量;A——连接相序
			2. 需要示出灯具的投照方向时。
		$a\frac{b}{c}Ad$	3. 需要时允许加画灯具本身图形
		形式1 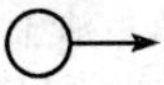 形式2 	拉线一般符号(示出单方拉线)
		形式1  形式2 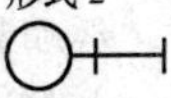	有V形拉线的电杆

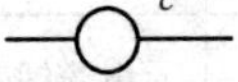

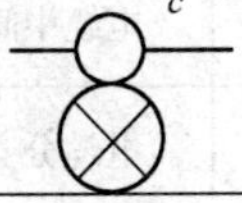

(续)

序号	项　目	图形符号	说　　明
3	电杆及附属设备	形式1 形式2	有高桩拉线的电杆
			装设单担的电杆
			装设双担的电杆
			装设十字担的电杆 1. 装设双十字担的电杆。 2. 装设单十字担的电杆
4	其他		地上防风雨罩的一般符号② 例:放大点(站)在防风雨罩内
			电缆铺砖保护
			电缆穿管保护③
			电缆预留
			电缆中间接线盒
			电缆分支线接盒
			油气绝缘套管
			导体气绝缘套管
		1 2 3 4	接地装置 1. 明敷有接地极。 2. 明敷无接地极。 3. 暗敷有接地极。 4. 暗敷无接地极。

(续)

序号	项目	图形符号	说明
4	其他		接地检查井
			深井接地
			风扇一般符号(示出引线)④

① 管孔数量、截面尺寸或其他特性(如管道的排列形式)可标注在管道线路的上方。
② 罩内的装置可用限定符号或代号表示。
③ 可加注文字符号表示其规格数量。
④ 若不引起混淆,方框可省略不画。

(4)配电、控制和用电设备图形符号。配电、控制和用电设备图形符号见表 6-26。

表 6-26　　　　　　　　配电箱(屏)、控制台图形符号

图形符号	说明
	屏、台、箱、柜一般符号
	照明配电箱①
	照明配电箱(屏)②
	交直流电源切换盘(屏)

① 需要时符号内可标示电流种类符号。
② 需要时允许涂红。

(5)插座和开关图形符号。插座和开关图形符号见表 6-27。

表 6-27　　　　　　　　　　插座和开关图形符号

图形符号	说明
	单相插座

(续)

图形符号	说　　明
	暗装
	密闭（防水）
	防爆
	带保护触点插座 带接地插孔的单相插座
	暗装
	密闭（防水）
	防爆
	带接地插孔的三相插座
	暗装
	密闭（防水）
	防爆
	插座箱（板）
	具有单极开关的插座
	带熔断器的插座
	单极开关
	暗装
	密闭（防水）
	防爆

(续)

图形符号	说　　明
	双极开关
	暗装
	密闭（防水）
	防爆
	三极开关
	暗装
	密闭（防水）
	防爆
	声控开关
TS	光控开关
	单极限时开关
	双控开关（单极三线）
	具有指示灯的开关
	多拉开关（如用于不同照度）
	钥匙开关

(6)照明灯、照明引出线图形符号。照明灯、照明引出线图形符号见表 6-28。

表 6-28　　　　　　　　照明灯、照明引出线图形符号

图形符号	说　　　明
⊗	灯或信号灯的一般符号
⊗ (投光)	投光灯一般符号
⊗→	聚光灯
⊗ (泛光)	泛光灯
⊢——⊣	荧光灯一般符号
三线符号	三管荧光灯
⊢—5—⊣	五管荧光灯
⊢——▲	防爆荧光灯
✹	在专用电路上的事故照明灯
▣	自带电源的事故照明灯装置(应急灯)
▭	气体放电灯的辅助设备①

① 仅用于辅助设备与光源不在一起时。

9. 二进制逻辑单元图形符号

二进制逻辑单元图形符号见表 6-29。

第六章 水利水电工程电气图识读

表 6-29　　　　　　　　　　二进制逻辑单元图形符号

序号	项目	图形符号	说　明
1	输入、输出	（符号图：圆圈在输入端）	逻辑非，示在输入端
		（符号图：圆圈在输出端）	逻辑非，示在输出端
2	组合单元	（符号图：≥1）	"或"单元通用符号① 只有一个或一个以上的输入呈现"1"状态，输出才呈现"1"状态
		（符号图：&）	"与"单元通用符号 只有所有输入呈现"1"状态，输出才呈现"1"状态
		（符号图：=1）	"异或"单元 只有两个输入之一呈现"1"状态，输出才呈现"1"状态
		（符号图：1）	"非"门 反相器（在用逻辑非符号表示器件的情况下） 只有输入呈现外部"1"状态，输出才呈现外部"0"状态
		① 如果不会引起意义混淆，"≥1"可用"1"代替	

(续)

序号	项目	图形符号	说明
3	双稳单元特殊开关特性的表示法	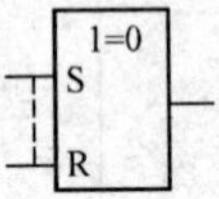 S 1=0 R	初始"0"状态的RS-双稳 在电源接通瞬间,输出处在其内部"0"状态
		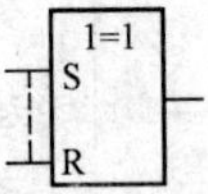 S 1=1 R	初始"1"状态的RS-双稳 在电源间,输出处在其内部"1"状态
		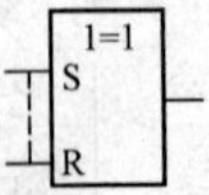 S 1=1 R	RS-双稳,非易失的 在电源接通瞬间,输出的内部逻辑状态与电源断开时的状态相同

10. 火灾报警图形符号

火灾报警图形符号见表6-30。

表6-30　　　　　　　火灾报警图形符号

图形符号	说明
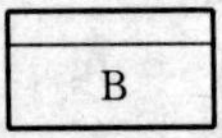 B	火灾报警控制器
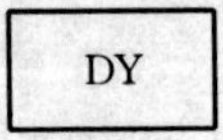 DY	专用火警电源
  ⚡ / Y	感烟火灾探测器(点式)
 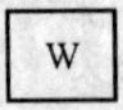 ● / W	感温火灾探测器(点式)
 Y	火灾报警按钮

(续)

图形符号	说　　明
←	气体火灾探测器
∧	火焰探测器
↓	线型感温火灾探测器
⌇	对射分离式感烟探测器（发射）
⌇	对射分离式感烟探测器（接收）
火警电铃符号	火警电铃
火警电话符号	火警电话
紧急事故广播符号	紧急事故广播
火灾警报器符号	火灾警报器
C	联动控制模块
M	探测监视模块

二、电气图用文字符号

文字符号是用来标明电气设备、装置和元器件的名称、功能、状态和特征的字母代码和功能字母代码。适用于电气技术文件的编制，也可在电气设备、装置和元器件上或其近旁使用。文字符号可作为限定符号与一般图形符号组合使用，以派生新的图形符号。

(一)文字符号的组成

文字符号为基本文字符号和辅助文字符号。文字符号的字母采用拉丁字母大写正体字，拉丁字母"I"、"O"不得单独作为文字符号使用。

1. 基本文字符号

基本文字符号分为单字母符号和双字母符号。

(1) 单字母符号。单字母符号是按拉丁字母将各种电气设备、装置和元器件划分为 23 大类，每一大类用一个单字母符号表示，见表 6-31。

(2) 双字母符号。双字母符号由一个表示种类的单字母符号与另一字母组成，其组合形式应以单字母符号在前，另一字母在后的次序列出。双字母符号的第一个字母必须按表 6-31 中的规定选用，第二个字母可根据其功能、状态和特征等选定。

表 6-31　　　　　　　　　　电气设备常用基本文字符号

字母	项目的功能特征	电气或机电项目举例	
A	由部件组成的组合件（规定用其他字母代表的除外）	结构单位 功能单元 功能组件 电路板	控制屏、台、箱 计算机终端 发射/接收器 高低压柜，组合电器
B	用于将工艺流程中的被测量在测量流程中转换为另一量	测量变送器 传感器 测速发电机	DC/DC 变换器 磁带或穿孔读出器
C	用于能量的储存	电容器(组) 蓄电池组	辅助供电电源
D	用于信号的数字处理	单稳逻辑元件 双稳逻辑元件 组合逻辑元件 数字集成电路 数字元件插件	计算机 存储器 移位寄存器 磁盘及磁带记录器 延迟线
E	用于光或热能产生和处理	发光器件 照明灯	发热器件 热元件，空气调节器
F	用于直接动作式保护	熔断器、机电保护器件 微型断路器 放电器	避雷器 放电间隙 热保护器件

第六章 水利水电工程电气图识读

(续)

字母	项目的功能特征	电气或机电项目举例	
G	用于电流的产生和传播	发电机励磁机 信号发生器	振荡器 振荡晶体
J	用于软件	程序 程序单元	程序模块
K	用于中继作用	继电器 有或无继电器 量度继电器 机电继电器 静态继电器	继电器构成的功能单元 继电保护装置 时间继电器 信号继电器
L	用于阻尼作用	电抗器、电感器 电感线圈、阻波器	永磁铁 铁氧珠
M	用于将电能转换为运动	电动机	同步电动机 伺服电动机 抽水蓄能发电机组
N	用于信号的模拟处理	模拟集成电路 反馈控制器	放大器 电压稳定器
P	用于信号的表示	测量仪表 时钟 指示器 信号灯 警铃	事件记录器 打印机 视频或字符显示单元 示波器
Q	用于电力回路的切换	断路器具 隔离开关 负荷开关 接触器	电动机起动器 电灯开关 开关-熔断器 自动空气开关、刀熔开关
R	用于限制电流	电阻器 变阻器　电位器	分流器 放电电阻

(续)

字母	项目的功能特征	电气或机电项目举例	
S	用于控制电路的切换	手动控制开关 过程条件控制开关 电动操作开关 拨动开关	按钮 触摸按钮 气体继电器
T	用于流程中电压的改变	电力变压器 信号变压器	电流互感器 电压互感器
U	用于流程中其他特性的改变（用 T 代表的除外）	整流器 逆变器 变频器 无功补偿器	A/D 或 D/A 变换器 调制器、解调器 电码变换器 电动发电机组
V	用于电流的控制	电子管 电子阀 三极管 晶闸管 半导体器件	容纳二极管 光纤接收/发送器件 光耦合器 光敏电阻
W	用于能量的传送和传导	导线 电缆 母线 信息总线	天线 波导 光纤
X	用于连接作用	端子板 端子箱 接头箱 电缆箱	连接插头、插座 穿通套管 切换片
Y	用于机电元、器件的操作	操作线圈 联锁器件	过流或低压释放器 闭锁器件、磁力起动器
Z	用于电流的无源处理（用 R 和 L 代表的除外）	滤过器 线路阻波器 衰减器	仿真线 延迟线 相位改变网络

第六章 水利水电工程电气图识读

2. 辅助文字符号

辅助文字符号是用以表示电气设备、装置和元器件以及线路的功能、状态和特征的,可放在表示种类的基本文字符号之后,组成双字母或多字母符号,也可以单独使用。辅助文字符号一般不超过三位字母。

常用的辅助文字符号见表 6-32。

表 6-32 常用辅助文字符号

序号	文字符号	名称	英文名称	来源
1	A	电流	Current	=GB
2	A	模拟	Analog	=GB
3	AC	交流	Alternative Current	=IEC
4	A AUT	自动	Automatic	=GB
5	ACC	加速	Accelerating	=GB
6	ADD	附加	Add	=GB
7	ADJ	可调	Adjustability	=GB
8	AUX	辅助	Auxiliary	=GB
9	ASY	异步	Asynchronizing	=GB
10	B BRK	制动	Braking	=GB
11	BK	黑	Black	=IEC
12	BL	蓝	Blue	=IEC
13	BW	向后	Backward	=GB
14	C	控制	Control	=GB
15	CW	顺时针	Clockwise	=GB
16	CCW	逆时针	Counterclockwise	=GB
17	D	延时(延迟)	Delay	=GB
18	D	差动	Differential	=IEC
19	D	数字	Digital	=GB
20	D	降	Down, Lower	=GB

(续)

序号	文字符号	名称	英文名称	来源
21	DC	直流	Direct Current	=IEC
22	DEC	减	Decrease	=GB
23	E	接地、励磁	Earthing	=IEC
24	EM	紧急	Emergency	=GB
25	F	快速	Fast	=GB
26	FB	反馈	Feedback	=GB
27	FW	正,向前	Forward	=IEC
28	GN	绿	Green	=IEC
29	H	高	High	=IEC
30	IN	输入	Input	=GB
31	INC	增	Increase	=GB
32	IND	感应	Induction	=GB
33	L	左	Left	=GB
34	L	限制	Limiting	=GB
35	L	低	Low	=IEC
36	LA	闭锁	Latching	=GB
37	M	主	Main	=GB
38	M	中	Medium	=GB
39	M	中间线	Mid-wire	=IEC
40	M MAN	手动	Manual	=GB
41	N	中性线	Neutral	=IEC
42	OFF	断开	Open, Off	=GB
43	ON	闭合	Close, On	=GB
44	OUT	输出	Output	=GB
45	P	压力	Pressure	=GB
46	P	保护	Protection	=GB

(续)

序号	文字符号	名称	英文名称	来源
47	PE	保护接地	Protective Earthing	=IEC
48	PEN	保护接地与中性线共用	Protective Earthing Neutral	=IEC
49	PU	不接地保护	Protective Unearthing	=IEC
50	R	记录	Recording	=GB
51	R	右	Right	=GB
52	R	反	Reverse	=GB
53	RD	红	Red	=IEC
54	R RST	复位	Reset	=GB
55	RES	备用	Reservation	=IEC
56	RUN	运转	Run	=GB
57	S	信号	Signal	=GB
58	ST	起动	Start	=GB
59	S SET	置位,定位	Setting	=GB
60	SAT	饱和	Saturate	=GB
61	STE	步进	Stepping	=GB
62	STP	停止	Stop	=GB
63	SYN	同步	Synchronizing	=GB
64	T	温度	Temperature	=GB
65	T	时间	Time	=GB
66	TE	无噪声(防干扰)接地	Noiseless Earthing	=IEC
67	V	真空	Vacuum	=GB
68	V	速度	Velocity	=GB
69	V	电压	Voltage	=GB
70	WH	白	White	=IEC
71	YE	黄	Yellow	=IEC
72	W	工作	Work	=IEC

(二)电气图中常用文字符号

1. 主回路(电力、照明)文字符号

主回路(电力、照明)文字符号,见表 6-33。

表 6-33　　　　　主回路(电力、照明)文字符号

序　号	文字符号	中文名称
1	AB	箱
2	ABP	动力配电箱
3	ABC	控制箱
4	ABE	事故照明配电箱
5	ABN	工作照明配电箱
6	AH	高压开关柜
7	AP	盘、屏
8	APD	低压配电盘
9	APE	事故照明盘
10	APL	工作照明盘
11	APP	机旁动力盘
12	CB	蓄电池
13	CF	结合滤波器
14	CM	补偿电容器
15	CU	耦合电容器
16	F	熔断器
17	FM	磁吹避雷器
18	FT	热保护器件
19	FV	阀型避雷器,氧化锌避雷器
20	FSG	火花避雷器,放电间隙
21	G	发电机
22	GE	励磁机
23	GS	同步发电机

(续)

序 号	文字符号	中文名称
24	L	电抗器
25	LE	中性点电抗器
26	LP	消弧线圈
27	LSE	串联电抗器
28	LSH	并联电抗器
29	LT	线路阻波器
30	M	电动机
31	MI	异步电动机
32	MS	同步电动机
33	QA	自动空气开关
34	QC	接触器
35	QD	刀开关
36	QE	接地开关
37	QF	断路器
38	QL	负荷开关
39	QS	隔离开关
40	RB	制动电阻
41	RS	分流器
42	TA	电流互感器
43	TCV	电容式电压互感器
44	TE	励磁变压器
45	TGE	发电机中性点接地变压器
46	THA	厂用高压变压器
47	TL	照明变压器
48	TLA	公用电变压器
49	TLP	自用电变压器
50	TM	主变压器

(续)

序号	文字符号	中文名称
51	TV	电压互感器
52	WB	母线
53	WE	封闭导线
54	WL	线路

2. 保护继电器文字符号

保护继电器文字符号，见表 6-34。

表 6-34　　　　保护继电器文字符号

序号	文字符号	中文名称	功能编号
1	KA	电流继电器	51
2	K	中间继电器	
3	KCV	复合电压过流继电器	
4	KD	差动继电器	87
5	KE	接地继电器	64
6	KF	频率继电器	81
7	KFF	失磁继电器	40
8	KHB	气体继电器（重瓦斯）	80
9	KI	阻抗继电器	21
10	KLA	闭锁继电器	68
11	KLB	气体继电器（轻瓦斯）	
12	KMO	监视继电器	
13	KNC	负序电压继电器	
14	KOE	过励磁继电器	24(G、T)
15	KOU	出口继电器	
16	KP	功率继电器	
17	KPD	功率方向继电器	32
18	KPV	正序电压继电器	

(续)

序号	文字符号	中文名称	功能编号
19	KR	重合闸继电器	79
20	KRE	转子一点接地继电器	64R
21	KS	信号继电器	30
22	KSE	定子接地继电器	64G
23	KSY	同步检查继电器	25
24	KT	时间继电器	
25	KTH	热继电器	23
26	KV	电压继电器	27低/59过
27	KVS	电压切换继电器	

3. 自动装置文字符号

自动装置文字符号，见表 6-35。

表 6-35　　　　　自动装置文字符号

序号	文字符号	中文名称
1	AR	自动重合闸装置
2	AES	自动准同期装置
3	AS	自动同期装置
4	ADF	自动按频率解列装置
5	AEB	电气制动装置
6	AFO	故障录波器
7	ARC	远方跳闸装置
8	ASA	备用电源自动投入装置

4. 二次设备文字符号

二次设备文字符号，见表 6-36。

表 6-36　　　　　　　　　二次设备文字符号

序号	文字符号	中文名称
1	AB	端子箱
2	CD	控制台
3	APA	辅助屏
4	APC	控制屏
5	ADC	直流屏
6	APE	励磁屏
7	AP	机旁屏
8	APM	信号返回屏(模拟屏)
9	APR	保护屏
10	FD	击穿保险器
11	Y	关闭线圈
12	Y	合闸线圈
13	Y	开启线圈
14	Y	跳闸线圈、分励线圈
15	QC	合闸接触器
16	QFB	灭磁开关
17	QPG	发电机灭磁开关
18	QFE	励磁机灭开关
19	SAC	控制开关
20	SAS	同期开关
21	SB	按钮
22	SKN	刀开关
23	PS	行程开关
24	SMO	机械过负荷触点
25	SS	滑动触点
26	TE	并励变压器
27	VI	逆变器

第六章 水利水电工程电气图识读

(续)

序号	文字符号	中文名称
28	VR	旋转变压器
29	XB	连接片
30	XBC	切换片
31	YB	制动电磁铁
32	YEL	电磁锁

5. 水机自动化元件文字符号

水机自动化元件文字符号,见表6-37。

表6-37 水机自动化元件文字符号

序号	文字符号	中文名称
1	AOL	开度限制机构
2	AG	转速调整机构
3	BL	液位变换器(传感器)
4	BP	压力变换器(传感器)
5	BD	压差变换器(传感器)
6	BQ	流量变换器(传感器)
7	BLR	水位接收器
8	BLT	水位发送器
9	BS	机组摆动变换器(传感器)
10	BV	机组振动变换器(传感器)
11	SF	示流信号器
12	SL	液位信号器
13	SN	转速信号器
14	SP	压力信号器
15	SS	剪断信号器
16	ST	温度信号器
17	SBV	蝴蝶阀端触点

(续)

序号	文字符号	中文名称
18	SGP	闸门位置触点
19	SGV	导叶开度位置触点
20	SLA	锁定触点
21	SQ	球阀端触点
22	SQ	制动闸端触点
23	YV	电磁阀
24	YVE	紧急停机电磁阀
25	YVL	液压阀
26	YVD	电磁配压阀
27	YVM	事故配压阀
28	YVV	真空破坏阀

6. 信号设备文字符号

信号设备文字符号，见表 6-38。

表 6-38　　　　　信号设备文字符号

序号	文字符号	中文名称
1	PB	警铃
2	PBU	蜂鸣器
3	PL	信号灯
4	PLL	光字牌
5	PBA	断路器模拟灯
6	PDA	隔离开关位置模拟灯
7	PGA	发电机模拟灯
8	PP	位置指示器
9	PDP	隔离开关位置指示器
10	PGP	闸门位置指示器

第三节 电气图的表示方法

一、各组件的常用表示方法

电气图中,各组件常用的表示方法有多线表示法、单线表示法、连接表示法、半连接表示法、不连接表示法和组合法等。根据图的用途、图面布置、表达内容、功能关系等,具体选用其中一种表示法,也可将几种表示法结合运用。

1. 功能相关部件的表示方法

设备或成套装置中,功能相关的部件在图上的表示方法应符合下列规定:

(1)简单电路中,可采用连接表示法。把功能相关的图形符号集中绘制在一起,驱动与被驱动部分用机械连接线连接,如表6-39中K1。

(2)较复杂电路中,为使图形符号和连接线布局清晰,可采用半连接表示法。把功能相关的图形符号在简图上分开布置,并用机械连接线符号表示它们之间的关系。此时,机械连接线允许弯折、交叉和分支,如表6-39中K1。

(3)复杂电路中,也可将功能相关的图形符号彼此分开画出,也可不用机械连接线连接,但各符号旁应标出相同的项目代号,如表6-39中K1。

2. 功能无关部件的表示方法

设备或成套装置中,功能无关的部件在图上的表示方法应符合下列规定:

(1)简单电路中,可采用组合表示法。将组成部分的所有图形符号在简图上绘制在一起,并用框框出,见表6-39中K1。

(2)较复杂电路中,为便于布图和查找,可采用分散表示法。将一个装置中的不同部分分开画出,见表6-39。

表 6-39　　　　　　　　　　表示法

表示法	分散表示法	组合表示法
连接表示法	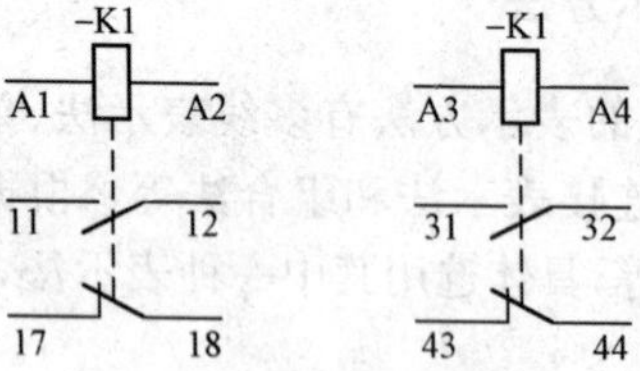 (图示：-K1，A1-A2，11-12，17-18；-K1，A3-A4，31-32，43-44)	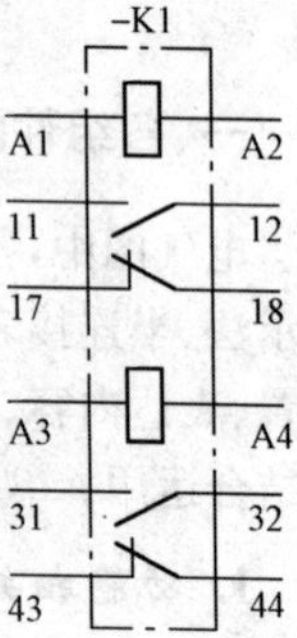 (图示：-K1 组合，A1-A2，11-12，17-18，A3-A4，31-32，43-44)
半连接表示法	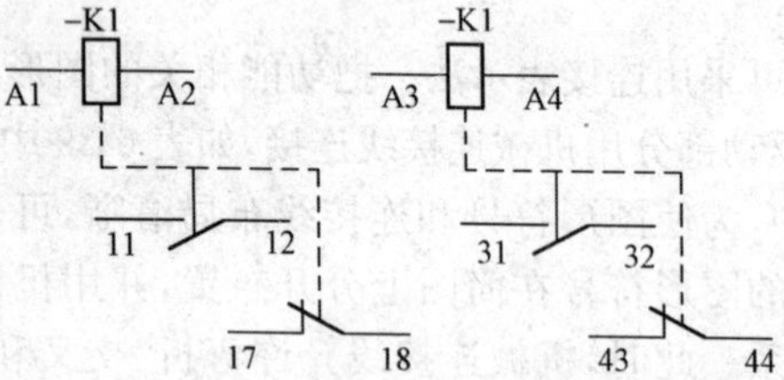 (图示：-K1，A1-A2，11-12，17-18；-K1，A3-A4，31-32，43-44)	不用
不连接表示法	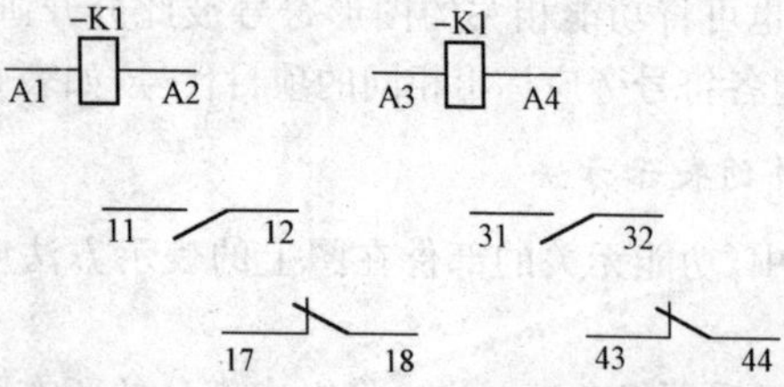 (图示：-K1，A1-A2，11-12，17-18；-K1，A3-A4，31-32，43-44)	不用

二、电气图的画法

1. 电气简图的画法

(1) 电气图中，应尽量减少导线、信号通路、连接线等图线的交叉、转折。电路可水平布置或垂直布置，如图 6-1 所示。

第六章 水利水电工程电气图识读

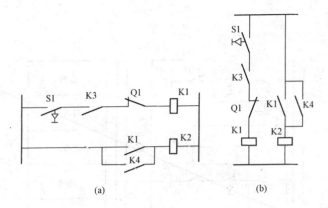

图 6-1 简图的画法
(a)电路水平布置；(b)电路垂直布置

(2)电路或元件布置。电路或元件宜按功能布置，尽可能按工作顺序从左到右、从上到下排列。

(3)连接线的绘制。连接线不应穿过其他连接的连接点。连接线之间不应在交叉处改变方向。

(4)功能单元、结构单元或项目组表达。电气图中可用点画线围框显示出图表示的功能单元、结构单元或项目组(如继电器装置)，围框的形状可以是不规则的，如图 6-2(a)所示。若在围框内给出了可查详细资料的标记，则框内的电路可以简化。当围框内含有不属于该单元的元件符号时，须对这些符号加双点画线的围框，并加注代号或注解，如图 6-2(b)所示。

2. 电气图的简化画法

(1)连接线中断画法。在同一张电气图中，连接线较长或连接穿越其稠密区域时，可将连接线中断，并在中断处加注相应的标记或加区号，如图 6-3 所示。去向相同的线组，可以中断，并在线组的中断处加注标记，如图 6-4 所示。线路须在图中中断转至其他图纸时，应在中断处注明图号、张次、图幅分区代号等标记，如图 6-5 所示。若在同一张图纸上有多处中断线，必须采用不同的标记加以区分。

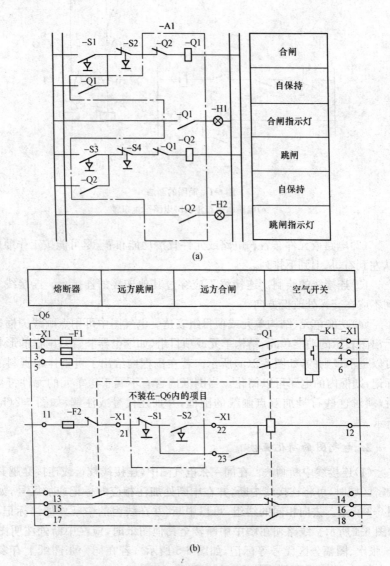

图 6-2 功能单元、结构单元或项目组的表达方法

第六章 水利水电工程电气图识读

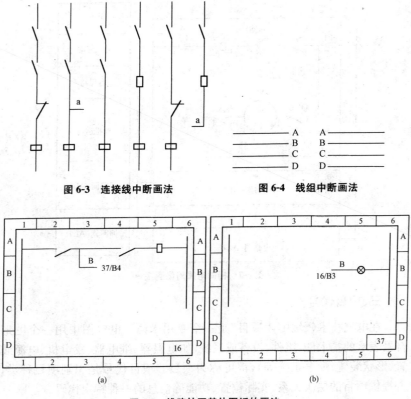

图 6-3 连接线中断画法

图 6-4 线组中断画法

图 6-5 线路转至其他图纸的画法

(2)单线表示法。单线表示法绘制电气图时,一组导线的两端各自按顺序编号,如图 6-6 所示。

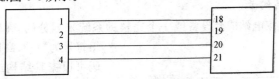

图 6-6 导线两端编号表示

(3)相同电路简化画法。两个或两个以上的相同电路,可只详细画出其中之一,其余电路用围框加说明表示,如图 6-7 所示。

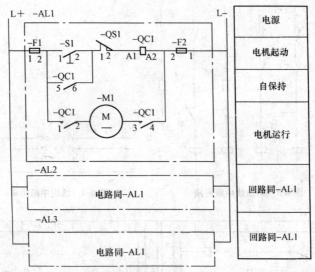

图 6-7 相同电路简化画法

三、项目代号

在电气技术领域中,"项目"是一个专用术语。电气图中用一个图形符号表示的基本件、组件、设备或系统(如电阻器、继电器、发电机、电源装置、形状装置、配电系统等),都可称为项目。项目代号是识别项目种类,并提供项目的层次关系、实际位置、功能等信息的一种特定代码。

一个完整的项目代号包括四个代号段,即高层代号段、位置代号段、种类代号和端子代号段。每个代号段应由前缀符号和字符组成。其字符可以是拉丁字母或阿拉伯数字,也可以是字母和数字组合,字母应大写。

1. 高层代号

高层是按电站成套设备或一个完整的系统来划分的,高层代号的前缀符号为"=",高层代号的代码可根据其结构或功能分成几个层次,每一层次对其所属的下一级层次都是高层项目。每个层次可分别给出高层代号。高层代号的构成如图 6-8 所示,如=U01 表示 1 号机组。

图 6-8 高层代号构成

高层代号的代码,可按各类系统或成套设备的简化名称或特征选定,并在文件或图纸中注明。电气图中高层代号的标注方法如下:

(1)若图中部分项目属于同一上级项目时,可将该部分项目用围框框出,框外注明该部分的高层代号。

(2)若图中所有项目属于同一上级项目时,只需在图的下方加注高层代号的说明,不必一一注出高层代号。

2. 位置代号

位置代号表示项目所处的位置,其位置可以是开关室、控制室、盘、框、箱等。位置代号的前缀符号"+",位置代号的构成,如图6-9所示。如+JA01表示机旁1号盘。

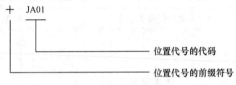

位置代号的代码可由字母或数字构成,或由字母和数字交替组合复合形式。其字母可按项目所在位置的简化名称或代号选定,并在文件图纸中说明。

图6-9 位置代号构成

3. 种类代号

种类代号是用以识别项目的种类,其种类与项目在电路中的功能无关,如各种电阻器都可视为同种类的项目。种类代号的构成如图6-10所示。如-KV3(或 X1)表示第3号电压继电器(或端子排编号)。

4. 端子代号

端子代号的构成如图6-11所示。如3表示继电器触点、线圈、设备上的接线号或端子排序号。

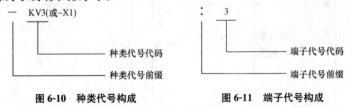

图6-10 种类代号构成　　　　图6-11 端子代号构成

四、电气图的标注与标记

(一)电气图的标记

在电气图中,标注是指对电气设备的型号、编号、容量、规格等多种信息进行补充表示的文字或文字符号,标注通常标在电气项目图形符号旁边。为减少标注的文字,保持电气图面清晰,满足使电气图表达符号规范化的要求,应该按照统一的格式进行标注。

1. 项目代号的标注

一般情况下项目代号的书写方向为水平书写。对某张图纸上大部分或全部元件所公用的项目代号,只需统一表示在标题栏内或标题栏附近。在电气图中,项目代号的标注见表6-40。

表6-40　　　　　　　　电气图中项目代号的标注

序号	项目代号表示法		示意图	说　　明
1	连接表示法和半连接表示法		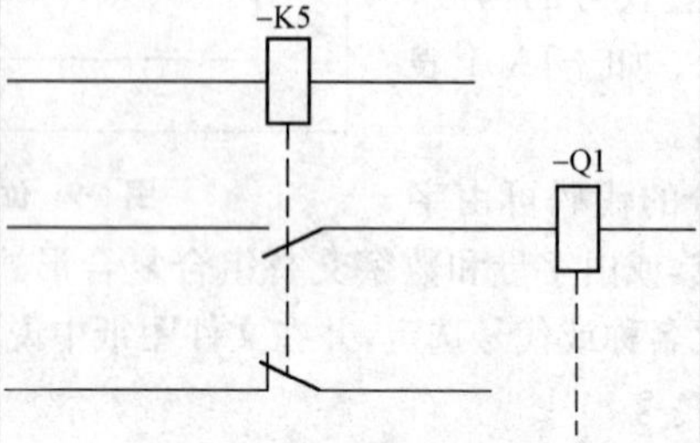	只在符号近旁标注一次,并与机械连接对齐
2	不连接表示法	电路水平布置	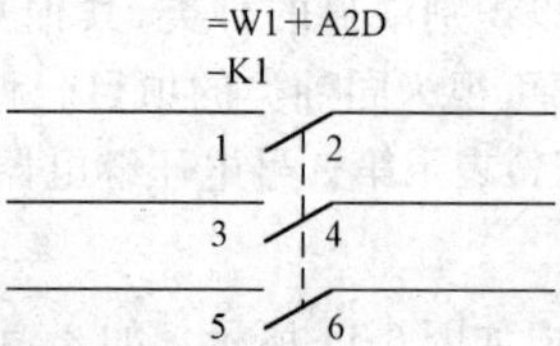	项目代号标注在符号上方
		电路垂直布置	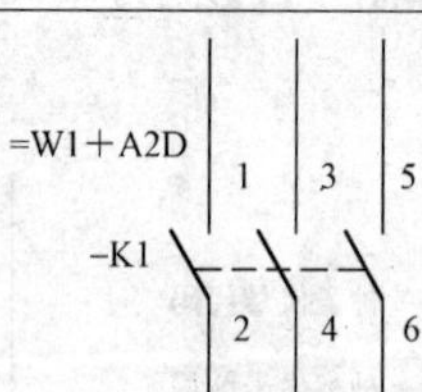	项目代号标注在符号左方

2. 端子代号的标注

对于电阻器、继电器等的端子代号,应标在其图形符号的轮廓线外面。当电路水平布置时,端子代号宜标注在图形符号的下方;垂直布置时,宜标注在图形符号的右方。标注示例见图 6-12。用于现场连接、试验或故障查找的连接器件(如端子插头插座等)的每一连接点,都应给一个代号。

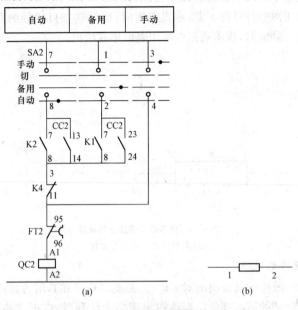

图 6-12 端子代号的标注
(a)控制回路;(b)电阻

在画有围框内的功能单元或结构单元中,端子代号必须标注在围框内,如图 6-13 所示。

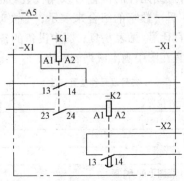

图 6-13 端子代号标在图形围框内

3. 技术数据的标注

电气图中的技术数据宜标注在图形符号旁。当连接线水平布置时，数据宜标在图形符号的下方；垂直布置时，则标在项目代号的左方，如图 6-14 所示。必要时，技术数据也可用表格形式绘出。

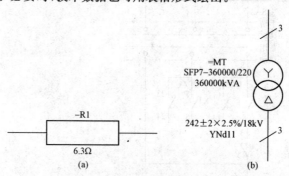

图 6-14 技术数据在图上的标注
(a)水平布置；(b)垂直布置

4. 注释的标注

注释一般注于被说明的对象附近，必要时也可在其附近加标记，而将注释注于图纸的适当部位。当图中出现多个注释时，应把这些注释按顺序放在图纸标题栏上方。多张图纸时，一般性注释可注在第一张图纸上或注在适当的张次上。

5. 元件位置的标注

电气图中每个符号或元件的位置可以用代表行的字母、代表列的数字或者代表区域的字母—数字的组合来表示。必要时还需注明图号、张次，有时也可引用项目代号，见表 6-41。图中设备的备用部分，如继电器、接触器专用触点等，宜在图中画出或列表示出。

表 6-41　　　　　　符号或元件位置标注

符号或元件位置	标注写法
同一张图纸上的 B 行	B
同一张图纸上的 3 列	3
同一张图纸上的 B3 区	B3
具有相同图号的第 34 张图上的 B3 区	34/B3
图号为 4568 单张图的 B3 区	图 4568/B3

（续）

符号或元件位置	标注写法
图号为 5796 的第 34 张图上的 B3 区	图 5796/34/B3
＝W1 系统单张图上的 B3 区	＝W1/B3
＝W1 系统多张图第 34 张图上的 B3 区	＝W1/34/B3

6. 电气图用表

电气图用表格主要包括设备元件（材料）表、照明设备（材料）表、光字牌上的标字和标签框内的标字等，其格式与要求如下：

(1)电气图中设备元件（材料）表、照明设备（材料）表的格式，见表6-42。必要时，表中的内容也可由下往上排列，表中各格长度可根据需要适当调整，但表的总长不变。表中的“项目代号”不必完整注写，必要时可只注写出“种类代号”。

表 6-42　设备元件（材料）表、照明设备（材料）表

序号	种类代号	名称	型号及规格	单位	数量	备注	10
							8
							8
							8
							8
10	20	40	60	10	10	30	

180

(2)电气图中光字牌上的标字的格式，见表 6-43。

表 6-43　光字牌上的标字

编号	符号	内　容	10
			8
			8
			8
10	20	50	

80

(3) 电气图中标签框内的标字格式,见表 6-44。

表 6-44 标签框内的标字

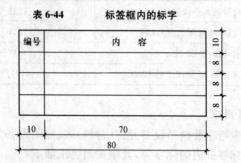

(二) 电气图的标记

电气图的标记一般用于对接线端子、导线和回路的位置进行说明。标记的主要目的是便于对电气图进行识别,同时使复杂的多回路、多系统的电气图能够分开绘制,便于读图。

1. 接线端子的标记

电气图中,电器件(电阻器、熔断器、继电器、变压器、接触器、旋转电机等)及其组成设备的接线端子,应采用大写字母或数字进行标记,不能用字母"I"和"O"进行标记。

接线端子标记方法应符合下列规定:

(1) 单个元件的两个端点应采用连续的两个数字标记,奇数数字小于偶数字,如图 6-15(a)所示。

(2) 单个元件的中间各端点的数字采用大于两端点的自然递增数字,且从较小数字的端点处开始标记,如图 6-15(b)所示。

(3) 几个相似元件组成一组时,各端子可用字母数字标记,也可用数字标记,如图 6-16 所示。在仅用字母或数字标记的字符组中,为避免引起混淆,可在两者之间加圆点"·",如图 6-17 所示;当不致引起混淆时,可不画其圆点"·",直接用字符组,如 11、12、21、22 等标记。

(4) 同类的元件组用相同字母标记时,应在字母前冠以数字加以区别,如图 6-18 所示。

(5) 对于与特定导线直接或间接地相连的接线端子,应按表 6-45 中规定的字母标记。其中,连接到机壳或机架的端子和等电位的端子,只有当它们与保护接地线或接地线不是等电位时,才能用这些字母来标记。

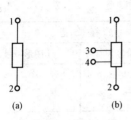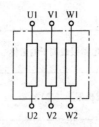

图 6-15 接线端子标记　　　　　　图 6-16 带 6 个接线端子的
(a)单个元件的两个端点标记；　　　　　　　三相电器
(b)单个元件的中间各端点标记

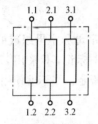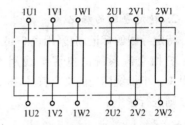

图 6-17 带 6 个接线端子　　　图 6-18 包括两组各有 3 个元件
　　　的 3 个元件电器　　　　　　　6 个接线端子的三相电器

表 6-45　　　　　　　　电器接线端子的标记

电器接线端子的名称		标　记	
		字母符号	图形符号
交流系统	1 相	U	
	2 相	V	
	3 相	W	
	中性线	N	
保护接地		PE	⏚
接地		E	⏚
无噪声接地		TE	⏚

(续)

电器接线端子的名称	标记	
	字母符号	图形符号
机壳或机架　MM		⊥
等电位　CC		▽

2. 特定导线的标记

特定导线的标记,应采用表 6-46 中规定的字母和字母组成的标记符号。三相交流系统的电源导线用 L1、L2、L3 标记,不采用习惯标记 A、B、C。小母线标记的文字符号,按表 6-47 的规定。当不够使用时,可按其原则进行派生。

表 6-46　　　　　特定导线的标记

导线名称		标记	
		字母数字符号	图形符号
交流系统	1 相	L1	
	2 相	L2	
	3 相	L3	
	中性线	N	
直流系统的电源	正	L+	+
	负	L−	−
保护接地线		PE	⏚
不接地的保护导线		PU	
保护接地线和中性线共用一线		PEN	
接地		E	⏚
无噪声接地		TE	⏚

(续)

导线名称	标记	
	字母数字符号	图形符号
机壳或机架	MM	
等电位	CC	

表 6-47　　　　　　　小母线标记文字符号

序号	文字符号	中文名称
1	WB	控制回路电源小母线
2	WF	事故音响小母线
3	WS	运行系统同期小母线
4	WP	预报信号小母线
5	WS	同期装置发生的合闸脉冲小母线
6	WSC	准同期合闸闭锁小母线
7	WG	待并系统同期小母线
8	WVB	同期母线的电源小母线
9	WVR/WVL	自动增减电压的脉冲小母线
10	WSR/WSL	自动增减转速的脉冲小母线

3. 电缆编号

(1)电力电缆编号和标注。电力电缆编号一般以电源侧的回路编号为该电缆的编号,联络电缆宜采用一侧的回路编号为该电缆编号。一次回路编号的组成格式,如图 6-19 所示。电缆应标注电缆编号、型号、规格(芯数、截面积)。

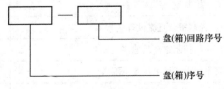

图 6-19　一次回路编号组成

(2)控制电缆编号的组成模式,按图 6-20 或图 6-21 的规定。图 6-21 中,将位置代号中阿拉伯数字较小的位置代号作为电缆的起点。控制电缆顺序详细分类,可按表 6-48 划分电缆走向的规定。一个回路的并联电缆采用同一编号,但在每根电缆的编号后加脚注符号 a、b、c、d 等。

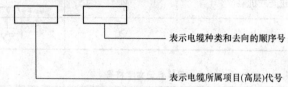

图 6-20　控制电缆编号组成

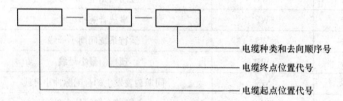

图 6-21　控制电缆编号组成

表 6-48　　　　　　　　　电缆走向顺序表

电缆走向	顺序号
控制室范围内(包括保护及自动装置室)	101~119
控制室－发电机电压装配电装置	121~129
控制室－变电所	131~139
控制室－机旁屏	141~149
控制室－机组范围内	151~159
控制室－励磁设备	161~169
控制室－厂用设备	171~179
控制室－直流设备室	181~189
控制室－其他	191~199
发电机电压配电装置范围内	201~229
发电机电压配电装置－变电所	231~239

(续)

电缆走向	顺序号
发电机电压配电装置－机旁屏	241~249
发电机电压配电装置－机组范围	251~259
发电机电压配电装置－励磁设备	261~269
发电机电压配电装置－厂用设备	271~279
发电机电压配电装置－直流设备室	281~289
发电机电压配电装置－其他	291~299
变电所范围内（包括变电所的保护盘室）	301~339
变电所－机旁屏	341~349
变电所－机组范围内	351~359
变电所－励磁设备	361~369
变电所－厂用设备	371~379
变电所－直流设备室	381~389
变电所－公用部分	391~399
机旁盘范围内	401~449
机旁屏－机组范围	451~459
机旁屏－励磁设备	461~469
机旁屏－厂用设备	471~479
机旁屏－直流设备室	481~489
机旁屏－公用部分	491~499
机组范围内	501~559
机组－励磁设备	561~569
机组－励磁设备	571~579
机组－直流设备室	581~589
机组－公用部分	591~599
励磁室范围内	601~669
励磁室－厂用设备	671~679
励磁室－直流设备室	681~689

(续)

电缆走向	顺序号
励磁室－其他	691～699
厂用设备室范围内	701～779
厂用设备室－直流设备室	781～789
厂用设备室－其他	791～799
直流设备室范围内	801～889
直流设备室－公用部分	891～899
其　　他	901～999

(3)通信电缆的标注。通信系统用的安装号,统一采用表 6-49 中所规定的缩写符号,未纳入者可按其原则派生。常用的通信电缆或电话线的文字符号见表 6-49。有进出线的设备,用阿拉伯数字表示其进线和出线。规定奇数 1 表示进线,偶数 2 表示出线。通信电缆的标注形式,按图 6-22 的规定。凡属通信电缆,在标注时均在斜杠(/)后加注"T"。

表 6-49　　　　　　　　通信常用缩写文字符号

序　号	缩写符号	中文名称
1	CU	耦合电容器
2	CF	结合滤波器
3	TCV	电容式电压互感器
4	FDF	分频滤波器
5	HFC	高频电缆
6	IDF	中间配线架
7	LT	线路阻波器
8	MDF	总配线架
9	MODEM	调制解调器
10	MTU	多路设备
11	MUX	多路复用设备
12	MTR	微波收发信机

(续)

序　号	缩写符号	中文名称
13	OPGW	架空地线复合光缆
14	OTE	光端机
15	PABX	自动电话用户小交换机
16	PAX	专用自动小交换机
17	PBX	专用小交换机
18	PLCT	电力线载波机
19	RE	接收机
20	RS	无线电台
21	RT	无线电收发信机
22	TR	发射机
23	UPS	不间断电源

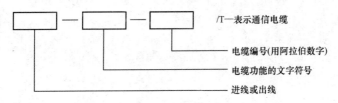

图 6-22　通信电缆组成

(4)电缆清册。电缆清册中一般包括电缆序号、型号及规格,连接点的项目(位置)代号、电缆单根长、总长度及其他说明。电缆清册的格式见表 6-50。

表 6-50　　　　　　　　电缆清册格式

序号	电缆号	型号及规格	连接点		长度(估算)	备用芯
			起　点	终　点		

4. 端子图和端子表

控制电路图中器具之间连接线上不标回路号,而用端子代号来完成。端子接线图(表)上仍标注出高层代号、位置代号、电缆的型号、芯数、截面积和电缆编号。

在端子图中凡属需经端子排引出的器具,在端子排内侧应标注本端高层代号、位置代号,如内侧有外引电缆至远端,应标注远端高层代号、位置代号,外侧标注远端高层代号、位置代号,中间格为端子顺序号。

两块盘端子之间的互联电缆,其电缆编号、电缆型号、芯数应一致,两端均应标出。

参 考 文 献

[1] 行业标准．DL/T 5347—2006 水电水利工程基础制图标准[S]．北京：中国电力出版社，2007．
[2] 行业标准．DL/T 5348—2006 水电水利工程水工建筑制图标准[S]．北京：中国电力出版社，2007．
[3] 行业标准．DL/T 5349—2006 水电水利工程水力机械制图标准[S]．北京：中国电力出版社，2007．
[4] 行业标准．DL/T 5350—2006 水电水利工程电气制图标准[S]．北京：中国电力出版社，2007．
[5] 行业标准．DL/T 5351—2006 水电水利工程地质制图标准[S]．北京：中国电力出版社，2007．
[6] 胡建平．水利工程制图[M]．北京：中国电力出版社，2007．
[7] 杨惠英，王玉坤．机械制图[M]．北京：清华大学出版社，2002．
[8] 尹亚坤．水利工程识读[M]．北京：中国建筑工业出版社，2010．

发展出版传媒　服务经济建设
传播科技进步　满足社会需求

我 们 提 供

图书出版、图书广告宣传、企业定制出版、团体用书、会议培训、其他深度合作等优质、高效服务。

编辑部	图书广告	出版咨询	图书销售
010-68343948	010-68361706	010-68343948	010-68001605

jccbs@hotmail.com　　www.jccbs.com.cn

中国建材工业出版社
China Building Materials Press

（版权专有，盗版必究。未经出版者预先书面许可，不得以任何方式复制或抄袭本书的任何部分。举报电话：010-68343948）

第六章 水利水电工程电气图识读

(续)

序号	文字符号	名称	英文名称	来源
47	PE	保护接地	Protective Earthing	=IEC
48	PEN	保护接地与中性线共用	Protective Earthing Neutral	=IEC
49	PU	不接地保护	Protective Unearthing	=IEC
50	R	记录	Recording	=GB
51	R	右	Right	=GB
52	R	反	Reverse	=GB
53	RD	红	Red	=IEC
54	R RST	复位	Reset	=GB
55	RES	备用	Reservation	=IEC
56	RUN	运转	Run	=GB
57	S	信号	Signal	=GB
58	ST	起动	Start	=GB
59	S SET	置位,定位	Setting	=GB
60	SAT	饱和	Saturate	=GB
61	STE	步进	Stepping	=GB
62	STP	停止	Stop	=GB
63	SYN	同步	Synchronizing	=GB
64	T	温度	Temperature	=GB
65	T	时间	Time	=GB
66	TE	无噪声(防干扰)接地	Noiseless Earthing	=IEC
67	V	真空	Vacuum	=GB
68	V	速度	Velocity	=GB
69	V	电压	Voltage	=GB
70	WH	白	White	=IEC
71	YE	黄	Yellow	=IEC.
72	W	工作	Work	=IEC

(二)电气图中常用文字符号

1. 主回路(电力、照明)文字符号

主回路(电力、照明)文字符号,见表 6-33。

表 6-33　　　　　主回路(电力、照明)文字符号

序号	文字符号	中文名称
1	AB	箱
2	ABP	动力配电箱
3	ABC	控制箱
4	ABE	事故照明配电箱
5	ABN	工作照明配电箱
6	AH	高压开关柜
7	AP	盘、屏
8	APD	低压配电盘
9	APE	事故照明盘
10	APL	工作照明盘
11	APP	机旁动力盘
12	CB	蓄电池
13	CF	结合滤波器
14	CM	补偿电容器
15	CU	耦合电容器
16	F	熔断器
17	FM	磁吹避雷器
18	FT	热保护器件
19	FV	阀型避雷器,氧化锌避雷器
20	FSG	火花避雷器,放电间隙
21	G	发电机
22	GE	励磁机
23	GS	同步发电机

(续)

序 号	文字符号	中文名称
24	L	电抗器
25	LE	中性点电抗器
26	LP	消弧线圈
27	LSE	串联电抗器
28	LSH	并联电抗器
29	LT	线路阻波器
30	M	电动机
31	MI	异步电动机
32	MS	同步电动机
33	QA	自动空气开关
34	QC	接触器
35	QD	刀开关
36	QE	接地开关
37	QF	断路器
38	QL	负荷开关
39	QS	隔离开关
40	RB	制动电阻
41	RS	分流器
42	TA	电流互感器
43	TCV	电容式电压互感器
44	TE	励磁变压器
45	TGE	发电机中性点接地变压器
46	THA	厂用高压变压器
47	TL	照明变压器
48	TLA	公用电变压器
49	TLP	自用电变压器
50	TM	主变压器

(续)

序号	文字符号	中文名称
51	TV	电压互感器
52	WB	母线
53	WE	封闭导线
54	WL	线路

2. 保护继电器文字符号

保护继电器文字符号，见表6-34。

表6-34　　　　保护继电器文字符号

序号	文字符号	中文名称	功能编号
1	KA	电流继电器	51
2	K	中间继电器	
3	KCV	复合电压过流继电器	
4	KD	差动继电器	87
5	KE	接地继电器	64
6	KF	频率继电器	81
7	KFF	失磁继电器	40
8	KHB	气体继电器(重瓦斯)	80
9	KI	阻抗继电器	21
10	KLA	闭锁继电器	68
11	KLB	气体继电器(轻瓦斯)	
12	KMO	监视继电器	
13	KNC	负序电压继电器	
14	KOE	过励磁继电器	24(G、T)
15	KOU	出口继电器	
16	KP	功率继电器	
17	KPD	功率方向继电器	32
18	KPV	正序电压继电器	

(续)

序 号	文字符号	中文名称	功能编号
19	KR	重合闸继电器	79
20	KRE	转子一点接地继电器	64R
21	KS	信号继电器	30
22	KSE	定子接地继电器	64G
23	KSY	同步检查继电器	25
24	KT	时间继电器	
25	KTH	热继电器	23
26	KV	电压继电器	27低/59过
27	KVS	电压切换继电器	

3. 自动装置文字符号

自动装置文字符号,见表 6-35。

表 6-35　　　　　　自动装置文字符号

序 号	文字符号	中文名称
1	AR	自动重合闸装置
2	AES	自动准同期装置
3	AS	自动同期装置
4	ADF	自动按频率解列装置
5	AEB	电气制动装置
6	AFO	故障录波器
7	ARC	远方跳闸装置
8	ASA	备用电源自动投入装置

4. 二次设备文字符号

二次设备文字符号,见表 6-36。

表 6-36　　　　　　　　　二次设备文字符号

序号	文字符号	中文名称
1	AB	端子箱
2	CD	控制台
3	APA	辅助屏
4	APC	控制屏
5	ADC	直流屏
6	APE	励磁屏
7	AP	机旁屏
8	APM	信号返回屏（模拟屏）
9	APR	保护屏
10	FD	击穿保险器
11	Y	关闭线圈
12	Y	合闸线圈
13	Y	开启线圈
14	Y	跳闸线圈、分励线圈
15	QC	合闸接触器
16	QFB	灭磁开关
17	QPG	发电机灭磁开关
18	QFE	励磁机灭开关
19	SAC	控制开关
20	SAS	同期开关
21	SB	按钮
22	SKN	刀开关
23	PS	行程开关
24	SMO	机械过负荷触点
25	SS	滑动触点
26	TE	并励变压器
27	VI	逆变器

(续)

序号	文字符号	中文名称
28	VR	旋转变压器
29	XB	连接片
30	XBC	切换片
31	YB	制动电磁铁
32	YEL	电磁锁

5. 水机自动化元件文字符号

水机自动化元件文字符号,见表6-37。

表6-37　　　　水机自动化元件文字符号

序号	文字符号	中文名称
1	AOL	开度限制机构
2	AG	转速调整机构
3	BL	液位变换器(传感器)
4	BP	压力变换器(传感器)
5	BD	压差变换器(传感器)
6	BQ	流量变换器(传感器)
7	BLR	水位接收器
8	BLT	水位发送器
9	BS	机组摆动变换器(传感器)
10	BV	机组振动变换器(传感器)
11	SF	示流信号器
12	SL	液位信号器
13	SN	转速信号器
14	SP	压力信号器
15	SS	剪断信号器
16	ST	温度信号器
17	SBV	蝴蝶阀端触点

(续)

序号	文字符号	中文名称
18	SGP	闸门位置触点
19	SGV	导叶开度位置触点
20	SLA	锁定触点
21	SQ	球阀端触点
22	SQ	制动闸端触点
23	YV	电磁阀
24	YVE	紧急停机电磁阀
25	YVL	液压阀
26	YVD	电磁配压阀
27	YVM	事故配压阀
28	YVV	真空破坏阀

6. 信号设备文字符号

信号设备文字符号，见表6-38。

表6-38　　　　信号设备文字符号

序号	文字符号	中文名称
1	PB	警铃
2	PBU	蜂鸣器
3	PL	信号灯
4	PLL	光字牌
5	PBA	断路器模拟灯
6	PDA	隔离开关位置模拟灯
7	PGA	发电机模拟灯
8	PP	位置指示器
9	PDP	隔离开关位置指示器
10	PGP	闸门位置指示器

第三节 电气图的表示方法

一、各组件的常用表示方法

电气图中,各组件常用的表示方法有多线表示法、单线表示法、连接表示法、半连接表示法、不连接表示法和组合法等。根据图的用途、图面布置、表达内容、功能关系等,具体选用其中一种表示法,也可将几种表示法结合运用。

1. 功能相关部件的表示方法

设备或成套装置中,功能相关的部件在图上的表示方法应符合下列规定:

(1)简单电路中,可采用连接表示法。把功能相关的图形符号集中绘制在一起,驱动与被驱动部分用机械连接线连接,如表6-39中K1。

(2)较复杂电路中,为使图形符号和连接线布局清晰,可采用半连接表示法。把功能相关的图形符号在简图上分开布置,并用机械连接线符号表示它们之间的关系。此时,机械连接线允许弯折、交叉和分支,如表6-39中K1。

(3)复杂电路中,也可将功能相关的图形符号彼此分开画出,也可不用机械连接线连接,但各符号旁应标出相同的项目代号,如表6-39中K1。

2. 功能无关部件的表示方法

设备或成套装置中,功能无关的部件在图上的表示方法应符合下列规定:

(1)简单电路中,可采用组合表示法。将组成部分的所有图形符号在简图上绘制在一起,并用框框出,见表6-39中K1。

(2)较复杂电路中,为便于布图和查找,可采用分散表示法。将一个装置中的不同部分分开画出,见表6-39。

表 6-39 表示法

表示法	分散表示法	组合表示法
连接表示法	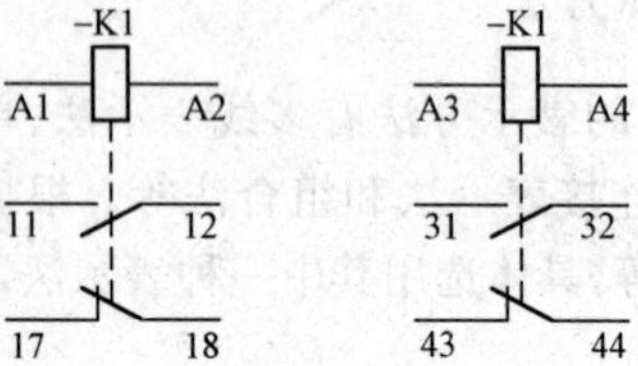	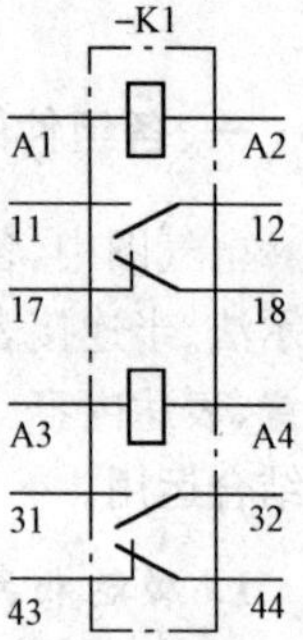
半连接表示法	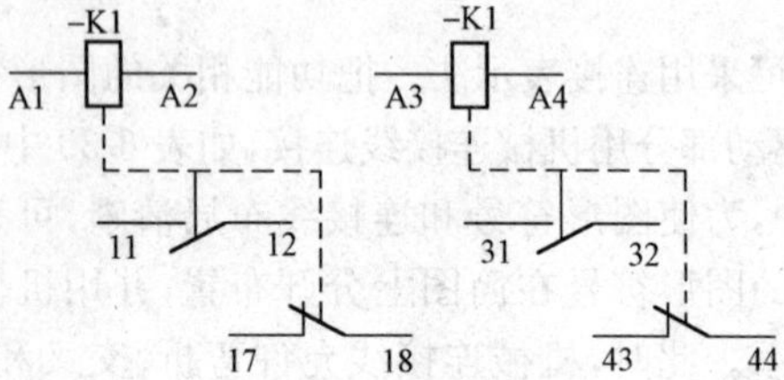	不用
不连接表示法	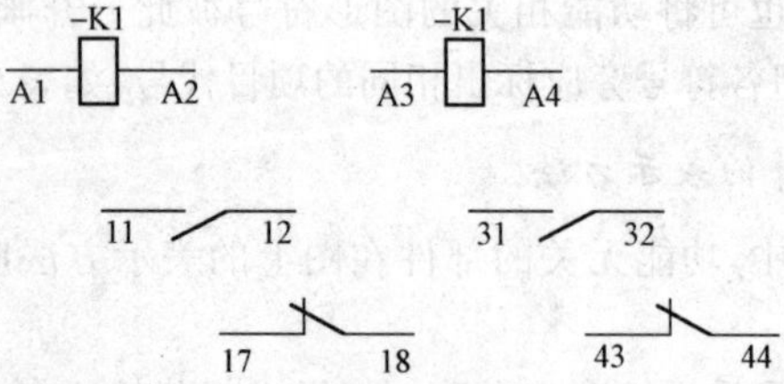	不用

二、电气图的画法

1. 电气简图的画法

(1)电气图中,应尽量减少导线、信号通路、连接线等图线的交叉、转折。电路可水平布置或垂直布置,如图 6-1 所示。

第六章 水利水电工程电气图识读

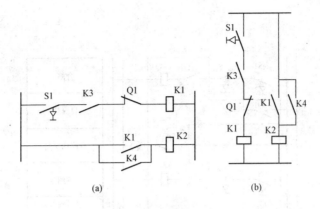

图 6-1 简图的画法
(a)电路水平布置；(b)电路垂直布置

(2)电路或元件布置。电路或元件宜按功能布置，尽可能按工作顺序从左到右、从上到下排列。

(3)连接线的绘制。连接线不应穿过其他连接的连接点。连接线之间不应在交叉处改变方向。

(4)功能单元、结构单元或项目组表达。电气图中可用点画线围框显示出图表示的功能单元、结构单元或项目组(如继电器装置)，围框的形状可以是不规则的，如图 6-2(a)所示。若在围框内给出了可查详细资料的标记，则框内的电路可以简化。当围框内含有不属于该单元的元件符号时，须对这些符号加双点画线的围框，并加注代号或注解，如图 6-2(b)所示。

2. 电气图的简化画法

(1)连接线中断画法。在同一张电气图中，连接线较长或连接穿越其稠密区域时，可将连接线中断，并在中断处加注相应的标记或加区号，如图 6-3 所示。去向相同的线组，可以中断，并在线组的中断处加注标记，如图 6-4 所示。线路须在图中中断转至其他图纸时，应在中断处注明图号、张次、图幅分区代号等标记，如图 6-5 所示。若在同一张图纸上有多处中断线，必须采用不同的标记加以区分。

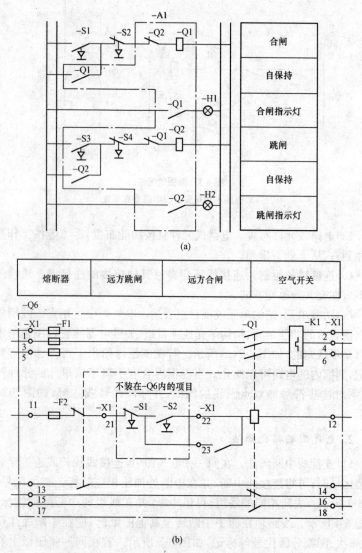

图 6-2 功能单元、结构单元或项目组的表达方法

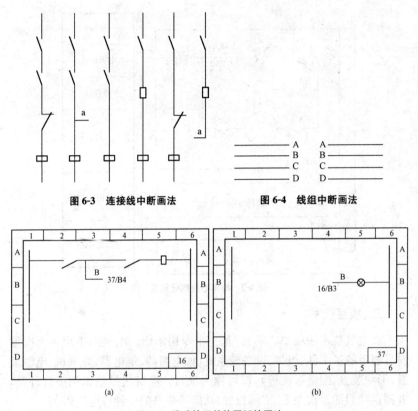

图 6-3　连接线中断画法　　　　图 6-4　线组中断画法

图 6-5　线路转至其他图纸的画法

(2)单线表示法。单线表示法绘制电气图时,一组导线的两端各自按顺序编号,如图 6-6 所示。

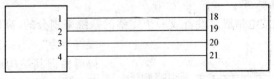

图 6-6　导线两端编号表示

(3)相同电路简化画法。两个或两个以上的相同电路,可只详细画出其中之一,其余电路用围框加说明表示,如图 6-7 所示。

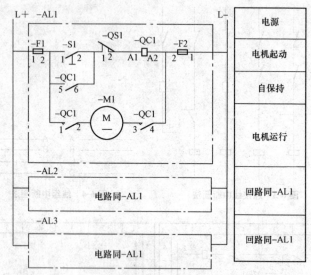

图 6-7 相同电路简化画法

三、项目代号

在电气技术领域中,"项目"是一个专用术语。电气图中用一个图形符号表示的基本件、组件、设备或系统(如电阻器、继电器、发电机、电源装置、形状装置、配电系统等),都可称为项目。项目代号是识别项目种类,并提供项目的层次关系、实际位置、功能等信息的一种特定代码。

一个完整的项目代号包括四个代号段,即高层代号段、位置代号段、种类代号和端子代号段。每个代号段应由前缀符号和字符组成。其字符可以是拉丁字母或阿拉伯数字,也可以是字母和数字组合,字母应大写。

1. 高层代号

高层是按电站成套设备或一个完整的系统来划分的,高层代号的前缀符号为"=",高层代号的代码可根据其结构或功能分成几个层次,每一层次对其所属的下一级层次都是高层项目。每个层次可分别给出高层代号。高层代号的构成如图 6-8 所示,如 =U01 表示 1 号机组。

图 6-8 高层代号构成

高层代号的代码,可按各类系统或成套设备的简化名称或特征选定,并在文件或图纸中注明。电气图中高层代号的标注方法如下:

(1)若图中部分项目属于同一上级项目时,可将该部分项目用围框框出,框外注明该部分的高层代号。

(2)若图中所有项目属于同一上级项目时,只需在图的下方加注高层代号的说明,不必一一注出高层代号。

2. 位置代号

位置代号表示项目所处的位置,其位置可以是开关室、控制室、盘、框、箱等。位置代号的前缀符号"+",位置代号的构成,如图6-9所示。如+JA01表示机旁1号盘。

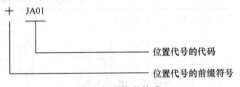

图6-9 位置代号构成

位置代号的代码可由字母或数字构成,或由字母和数字交替组合复合形式。其字母可按项目所在位置的简化名称或代号选定,并在文件图纸中说明。

3. 种类代号

种类代号是用以识别项目的种类,其种类与项目在电路中的功能无关,如各种电阻器都可视为同种类的项目。种类代号的构成如图6-10所示。如-KV3(或 X1)表示第3号电压继电器(或端子排编号)。

4. 端子代号

端子代号的构成如图6-11所示。如3表示继电器触点、线圈、设备上的接线号或端子排序号。

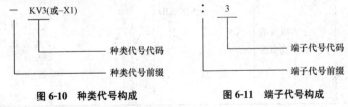

图6-10 种类代号构成　　　　图6-11 端子代号构成

四、电气图的标注与标记

(一)电气图的标记

在电气图中,标注是指对电气设备的型号、编号、容量、规格等多种信息进行补充表示的文字或文字符号,标注通常标在电气项目图形符号旁边。为减少标注的文字,保持电气图面清晰,满足使电气图表达符号规范化的要求,应该按照统一的格式进行标注。

1. 项目代号的标注

一般情况下项目代号的书写方向为水平书写。对某张图纸上大部分或全部元件所公用的项目代号,只需统一表示在标题栏内或标题栏附近。在电气图中,项目代号的标注见表 6-40。

表 6-40　　　　　　　电气图中项目代号的标注

序号	项目代号表示法		示意图	说明
1	连接表示法和半连接表示法		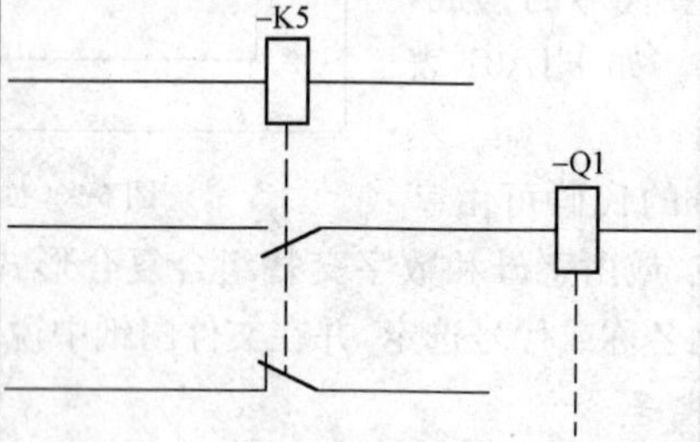	只在符号近旁标注一次,并与机械连接对齐
2	不连接表示法	电路水平布置	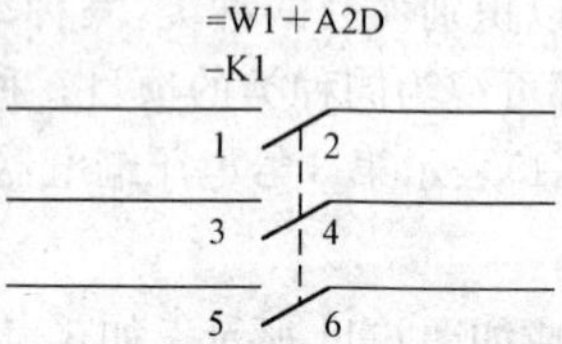	项目代号标注在符号上方
		电路垂直布置	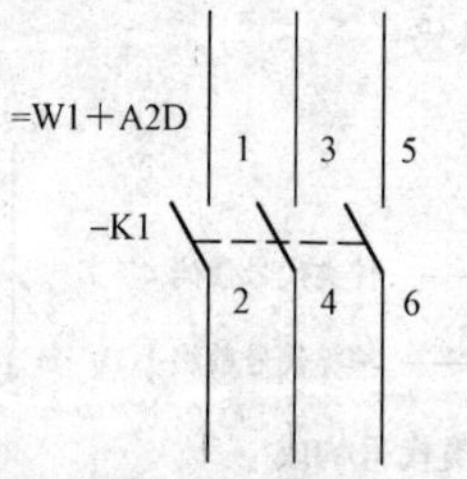	项目代号标注在符号左方

2. 端子代号的标注

对于电阻器、继电器等的端子代号,应标在其图形符号的轮廓线外面。当电路水平布置时,端子代号宜标注在图形符号的下方;垂直布置时,宜标注在图形符号的右方。标注示例见图 6-12。用于现场连接、试验或故障查找的连接器件(如端子插头插座等)的每一连接点,都应给一个代号。

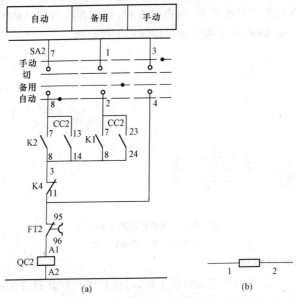

图 6-12 端子代号的标注
(a)控制回路;(b)电阻

在画有围框内的功能单元或结构单元中,端子代号必须标注在围框内,如图 6-13 所示。

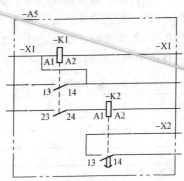

图 6-13 端子代号标在图形围框内

3. 技术数据的标注

电气图中的技术数据宜标注在图形符号旁。当连接线水平布置时,数据宜标在图形符号的下方;垂直布置时,则标在项目代号的左方,如图 6-14 所示。必要时,技术数据也可用表格形式绘出。

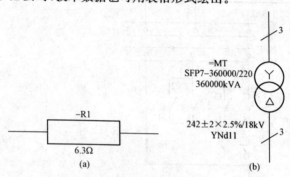

图 6-14　技术数据在图上的标注
(a)水平布置;(b)垂直布置

4. 注释的标注

注释一般注于被说明的对象附近,必要时也可在其附近加标记,而将注释注于图纸的适当部位。当图中出现多个注释时,应把这些注释按顺序放在图纸标题栏上方。多张图纸时,一般性注释可注在第一张图纸上或注在适当的张次上。

5. 元件位置的标注

电气图中每个符号或元件的位置可以用代表行的字母、代表列的数字或者代表区域的字母—数字的组合来表示。必要时还需注明图号、张次,有时也可引用项目代号,见表 6-41。图中设备的备用部分,如继电器、接触器专用触点等,宜在图中画出或列表示出。

表 6-41　　　　　　　符号或元件位置标注

符号或元件位置	标注写法
同一张图纸上的 B 行	B
同一张图纸上的 3 列	3
同一张图纸上的 B3 区	B3
具有相同图号的第 34 张图上的 B3 区	34/B3
图号为 4568 单张图的 B3 区	图 4568/B3

(续)

符号或元件位置	标注写法
图号为 5796 的第 34 张图上的 B3 区	图 5796/34/B3
=W1 系统单张图上的 B3 区	=W1/B3
=W1 系统多张图第 34 张图上的 B3 区	=W1/34/B3

6. 电气图用表

电气图用表格主要包括设备元件(材料)表、照明设备(材料)表、光字牌上的标字和标签框内的标字等,其格式与要求如下:

(1)电气图中设备元件(材料)表、照明设备(材料)表的格式,见表 6-42。必要时,表中的内容也可由下往上排列,表中各格长度可根据需要适当调整,但表的总长不变。表中的"项目代号"不必完整注写,必要时可只注写出"种类代号"。

表 6-42　　　　设备元件(材料)表、照明设备(材料)表

序号	种类代号	名称	型号及规格	单位	数量	备注

| 10 | 20 | 40 | 60 | 10 | 10 | 30 |

180

(2)电气图中光字牌上的标字的格式,见表 6-43。

表 6-43　　　　光字牌上的标字

编号	符号	内　容

| 10 | 20 | 50 |

80

(3)电气图中标签框内的标字格式,见表6-44。

表 6-44　　　　标签框内的标字

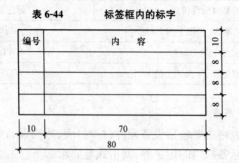

(二)电气图的标记

电气图的标记一般用于对接线端子、导线和回路的位置进行说明。标记的主要目的是便于对电气图进行识别,同时使复杂的多回路、多系统的电气图能够分开绘制,便于读图。

1. 接线端子的标记

电气图中,电器件(电阻器、熔断器、继电器、变压器、接触器、旋转电机等)及其组成设备的接线端子,应采用大写字母或数字进行标记,不能用字母"I"和"O"进行标记。

接线端子标记方法应符合下列规定:

(1)单个元件的两个端点应采用连续的两个数字标记,奇数数字小于偶数字,如图6-15(a)所示。

(2)单个元件的中间各端点的数字采用大于两端点的自然递增数字,且从较小数字的端点处开始标记,如图6-15(b)所示。

(3)几个相似元件组成一组时,各端子可用字母数字标记,也可用数字标记,如图6-16所示。在仅用字母或数字标记的字符组中,为避免引起混淆,可在两者之间加圆点"·",如图6-17所示;当不致引起混淆时,可不画其圆点"·",直接用字符组,如11、12、21、22等标记。

(4)同类的元件组用相同字母标记时,应在字母前冠以数字加以区别,如图6-18所示。

(5)对于与特定导线直接或间接地相连的接线端子,应按表6-45中规定的字母标记。其中,连接到机壳或机架的端子和等电位的端子,只有当它们与保护接地线或接地线不是等电位时,才能用这些字母来标记。

第六章 水利水电工程电气图识读

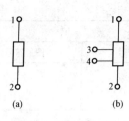

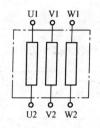

图 6-15 接线端子标记
(a)单个元件的两个端点标记；
(b)单个元件的中间各端点标记

图 6-16 带 6 个接线端子的
三相电器

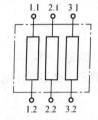

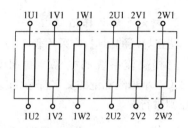

图 6-17 带 6 个接线端子
的 3 个元件电器

图 6-18 包括两组各有 3 个元件
6 个接线端子的三相电器

表 6-45　　　　　电器接线端子的标记

电器接线端子的名称		标　记	
		字母符号	图形符号
交流系统	1 相	U	
	2 相	V	
	3 相	W	
	中性线	N	
保护接地		PE	⏚
接地		E	⏚
无噪声接地		TE	⏚

(续)

电器接线端子的名称	标记	
	字母符号	图形符号
机壳或机架　MM		⊥
等电位　CC		▽

2. 特定导线的标记

特定导线的标记，应采用表 6-46 中规定的字母和字母组成的标记符号。三相交流系统的电源导线用 L1、L2、L3 标记，不采用习惯标记 A、B、C。小母线标记的文字符号，按表 6-47 的规定。当不够使用时，可按其原则进行派生。

表 6-46　　　　　　　　特定导线的标记

导线名称		标记	
		字母数字符号	图形符号
交流系统	1 相	L1	
	2 相	L2	
	3 相	L3	
	中性线	N	
直流系统的电源	正	L+	+
	负	L−	−
保护接地线		PE	
不接地的保护导线		PU	⏚
保护接地线和中性线共用一线		PEN	
接地		E	⏚
无噪声接地		TE	⏚

第六章 水利水电工程电气图识读

(续)

导线名称	标记	
	字母数字符号	图形符号
机壳或机架	MM	
等电位	CC	

表 6-47 小母线标记文字符号

序号	文字符号	中文名称
1	WB	控制回路电源小母线
2	WF	事故音响小母线
3	WS	运行系统同期小母线
4	WP	预报信号小母线
5	WS	同期装置发生的合闸脉冲小母线
6	WSC	准同期合闸闭锁小母线
7	WG	待并系统同期小母线
8	WVB	同期母线的电源小母线
9	WVR/WVL	自动增减电压的脉冲小母线
10	WSR/WSL	自动增减转速的脉冲小母线

3. 电缆编号

(1) 电力电缆编号和标注。电力电缆编号一般以电源侧的回路编号为该电缆的编号,联络电缆宜采用一侧的回路编号为该电缆编号。一次回路编号的组成格式,如图 6-19 所示。电缆应标注电缆编号、型号、规格 (芯数、截面积)。

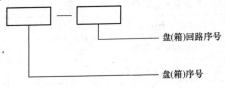

图 6-19 一次回路编号组成

(2)控制电缆编号的组成模式,按图 6-20 或图 6-21 的规定。图 6-21 中,将位置代号中阿拉伯数字较小的位置代号作为电缆的起点。控制电缆顺序详细分类,可按表 6-48 划分电缆走向的规定。一个回路的并联电缆采用同一编号,但在每根电缆的编号后加脚注符号 a、b、c、d 等。

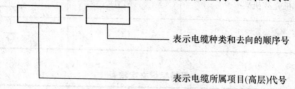

图 6-20 控制电缆编号组成

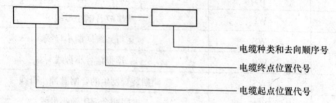

图 6-21 控制电缆编号组成

表 6-48　　　　　电缆走向顺序表

电缆走向	顺序号
控制室范围内(包括保护及自动装置室)	101~119
控制室－发电机电压装配电装置	121~129
控制室－变电所	131~139
控制室－机旁屏	141~149
控制室－机组范围内	151~159
控制室－励磁设备	161~169
控制室－厂用设备	171~179
控制室－直流设备室	181~189
控制室－其他	191~199
发电机电压配电装置范围内	201~229
发电机电压配电装置－变电所	231~239

第六章 水利水电工程电气图识读

(续)

电缆走向	顺序号
发电机电压配电装置—机旁屏	241~249
发电机电压配电装置—机组范围	251~259
发电机电压配电装置—励磁设备	261~269
发电机电压配电装置—厂用设备	271~279
发电机电压配电装置—直流设备室	281~289
发电机电压配电装置—其他	291~299
变电所范围内(包括变电所的保护盘室)	301~339
变电所—机旁屏	341~349
变电所—机组范围内	351~359
变电所—励磁设备	361~369
变电所—厂用设备	371~379
变电所—直流设备室	381~389
变电所—公用部分	391~399
机旁盘范围内	401~449
机旁屏—机组范围	451~459
机旁屏—励磁设备	461~469
机旁屏—厂用设备	471~479
机旁屏—直流设备室	481~489
机旁屏—公用部分	491~499
机组范围内	501~559
机组—励磁设备	561~569
机组—励磁设备	571~579
机组—直流设备室	581~589
机组—公用部分	591~599
励磁室范围内	601~669
励磁室—厂用设备	671~679
励磁室—直流设备室	681~689

(续)

电缆走向	顺序号
励磁室-其他	691~699
厂用设备室范围内	701~779
厂用设备室-直流设备室	781~789
厂用设备室-其他	791~799
直流设备室范围内	801~889
直流设备室-公用部分	891~899
其他	901~999

(3) 通信电缆的标注。通信系统用的安装号，统一采用表 6-49 中所规定的缩写符号，未纳入者可按其原则派生。常用的通信电缆或电话线的文字符号见表 6-49。有进出线的设备，用阿拉伯数字表示其进线和出线。规定奇数 1 表示进线，偶数 2 表示出线。通信电缆的标注形式，按图 6-22 的规定。凡属通信电缆，在标注时均在斜杠(/)后加注"T"。

表 6-49　　　　　通信常用缩写文字符号

序　号	缩写符号	中文名称
1	CU	耦合电容器
2	CF	结合滤波器
3	TCV	电容式电压互感器
4	FDF	分频滤波器
5	HFC	高频电缆
6	IDF	中间配线架
7	LT	线路阻波器
8	MDF	总配线架
9	MODEM	调制解调器
10	MTU	多路设备
11	MUX	多路复用设备
12	MTR	微波收发信机

(续)

序 号	缩写符号	中文名称
13	OPGW	架空地线复合光缆
14	OTE	光端机
15	PABX	自动电话用户小交换机
16	PAX	专用自动小交换机
17	PBX	专用小交换机
18	PLCT	电力线载波机
19	RE	接收机
20	RS	无线电台
21	RT	无线电收发信机
22	TR	发射机
23	UPS	不间断电源

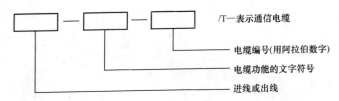

图 6-22 通信电缆组成

(4)电缆清册。电缆清册中一般包括电缆序号、型号及规格,连接点的项目(位置)代号、电缆单根长、总长度及其他说明。电缆清册的格式见表 6-50。

表 6-50　　　　　　　电缆清册格式

序号	电缆号	型号及规格	连接点		长度(估算)	备用芯
			起点	终点		

4. 端子图和端子表

控制电路图中器具之间连接线上不标回路号,而用端子代号来完成。端子接线图(表)上仍标注出高层代号、位置代号、电缆的型号、芯数、截面积和电缆编号。

在端子图中凡属需经端子排引出的器具,在端子排内侧应标注本端高层代号、位置代号,如内侧有外引电缆至远端,应标注远端高层代号、位置代号,外侧标注远端高层代号、位置代号,中间格为端子顺序号。

两块盘端子之间的互联电缆,其电缆编号、电缆型号、芯数应一致,两端均应标出。

参 考 文 献

[1] 行业标准. DL/T 5347—2006 水电水利工程基础制图标准[S]. 北京:中国电力出版社,2007.
[2] 行业标准. DL/T 5348—2006 水电水利工程水工建筑制图标准[S]. 北京:中国电力出版社,2007.
[3] 行业标准. DL/T 5349—2006 水电水利工程水力机械制图标准[S]. 北京:中国电力出版社,2007.
[4] 行业标准. DL/T 5350—2006 水电水利工程电气制图标准[S]. 北京:中国电力出版社,2007.
[5] 行业标准. DL/T 5351—2006 水电水利工程地质制图标准[S]. 北京:中国电力出版社,2007.
[6] 胡建平. 水利工程制图[M]. 北京:中国电力出版社,2007.
[7] 杨惠英,王玉坤. 机械制图[M]. 北京:清华大学出版社,2002.
[8] 尹亚坤. 水利工程识读[M]. 北京:中国建筑工业出版社,2010.

发展出版传媒　　服务经济建设

传播科技进步　　满足社会需求

我们提供

图书出版、图书广告宣传、企业定制出版、团体用书、会议培训、其他深度合作等优质、高效服务。

编辑部	图书广告	出版咨询	图书销售
010-68343948	010-68361706	010-68343948	010-68001605

jccbs@hotmail.com　　www.jccbs.com.cn

中国建材工业出版社
China Building Materials Press

(版权专有，盗版必究。未经出版者预先书面许可，不得以任何方式复制或抄袭本书的任何部分。举报电话：010-68343948)